高等学校教材

金属塑性成形数值模拟

Numerical Simulation of Metal Forming

洪慧平　编著

高等教育出版社·北京

图书在版编目(CIP)数据

金属塑性成形数值模拟 / 洪慧平编著. -- 北京：高等教育出版社，2014.12

(材料科学与工程著作系列)

ISBN 978-7-04-041234-5

Ⅰ.①金… Ⅱ.①洪… Ⅲ.①金属压力加工-塑性变形-数值模拟-高等学校-教材 Ⅳ.①TG302

中国版本图书馆 CIP 数据核字(2014)第 240296 号

策划编辑	刘剑波	责任编辑	刘剑波	封面设计	姜 磊	版式设计	杜微言
插图绘制	宗小梅	责任校对	李大鹏	责任印制	张泽业		

出版发行	高等教育出版社	咨询电话	400-810-0598
社　址	北京市西城区德外大街4号	网　址	http://www.hep.edu.cn
邮政编码	100120		http://www.hep.com.cn
印　刷	北京天时彩色印刷有限公司	网上订购	http://www.landraco.com
开　本	787mm × 1092mm 1/16		http://www.landraco.com.cn
印　张	30	版　次	2014年12月第1版
字　数	550千字	印　次	2014年12月第1次印刷
购书热线	010-58581118	定　价	69.00元

本书如有缺页、倒页、脱页等质量问题，请到所购图书销售部门联系调换

版权所有　侵权必究

物　料　号　41234-00

前　言

计算机数值模拟技术是当今先进制造技术的重要组成部分,给包括材料加工在内的几乎所有制造业带来了巨大变革。应用计算机数值模拟技术能够极大地促进加工制造业的发展。在金属塑性成形领域中应用计算机数值模拟技术,不仅能够超前再现材料塑性成形各阶段的具体实施情况,而且还能获得材料变形过程中应力场、应变场、应变速率场、温度场以及微观组织变化和宏观力学参数等重要目标量的预报性结果,根据模拟结果可对设计方案进行必要修改,优化工艺方案,提高产品质量并且降低生产成本,缩短新产品的研究开发周期。因此,计算机数值模拟技术已成为当今科学研究和技术创新不可缺少的重要研究手段。当代理工科大学生、研究生以及工程师等科技工作者极有必要掌握先进的计算机数值模拟技术。

由于金属塑性成形问题大多具有复杂的材料非线性、几何非线性和接触非线性并可能涉及三维热力耦合等因素,因此其求解过程通常要借助非线性数值法(例如非线性有限元法)。与早期数值模拟工作者针对特定塑性加工问题各自编写专门求解程序相比,当前数值模拟工作者一般可以借助现有的成熟商业模拟分析软件,以此为支撑平台进行二次开发,从而将创造性的工作更多地集中于问题本身(例如材料模型及参数的合理性、边界条件的正确描述等);另一方面,虽然当今通用商业分析软件大多具有较完善的前后处理器和易操作的人机界面,但研究者仍需对数值模拟的基本原理(包括求解器的控制方程、算法、收敛准则以及边界条件和单元特性等)有一个根本了解,这样才能在建立模型时合理定义各类重要控制参数,为数值模拟的可靠性提供技术基础。

与现有同类教材相比,本书的特色及创新点包括:① 在内容组成上,重点介绍金属塑性成形过程总体量、局部量和微观量的分级模拟;② 在模拟方法上,系统介绍有限元模拟的主要方法(包括弹塑性有限元模拟、刚塑性有限元模拟、黏塑性有限元模拟),特别针对金属塑性成形过程的特点,介绍材料参数和各类边界条件的确定方法,为合理建模提供技术基础;③ 在模拟结果可靠性分析上,重点介绍各类误差源以及提高模拟精度的有效方法;④ 在实际应用上,结合大型模拟软件 Marc 和 LARSTRAN 详细介绍轧制、锻造、冲压、挤压、拉拔等典型塑性加工过程的具体模拟方法,使读者能学以致用。

本书为高等学校理工科专业金属塑性成形数值模拟及相关课程的教材,也

前言

可供研究生及工程技术人员使用。

本书的出版得到了教育部本科教学工程－专业综合改革试点项目经费和北京科技大学教材建设基金的资助。本书的编写得到了美国 MSC. Software 公司以及德国亚琛工业大学金属塑性成形研究所（IBF）和德国 LASSO 公司的技术支持。康永林教授等对书中某些内容提出有益建议。在此一并致谢！

洪慧平

2014 年 6 月于北京科技大学

目　录

第 1 章　概论 ··· 1
1.1　金属塑性成形概述 ··· 1
1.1.1　金属塑性成形的基本概念 ··························· 1
1.1.2　金属塑性成形的基本分类 ··························· 2
1.2　金属塑性成形数值模拟的意义 ································ 3
1.3　金属塑性成形数值模拟的主要任务 ·························· 5
1.3.1　金属塑性成形数值模拟的特点 ····················· 5
1.3.2　金属塑性成形数值模拟的主要任务 ··············· 5
1.4　模拟的基本概念 ··· 6
1.4.1　模拟的定义 ·· 6
1.4.2　数值模拟与物理模拟的区别与联系 ··············· 7
1.5　金属塑性成形问题的主要求解方法 ·························· 8
1.5.1　有限元法 ··· 8
1.5.2　边界元法 ··· 9
1.5.3　有限差分法 ·· 10
1.5.4　初等解析法 ·· 11
1.5.5　滑移线法 ··· 11
1.5.6　上、下界法 ·· 12
1.5.7　视塑性法 ··· 12
1.6　金属塑性成形数值模拟的分级 ······························· 13
1.6.1　金属塑性成形的目标量 ······························ 13
1.6.2　金属塑性成形数学模型的分级 ···················· 14
1.6.3　金属塑性成形数值模拟的分级 ···················· 15
1.7　金属塑性成形数值模拟的应用及发展趋势 ················ 15
1.7.1　金属塑性成形数值模拟的应用 ···················· 15
1.7.2　金属塑性成形数值模拟的若干发展趋势 ········ 20
思考题 ·· 24
第 2 章　有限元法的基本原理 ··································· 25
2.1　有限元法的基本概念 ·· 25

目录

- 2.2 工程问题有限元分析的流程 … 28
  - 2.2.1 问题分类 … 28
  - 2.2.2 数学模型 … 29
  - 2.2.3 初步分析 … 30
  - 2.2.4 有限元分析 … 31
  - 2.2.5 检查结果 … 31
  - 2.2.6 期望修正 … 32
- 2.3 有限元法的计算步骤 … 33
  - 2.3.1 有限元法计算的基本步骤 … 33
  - 2.3.2 所需 CPU 时间 … 34
  - 2.3.3 简单算例分析 … 35
- 2.4 单元类型选择及高斯积分法 … 37
- 2.5 非线性有限元的迭代算法 … 38
  - 2.5.1 完全 N-R 方法 … 39
  - 2.5.2 修正 N-R 方法 … 40
- 2.6 非线性迭代求解的收敛判据 … 41
- 思考题 … 43

第 3 章 金属塑性成形非线性有限元分析 … 45
- 3.1 非线性的基本概念 … 45
  - 3.1.1 非线性问题 … 45
  - 3.1.2 3 种非线性来源 … 46
- 3.2 材料非线性分析 … 48
  - 3.2.1 弹塑性有限元法 … 48
  - 3.2.2 刚塑性有限元法 … 60
  - 3.2.3 黏塑性有限元法 … 61
- 3.3 几何非线性分析 … 63
  - 3.3.1 几何非线性概述 … 63
  - 3.3.2 坐标系 … 64
  - 3.3.3 完全拉格朗日法与更新拉格朗日法 … 65
  - 3.3.4 欧拉列式 … 70
  - 3.3.5 任意欧拉-拉格朗日列式 … 71
- 3.4 接触非线性分析 … 71
  - 3.4.1 接触问题的特点 … 71
  - 3.4.2 接触体的分类 … 72
  - 3.4.3 接触体的运动 … 74

3.4.4　接触的描述方法 ······················· 76
　　　3.4.5　施加约束 ······························· 78
　　　3.4.6　摩擦模型 ······························· 80
　　　3.4.7　耦合接触分析 ··························· 88
　　　3.4.8　接触分析的网格自适应 ··················· 89
　　　3.4.9　接触问题的若干数值方法 ················· 90
　思考题 ··· 100

第4章　金属塑性成形有限元模拟的若干关键技术 ········· 101
4.1　自动网格优化技术 ······························· 101
　　　4.1.1　单元密度与单元几何形态 ················· 101
　　　4.1.2　自适应网格划分 ························· 102
　　　4.1.3　网格重划分技术 ························· 108
4.2　隐式求解法与显式求解法 ························· 109
4.3　热力耦合分析方法 ······························· 110
　　　4.3.1　热力耦合概念 ··························· 110
　　　4.3.2　热力耦合求解方法 ······················· 111
　　　4.3.3　热边界条件 ····························· 111
4.4　模拟结果的主要影响因素 ························· 112
　　　4.4.1　有限元模拟的误差源 ····················· 112
　　　4.4.2　提高模拟精度的措施 ····················· 116
　思考题 ··· 116

第5章　材料参数及边界条件的确定方法 ················· 119
5.1　确定材料参数及边界条件的基本流程 ··············· 119
　　　5.1.1　材料参数的分类 ························· 119
　　　5.1.2　确定材料参数和边界量的基本流程 ········· 120
5.2　流变应力、流变曲线的测定方法 ··················· 121
　　　5.2.1　流变应力、流变曲线 ····················· 121
　　　5.2.2　流变曲线测定的不确定性 ················· 121
　　　5.2.3　流变曲线的描述 ························· 121
　　　5.2.4　流变曲线的表达式 ······················· 122
　　　5.2.5　流变应力的测定方法 ····················· 124
5.3　摩擦边界条件的处理方法 ························· 127
　　　5.3.1　摩擦 ··································· 127
　　　5.3.2　摩擦定律 ······························· 127
　　　5.3.3　摩擦系数和摩擦因子的测定方法 ··········· 131

目录

 5.4 传热边界条件的建立方法 ……………………………………………… 135
  5.4.1 热传递 ………………………………………………………… 135
  5.4.2 热传递定律 …………………………………………………… 135
  5.4.3 变形热与摩擦热的确定方法 ………………………………… 138
 思考题 ………………………………………………………………………… 139

第6章 金属塑性成形数值模拟应用举例 141

 6.1 概述 ………………………………………………………………………… 141
  6.1.1 Marc有限元软件简介 ………………………………………… 141
  6.1.2 Marc有限元分析的基本步骤 ………………………………… 142
 6.2 轧制过程数值模拟 ……………………………………………………… 156
  6.2.1 问题提出 ……………………………………………………… 156
  6.2.2 模拟方法 ……………………………………………………… 156
 6.3 锻造过程数值模拟 ……………………………………………………… 167
  6.3.1 问题提出 ……………………………………………………… 167
  6.3.2 模拟方法 ……………………………………………………… 169
 6.4 冲压过程数值模拟 ……………………………………………………… 184
  6.4.1 问题提出 ……………………………………………………… 184
  6.4.2 模拟方法 ……………………………………………………… 187
 6.5 挤压过程数值模拟 ……………………………………………………… 203
  6.5.1 问题提出 ……………………………………………………… 203
  6.5.2 模拟方法 ……………………………………………………… 204
 6.6 拉拔过程数值模拟 ……………………………………………………… 243
  6.6.1 问题提出 ……………………………………………………… 243
  6.6.2 模拟方法 ……………………………………………………… 245
 6.7 超塑性成形数值模拟 …………………………………………………… 254
  6.7.1 问题提出 ……………………………………………………… 254
  6.7.2 模拟方法 ……………………………………………………… 255
 思考题 ………………………………………………………………………… 275

第7章 金属热变形组织模拟应用举例 279

 7.1 概述 ………………………………………………………………………… 279
 7.2 金属热变形组织模拟方法 ……………………………………………… 281
  7.2.1 热变形过程动态组织模拟原理 ……………………………… 281
  7.2.2 热变形组织模拟(STRUCSIM)计算流程 …………………… 282
  7.2.3 描述热变形微观组织的材料模型 …………………………… 284
 7.3 LARSTRAN/STRUCSIM模拟组织的步骤 …………………………… 287

  7.3.1 LARSTRAN 有限元软件简介 …………………………………… 287
  7.3.2 LARSTRAN/STRUCSIM 模拟组织的步骤 ……………………… 288
 7.4 热压缩过程组织模拟 …………………………………………………… 289
  7.4.1 问题提出 …………………………………………………………… 289
  7.4.2 模拟方法 …………………………………………………………… 290
 7.5 板材轧制过程组织模拟 ………………………………………………… 316
  7.5.1 问题提出 …………………………………………………………… 316
  7.5.2 模拟方法 …………………………………………………………… 317
 7.6 孔型轧制过程组织模拟 ………………………………………………… 375
  7.6.1 问题提出 …………………………………………………………… 375
  7.6.2 模拟方法 …………………………………………………………… 377
 思考题 ………………………………………………………………………… 441

附录 ……………………………………………………………………………… 443
 附录1 有限元分析中常用的单位及换算表 ……………………………… 443
 附录2 Marc 中建立材料数据库的方法 …………………………………… 447
 附录3 LARSTRAN 中建立材料数据库的方法 …………………………… 456

参考文献 ……………………………………………………………………… 463
索引 …………………………………………………………………………… 465

第1章 概论

1.1 金属塑性成形概述

1.1.1 金属塑性成形的基本概念

金属塑性成形(metal plastic forming,通称 metal forming)是利用金属材料具有的塑性,通过施加外力有目的地改变工件的形状和尺寸。经过塑性成形,金属不仅几何尺寸得到控制,而且内部组织和性能以及表面质量等均能得到改善和提高。

与其他加工过程(例如切削、铸造、焊接等)相比,塑性成形因具有节约材料(投入的材料质量保持不变)、改善金属组织性能和生产效率高等诸多优点,其应用几乎遍布冶金、汽车、航空、航天等领域。以冶金工业为例,铸钢总产量的90%以上都要经过塑性加工成坯或成材;以汽车工业为例,汽车制造中60%~70%的金属零部件(从车身上的各种覆盖件到车内各种结构件等)需经过塑性成形。作为制造业的重要分支,金属塑性成形技术对于国民经济和国防等具有重要作用,也是体现综合国力的一个重要方面。

1.1.2 金属塑性成形的基本分类

(1) 按应力状态分类

按应力状态不同,金属塑性成形分为压力成形、拉伸成形、拉压成形、弯曲成形、剪切成形等。

(2) 按加工温度分类

按加工温度不同,金属塑性成形分为冷塑性成形、温塑性成形和热塑性成形。在不产生回复和再结晶的温度以下进行的加工称为冷塑性成形;在充分再结晶的温度以上进行的加工称为热塑性成形;将金属加热到低于再结晶温度下进行的塑性成形称为温塑性成形。

(3) 按产品类型分类

按产品类型不同,金属塑性成形可分为板料成形和块体成形(包括轧制)。

若干基本塑性成形方法(镦粗、轧制、拔长、冲压、挤压和拉拔)如图 1.1 所示。

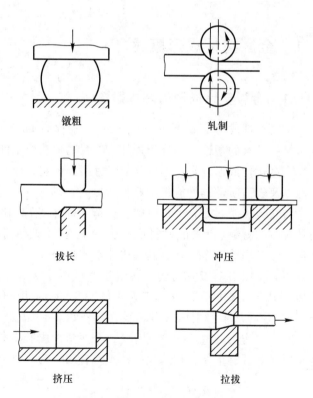

图 1.1 若干基本塑性成形方法

1.2　金属塑性成形数值模拟的意义

金属塑性成形作为制造技术的分支，其追求的目标是优质、低耗、高效率地生产出用户所需的产品。随着国民经济和科学技术的发展，人们对提高产品质量、降低成本、提高生产的安全性和可靠性以及环境保护等，提出了越来越高的要求，这就要求不断地改进或优化金属塑性成形的生产工艺。

在金属塑性成形技术的发展历程中，人们曾长期依据经验或者采用简单假设的经验公式或设计规则来制订和改进工艺方案及设备的设计方案。例如，为了设计制造一台大型设备，先制造一台小型的，根据观测和检测的结果，再制造一台中型的，然后再制造一台大型的。在大型设备试生产一段时间后，再进行必要的修改。从工具设计、质量控制、生产线建设直至大型生产基地的决策等，早期多采用这种试凑法(trial and error)。

然而金属塑性成形往往不是在一个塑性加工步骤中完成，而是由相互影响的多阶段组成的。现代化塑性成形工业(例如连续轧制生产线等)是一个由冶金、机械、电气、自动控制和其他设施组成高效率、高精度的综合化学冶金、物理冶金、机械加工等的生产系统，而且工艺和设备不断革新。人们发现，单纯用试凑法已不能满足要求。例如，异型断面轧制孔型和复杂形状的冲压模具的设计及反复修改是一个很耗时费力的工作；一种产品的质量控制，从连铸、连轧到成品生产线的协调性等都将受到众多随机因素的影响，人们很难做出正确的决策；连续、高速生产过程中，各因素之间的制约关系也很难进行准确检测和判断；有时，小型设备并不能反映大型设备的问题，如用窄带钢难以模拟宽带钢的板型问题，用小锻件也难以模拟大型锻件的内部组织变化情况，等等。

尤其是面对当今世界竞争激烈的市场，产品研发者在开发新产品或新工艺方面，必须在很短的时间内，有时是在缺乏前人经验的情况下进行工作。由于产品的更新更加频繁，材料更难以加工，且越来越多的复杂零件需要精密成形，而允许进行实物试验的时间被大大缩短，因此必须采用更加先进的科学研究方法，从而有效地提高产品开发者的工作效率，以适应市场竞争的需要。

随着计算机软件和硬件技术的飞速发展，计算机数值模拟技术为有效分析和解决上述复杂问题提供了可能性。计算机数值模拟技术能在试验、制造、试生产之前，对诸如规划、试验、设计等重大决策性问题提出预报性结论并能够通过数值模拟对生产工艺及设备参数进行优化。它可以解决试凑法耗时费力的问题、因素众多难以决策的问题，并克服不能进行试验的困难。

例如，借助计算机数值模拟技术，产品开发者在制造和试验样品之前，能

第1章 概论

准确评价不同的设计,从而能选择最佳设计方案;工艺流程可以反复在计算机中通过工艺模拟来超前再现,而不是在实验室或车间中用实物模拟来实现;各种不同的设计方案可以在进行耗资的实物制造和试验之前,在计算机上模拟工艺的全过程,从而使设计者可以分析工艺参数与产品性能之间的关系,观察局部变形情况以及是否产生内部或外部的缺陷,进而修改工艺及模具直至达到满意状态。

以轧制为例,在型钢孔型设计中或在钢管轧机调整参数制订中,可先通过计算机模拟,获得轧件进入孔型或轧机的情况、变形区中轧件变形及孔型充满的情况、力能参数和轧后轧件形状等,再由计算机诊断和优化系统根据模拟结果对孔型设计和轧机调整参数给出修改指示,然后按修改后的孔型和轧机调整参数再进行模拟、诊断和修改,如此反复进行,从而达到优化孔型参数和轧机调整参数的目的。另外,利用计算机模拟技术还可以模拟钢在轧制过程中的显微组织变化,并预报轧后钢材的性能,代替大量金相试验和工艺参数研究,保证钢材要求的组织和性能。其可根据加热、轧制和冷却工艺参数对轧件在变形中和变形后的组织变化进行计算机模拟和性能预报,再通过计算机诊断和修改,达到优化工艺参数的目的。

因此,计算机模拟技术受到各国轧钢工作者的普遍重视,例如德国曼内斯曼公司用有限元法模拟各种钢管轧制过程,并与设备设计的CAD系统相连接,在轧机设计中每当修改设计参数时,都先进行轧制过程的计算机模拟,模拟结果满意后才由CAD系统完成设计,例如他们用Marc有限元软件模拟三辊钢管斜轧延伸变形。德国亚琛工业大学金属塑性成形研究所(IBF)用计算机模拟各种轧制和其他塑性加工的变形情况,例如用LARSTRAN/SHAPE有限元软件模拟工字钢等轧制变形区内各截面上的变形情况,还开发了根据有限元计算结果考虑变形历史影响的金属显微组织变化的模拟程序(STRUCSIM),其模拟结果与实测值较为吻合。

以大型锻件生产为例,据了解,目前国外主要大型锻件生产企业已普遍使用计算机模拟技术对铸锭、铸造、锻造、热处理过程进行数值模拟分析,并辅助工艺设计和过程控制。如大钢锭的凝固分析和偏析预测,铸钢件的三维凝固分析和浇注系统设计,锻造金属流变的数值模拟,热处理的温度场、应力场、断裂力学的分析、组织与性能的预测和工艺优化分析等。这大大缩短了大型铸锻件产品的技术开发周期,优化了产品制造工艺,提高了产品质量,在市场竞争中具有明显的优势。

计算机数值模拟技术不仅在上述轧制、锻造领域得到深入应用,而且在其他块体成形和板料成形等塑性成形领域都有大量应用。

综上所述,应用计算机数值模拟技术能够极大地促进科研及制造业生产的发展。在金属塑性成形领域中应用计算机数值模拟技术,能够超前再现材料成形各阶段的具体实施情况,获得金属塑性成形过程应力、应变、应变速率、温度分布以及微观组织变化和宏观力学参数等重要目标量的预报性结果,根据模拟仿真结果可对设计方案进行必要修改,优化工艺,提高产品质量,而且可极大地降低生产成本,缩短新产品的研究开发周期,提高生产效率。

事实上,计算机数值模拟已成为先进制造技术的重要组成部分,与科学实验、理论分析共同成为当今科学研究和技术创新的三大支柱。

1.3 金属塑性成形数值模拟的主要任务

1.3.1 金属塑性成形数值模拟的特点

金属塑性成形过程往往涉及复杂的材料非线性、几何非线性和接触非线性。材料非线性包括弹塑性、刚塑性和黏塑性等;几何非线性要求能够处理大变形问题;接触非线性包括工具与工件之间接触和脱离的探测以及建立合理的摩擦模型等。因此,金属塑性成形过程的模拟(包括三维大变形弹塑性有限元模拟)需要从空间上和时间上进行离散化,并采用非线性迭代算法,计算时间一般较长。

1.3.2 金属塑性成形数值模拟的主要任务

当前金属塑性成形技术工作者的任务不仅是塑性成形装备的规划、设计制造和运行,而且要研究开发环境友好的绿色制造流程和产品,同时还要考虑产品的寿命周期。欲达此目的,必须对塑性成形工艺参数、工艺变化状态和产品性能之间的相互关系有根本的认识。计算机数值模拟技术恰好为新塑性成形技术和新产品开发提供了极为有效的研究手段。

对金属塑性成形过程进行数值模拟的目的是:在物理模拟和实验研究的基础上,应用数值计算和分析技术(例如有限元法等)确定塑性成形过程中材料内部的应力、应变、应变速率、温度等局部量的分布特点以及金属的流动规律并预测加工界限;确定加工工具内部的应力、应变、温度分布以及工具的合理形状、材质和磨损;确定制品尺寸精度、残余应力、缺陷以及微观组织结构和宏观力学参数等的变化规律,实现对塑性成形过程的控制和优化,从而提高产品质量,降低生产成本并缩短设计和研制周期,代替或减少工业性试验。

简言之,当前金属塑性成形数值模拟工作者面临的主要任务是:在宏观上精确模拟分析材料几何尺寸的变化规律,在微观上准确模拟分析材料内部组织变化和质量缺陷的成因,为工艺优化和质量控制提供理论基础和实践依据。为此，模拟工作者不仅要掌握计算机数值模拟基本理论及建模技术，而且要对研究对象（具体的塑性成形问题）涉及的工艺、设备以及材料特性和产品质量等有透彻的了解，同时还要深入细致地研究并建立材料数据库（流变曲线及重要物性参数的精确测定等）和模型库（材料本构关系的合理建立等），并掌握各类重要边界条件（摩擦、传热等）的正确制订方法。

1.4 模拟的基本概念

1.4.1 模拟的定义

所谓模拟（simulation），就是将所研究的对象（简单的物体或复杂的系统）用其他手段加以模仿的一种活动。当采用模拟方法来研究问题时，人们并不直接观察所研究的对象及其变化过程，而是先设计一个与该对象或其变化过程相似的模型，然后通过模型来间接地研究这个对象或其变化过程。模拟是对真实事物（原型）的形态、工作规律和信息传递规律等在特定条件下的一种相似再现，它具有超前性、综合性与可行性的特点。

早期的模拟研究主要是物理模拟（physical simulation），即实物模拟，存在价格昂贵、速度慢、不易重现试验结果等弱点。自20世纪50年代以来，由于电子计算机的出现和发展，产生了一种新的模拟方法——计算机数值模拟（computer simulation）或称为数值模拟（numerical simulation）。计算机数值模拟是一种对问题求数值解的方法，它利用电子计算机对一个客观复杂系统（研究对象）的结构和行为进行动态模仿，从而以安全和经济的手段来获得系统及其变化过程的特性指标，为决策者提供科学的决策依据。因此计算机模拟是系统工程研究和分析的有力工具。

随着计算机科学与系统科学的发展，计算机数值模拟的应用领域不断拓广。目前计算机数值模拟不仅在工程技术、科学实验、军事作战、生产管理中得到了应用，而且在财政金融甚至社会科学中也得到了广泛的应用。例如，在工程系统中，计算机模拟是系统规划、设计、分析、评价的有力工具；在管理系统中，对于企业管理，计算机模拟被用来做产品需求预测、确定最优库存量、安排生产计划、拟定企业的开发战略等；对于经济管理，计算机模拟被用来做国民经济预测、经济结构分析、政策评价等；在军事作战系统中，计算机模拟被用来做坦克对抗、导弹对抗、多兵种协同作战对抗中的战略战术方案的规划与评价等；在社会经济系统中，计算机模拟被用来做人口、人才和能源等方面的预测与规划等。

计算机模拟的应用之所以如此广泛，除了计算机本身所具有的优点外，还在于它为实际系统的运行提供了一个假想的"试验场所",从而使得一些无法以付诸实施来进行研究的问题,或者虽能实现真实试验,但代价昂贵、甚至会带有某种风险性等问题的研究得到解决。例如,要预测未来15年的经济计划指标,人们无法让国民经济实际去运行一段时间来取得这些指标,但却可以构造一个经济模拟模型,利用尽可能搜集到的数据,根据不同的计划设想,对其进行各种模拟试验,从而得到各种预测的经济计划指标。对于企业管理人员来说,为使企业在竞争中发展壮大,新产品的研制以及新的开拓性投资将是十分重要而又带有风险性的决策问题。因为上述做法一旦遇到挫折甚至失败,将使企业遭受巨大的经济损失甚至破产,其后果是十分严重的。因此,对于这一类问题,可事先进行各方面的调查和分析,将不确定的因素抽取出来,并组合到模型中去,然后设法变换有关数据,多次进行模拟试验,以便进一步较全面地来认识这些不确定因素的实质,从而为今后制订有效的对策打下基础。

综上所述,许多复杂的决策问题,由于建立了对应的模拟模型,便可在计算机上反复地进行模拟试验,进行大量方案的比较和评优,为决策者提供必要的数量依据,这正是计算机模拟的主要优点。当然,计算机模拟也不是万能的,由于它目前尚处于发展之中,一些问题尚待解决,例如精度估计问题、收敛速度问题等。因此,对实际问题的基本认识是合理恰当地应用计算机模拟技术所不可缺少的。

1.4.2 数值模拟与物理模拟的区别与联系

物理模拟是基本现象相同的模拟,通常是指缩小或放大比例或简化条件,或代用材料,用试验模型代替原型的研究。模型与原型的所有物理量相同,过程的物理本质相同,区别只在于物理量的大小不同。物理模拟是保持同一物理本质的模拟。相比之下,数值模拟是保持信息传递规律相似的模拟。这时,模型与原型中过程的物理本质不同,但信息传递按统一微分方程进行。

对材料和热加工工艺来说,物理模拟通常指利用小试件,借助于某试验装置再现材料在制备或热加工过程中的受热,或同时受热与受力的物理过程,充分而精确地暴露与揭示材料或构件在热加工过程中的组织与性能变化规律,评定或预测材料在制备或热加工时出现的问题,为制订合理的加工工艺以及研制新材料提供理论指导和技术依据。物理模拟试验分为两种,一种是在模拟过程中进行的试验,另一种是模拟完成后进行的试验。金属塑性成形的物理模拟方法包括视塑性法和密栅云纹法等。

物理模拟试验的目的可能有下列几种:① 试图了解某一工艺中材料的流动机制;② 探索某一假说或理论;③ 验证某一原理;④ 研究某一工艺中的参数影响,例如几何参数和摩擦参数;⑤ 进行模具或工件的几何设计;⑥ 控给定工件的流动;⑦ 用于设计人员与生产工程师间的讨论与沟通。进行物理模拟试验的前提是物理模型要尽量满足相应的相似条件,主要包括以下方面:① 几何相似条件;② 弹性静态相似条件;③ 塑性静态相似条件;④ 动态相似条件;⑤ 摩擦相似条件;⑥ 温度相似条件。相似条件不满足或相差较大时模拟试验结果与真实工艺不可比,模拟试验没有意义。有些条件是容易满足的,例如几何相似条件,但有些则难以完全满足,这就要设法尽量接近。

值得一提的是,虽然当前数值模拟技术已得到巨大发展和应用,但是物理模拟的重要性并没有降低。这是因为数值模拟需要的材料流变应力、各类物性参数和边界条件等需要通过物理模拟或试验来测定,而且数值模拟结果的可靠性也需要物理模拟或生产实践来验证,因此两者是相辅相成、缺一不可的。

1.5 金属塑性成形问题的主要求解方法

金属塑性成形问题的主要求解方法有解析法、数值法和经验法等(表1.1)。初等解析法或者初等塑性理论是采用简化假设用简单数学方法处理金属塑性成形问题,其误差较大。涉及复杂的材料非线性、几何非线性、接触(摩擦)非线性的复杂金属塑性成形问题,通常难以用解析法求解,需要采用计算机数值模拟技术分析。

表1.1 金属塑性成形问题的主要求解方法

主要求解方法	主要内容
① 解析法/数值法	初等解析法、滑移线法、上界法、误差补偿法、有限元法、有限差分法、边界元法等
② 经验法/解析法	相似理论法、视塑性法等
③ 经验法	试验技术法、统计法等

以下扼要介绍金属塑性成形问题主要求解方法的特点及其应用范围。

1.5.1 有限元法

有限元法(finite element method,FEM)或者有限元分析(finite element analysis,FEA)的工业应用起源于20世纪50年代中期。当时,飞机逐渐由螺旋桨向喷气式过渡,为了精确分析喷气式飞机高速飞行时的振动特性,波音公司的研发人员开发了一种全新的分析方法。他们先将机翼的板壳分割成小的三角形单元,用简单的数学方程式来近似地描述各三角形的特性,再将所有的三角形单元整合起来,建立描述机翼总体特性的矩阵方程式,用计算机求解。由此诞生了有限元法。

FEM 是用于偏微分方程数值求解的数学方法,适用于大量物理和工程技术问题,例如弹性变形、塑性应变、温度场问题和流体问题等。其根源可追溯到数学家、物理学家以及工程师的工作。"有限元"(finite element)的术语是由 Clough 和 Turner 在 1960 年左右提出的。

当前在金属塑性成形问题的数值分析方法中,FEM 的应用最广泛,其通用性、准确性和可靠性也最高,而且理论最为成熟和完善。

FEM 的吸引人之处在于针对复杂塑性成形的求解几乎可以不做简化假设,而且原则上能达到较高的求解精度。应用 FEM 能对塑性成形过程给出全面且精确的数值解,在建立材料数据库和模型库以及相关重要边界条件(例如摩擦、传热、接触等边界条件)等的基础上,能够准确模拟塑性成形多阶段的详细变形情况,得出各阶段的变形参数和力能参数,还可以模拟材料变形时的动态组织变化。以棒材、线材、型材以及管材等轧制为例,有限元模拟技术已成为现代孔型设计评价、诊断和优化设计结果的重要研究手段。在板材轧制以及锻造、挤压、拉拔、冲压等众多金属塑性成形领域,有限元模拟技术也成为对材料变形以及产品质量等进行评价的有效分析工具。

FEM 在塑性加工成形分析中的应用如此深入与广泛,以至于到目前为止几乎每一种塑性加工成形过程,都有研究者从不同角度、用不完全相同的方法进行有限元分析、编程和计算。

1.5.2 边界元法

与 FEM 的区域性解法(其对全区域进行单元划分)不同,边界元法(boundary element method,BEM)是将分析对象只作为边界上的问题来进行分析的边界型解法,因此分析时可只在边界上进行单元划分,区域内部的分析可利用边界分析的结果来完成。

与 FEM 相比,BEM 的主要优点是计算的高效性。

1) FEM 是一种区域法,需要在全域上进行积分;而 BEM 只需对边界进行积分。用单元离散时,后者的维数比前者少一维,因而自由度相应减少。

2) 在工程中求解无限域或半无限域问题时,用 FEM 需取较大范围(近年来已提出模糊单元,用来解无限域问题),比较麻烦;而用 BEM 求解则极为简单。

3) 工程中的奇异问题,例如裂缝尖端的应力集中问题,用 FEM 求解时,在尖端处要把单元分得密些;而 BEM 的基本解本身就具有奇异性,并且无需在域内划分单元。

4）编制计算程序，用电子计算机进行计算时，在数据信息准备方面，FEM 的工作量较大，尤其是对三维问题，而用 BEM 时工作量则小得多。

BEM 存在的一些缺点如下。

1）在 FEM 的系数矩阵中，非零元素集中于对角线附近，为稀疏的带状矩阵，并且是对称的；而 BEM 的系数矩阵是满阵，并且是不对称的，因此它的存储量大。

2）当需要考虑材料的体积力、温度变化、非线性或进行弹塑性分析时，在边界积分方程中包含区域积分，因此也要在区域内划分网格，这样一来 BEM 的优点就得不到充分发挥。但人们也提出了可将这些区域积分转化为边界积分的方法。

另外，FEM 通过插入广义 Galerkin 方法可与 BEM 在理论上建立联系，这为两种方法的混合求解提供了可能，即某些子区域上用 FEM，而其他区域则用 BEM 模拟。

1.5.3 有限差分法

有限差分法（finite difference method，FDM）简称差分法或网格法，是数值解微分方程和积分-微分方程的主要计算方法之一。其基本思想是：把连续的定解区域用由有限个离散点构成的网格来代替，这些离散点称为网格的节点；把在连续定解区域上定义的连续变量函数用在网格上定义的离散函数来近似；把原方程和定解条件中的微商用差商来近似，积分用积分和来近似。于是原方程和定解条件就近似地代之以代数方程组，解此代数方程组就得到原问题的近似解。

FDM 的主要内容包括：如何根据问题的特点将定解区域做网格剖分；如何把原方程离散化为代数方程组，即有限差分方程组；如何求解此代数方程组。此外，为了保证计算过程的可行和计算结果的正确，还需从理论上研究差分方程组的性态，包括解的存在性、唯一性、稳定性和收敛性。稳定性就是指计算过程中舍入误差的积累应保持有界。收敛性就是当网格无限加密时，差分解应收敛到原问题的解。

FDM 的优点是简单、通用，易于在计算机上编程实现。利用 FDM 求得的结果是离散的，即除了节点的解，其余仍然是未知的，必须由节点的值或适当的加权函数进行插值求得。FDM 对不规则区域的处理较烦琐，对区域的连续性要求较严。在实际应用中，FDM 网格在大多数情况下是矩形的，对复杂几何形状的物体不是很有效。虽然早期 FDM 曾被用于板带轧制等塑性变形模拟分析，但目前 FDM 在塑性加工中大多数用于温度场等传热问题的计算；至于塑性加工中涉及的大变形、大应变，特别是三维热力耦合大塑性变形问题，因涉及复杂的材料、几何、接触及边界条件非线性，仅凭借 FDM 难以奏效，有效的途径是结合 FEM 等方法。

1.5.4 初等解析法

初等解析法即初等塑性理论(elementary theory of plasticity)，主要是对变形的运动学及应力分布做出简化假设，以便将问题定义为静力问题。

初等解析法将体元(volume element)的尺寸仅在一个方向(不是在空间的三个方向)上看做无穷小。适用于变形区的特征体元主要有切片体元(slab element)、圆片体元(disk element)和管状体元(tube element)。切片模型(slab model)适用于存在平面应变或可假定为平面应变的塑性成形过程(例如带材轧制、平面应变压缩、扁平材拉拔)；圆片模型(disk model)适用于拉拔和挤压过程；管状模型(tube model)可用于工件外围表面不与工具接触的轴对称塑性成形(例如圆柱体镦粗)。

在初等解析法中，用预先给定的切片模型、圆片模型、管状模型的运动学来代替局部应力状态和应变状态互相联系的流动法则，这些预定量与实际的偏差将导致计算的应力有误差。工具的侧壁摩擦以及工具的纵向倾斜角愈大，则计算的应力误差愈大。虽然有这些不足之处，但初等解析法在许多情况下能够提供可以接受的结果，特别是总体目标量(变形力、变形功等)的计算值与实测值吻合较好(甚至当局部变量只能定性地反映实际情况时也是如此)。

与其他求解方法相比，初等解析法的优点包括：数学上容易处理，除了要用到变形材料的流变应力、摩擦系数和变形几何参数外，计算中无需输入其他量，因此初等解析法能够较方便快捷地估算变形力和变形功等总体目标量并便于了解相关参数的物理关系。

综上所述，虽然当今数值计算方法的作用愈来愈大，但经典的初等解析法在金属塑性成形技术中的地位仍不能完全被取代，而且依据初等塑性理论解释和讨论有限元模拟的结果并指导生产实践对于工程师来讲仍是不可缺少的。

1.5.5 滑移线法

滑移线法(slip line theory)是将平衡条件和屈服条件归结为一个双曲线偏微分方程组，其解是正交曲线族(特征线)，能够证明这些特征线表示最大剪应力方向，材料沿着这些方向发生滑移(滑移线)。

滑移线理论的应用前提和假设是：① 平面应变；② 刚性 – 理想塑性材料行为；③ 在工具接触面上无摩擦。滑移线理论的优点是除了其假设条件外，无需其他假设即可对基本方程求精确解，不仅总体目标量而且局部应力、应变也能可靠确定。但是滑移线理论在构建图表方面涉及大量工作，其重要性与数值计算方法相比逐渐降低。然而该方法在原理上提供了验证数值计算方法可靠性的可能。

1.5.6　上、下界法

上、下界法(upper and lower bound method)可对那些难于求得精确解的问题，采用上、下界(变形功率的上、下界)来界定精确解的范围以获得近似解。上、下界之间的差值愈小，则结果愈精确。

应用上、下界法的前提条件是：了解塑性区及流变应力；了解边界条件(边界应力、边界速度)。应用上、下界法的假设是：塑性区有边界；流变应力的大小作为未知量(变形量、变形速率、温度)的函数；在塑性区与工具接触的边界上无摩擦或有黏着摩擦区(即剪切面)。

对变形功率，用上、下界法常以很简单的速度场公式即可得出接近实际的结果，但是这些速度场不适用于描述真实的材料流动，也不适用于计算与材料流动相关联的应力场。只有应用视塑性法确定或验证的速度场，才能较可靠地计算局部目标量。

1.5.7　视塑性法

视塑性法(visioplasticity)是一种试验与理论计算相结合求解塑性加工力学问题的方法，其中由试验方法(例如测量网格节点位置在变形中的变化或观察圆圈形状的变化)获得变形过程的运动学参数，在此基础上，再借助塑性加工力学基本方程计算出应变、应力、力、能等。

借助视塑性法可将变形过程中金属流动显示出来，例如在变形工件的一定部位预先制作标记，使变形过程中的金属流动成为"可见"，进而获得变形过程的各有关物理量。根据变形工件不同的几何形状和尺寸，可以在变形工件的对称面(如在挤压、拉拔、镦粗、轧制等块体成形中)，或在变形工件的表面(如在板材冲压等板料成形中)做上标记(如正交的直线网格、圆圈等)，经变形后观察和测量这些标记的变化，便获得变形过程中的金属流动，使之成为"可见"。

视塑性法的特点是，不需对金属流动和摩擦条件预先做出简化假设，因此得到的结果应更符合实际情况。但用这个方法获得的结果的可靠性与试验精度和采用的数据处理方法密切相关。计算过程中多次使用微分，试验数据的很小误差会在接连微分中被放大，造成应力计算结果的明显误差。试验精度受网格制作精度、网格间距与变形不均匀性的关系、测量仪器及测量方法的误差以及晶界和晶粒取向等因素的影响。

当涉及开发和检验材料流动模型及工艺参数对应力、应变在工件内分布的影响时，视塑性法是塑性成形研究不可缺少的辅助工具。在视塑性研究中，测出分割开的试样上直到与工具接触面的网格畸变，进而计算局部摩擦系数。可将 FEM 等数值计算结果与视塑性法实测的网格畸变进行对比和检验。

1.6 金属塑性成形数值模拟的分级

1.6.1 金属塑性成形的目标量

按观察尺度的不同，金属塑性成形可能有不同的目标量，如图 1.2 所示。

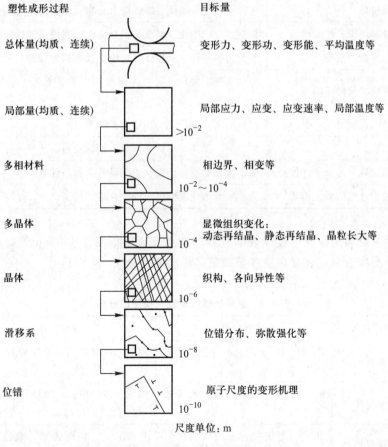

图 1.2 金属塑性成形的不同目标量

1.6.2 金属塑性成形数学模型的分级

金属塑性成形数学模型涉及不同研究内容,表1.2列举了部分常见的金属塑性成形数学模型。

表1.2 部分常见的金属塑性成形数学模型

数学模型	主要内容
① 变形模型	压下、宽展、延伸、前滑、变形及应变分布等
② 温度模型	温升、冷却、工件温度分布等
③ 力能模型	压力、扭矩、功耗、工件应力分布、工具受力分布等
④ 相变、组织、性能模型	相变、组织演化、显微结构及力学、物理化学性能
⑤ 边界及物态模型	各类边界条件、摩擦条件、物态及本构方程等
⑥ 机械设备及传动模型	传动系统、振动、工具弹性变形、工具磨损、故障诊断及维修等
⑦ 生产流程模型	产品流动、生产节奏和物流控制等
⑧ 经济模型	生产率、能耗、成材率、成本核算及利润预测等
⑨ 目标函数及约束条件模型	确定优化的指标函数和工艺设备限制条件等
⑩ 描述全过程的系统模型	建立整个塑性成形过程的综合系统模型

针对金属塑性成形过程数学模型的特点及应用范围,R. Kopp等提出将其数学模型按宏观量、分布量和显微量等层次进行分级(表1.3)。

表1.3 金属塑性成形数学模型的分级

模型的分级	模型内容	建模方法
① 宏观量模型	P、M、D、T等,时序量、边界物态等	测试,物理模拟,专家知识,工程法,上、下界法等
② 分布量模型	σ_{ij}、ε_{ij}、τ_{ij},组织性能,边界物态等	测试、物理模拟、解析法和数值法(特别是FEM)等
③ 显微量模型	相变、组织变化、裂纹萌生与扩展、显微断裂等	直接测试、物理模拟、数值法(特别是FEM)等

1.6.3 金属塑性成形数值模拟的分级

根据目标量及数学模型的不同，可将金属塑性成形的数值模拟进行分级（表 1.4）。

表 1.4 金属塑性成形数值模拟的分级

模拟分级	数值模拟的目标量	主要方法
① 总体量模拟	总体量（平均量）：力、力矩、功率、平均温度等	初等解析法、FEM、上、下界法，相似理论法和经验法模型等
② 局部量模拟	局部量：应力、应变、应变速率、温度分布等	FEM、滑移线法、视塑性法等
③ 微观量模拟	微观量：晶粒大小、织构等	FEM、物理模拟等

在金属塑性成形的分级模拟中，第 n 级的模拟结果应是第 $n+1$ 级的平均值。在模拟总体量的第一级模拟中，主要采用初等解析法，也可用上、下界法，相似理论法和经验法模型。初等解析法在正确给定摩擦系数（实际上是作为修正值）的情况下，可相当准确地计算力、功、力矩等总体量以及平均温度等，但不能模拟真实的材料流动和局部量。上、下界法可较好地模拟总体量，常在很简单的速度场下即可得出较好的结果，但该速度场并不适合真实的材料流动或局部过程参数的描述。相似理论法和经验法通过试验和统计，建立经验模型模拟各总体量。此外，可用模拟局部量的方法，通过对获得的分布量积分得到总体量。

在模拟局部量的第二级模拟中，主要使用 FEM，在一定条件下也可用滑移线法和视塑性法。依据离散化程度和边界条件的准确程度，FEM 可模拟各种局部量，并具有很高的可靠性。在模拟微观量的第三级模拟中，可用 FEM 结合金属显微组织变化模型。因此，在一个层次上模拟，为下一个更高层次模拟提供了输入数据。

1.7 金属塑性成形数值模拟的应用及发展趋势

1.7.1 金属塑性成形数值模拟的应用

计算机数值模拟技术已在块体成形和板料成形等几乎所有金属塑性成形领

域得到了广泛应用。以下根据模拟的目标量不同,将当前金属塑性成形数值模拟技术的主要应用情况归纳为总体量模拟、局部量模拟和微观量模拟进行扼要介绍。

1. 金属塑性成形的总体量模拟

金属塑性成形的总体量模拟主要包括对总变形量(压下、宽展、延伸等)、变形力、力矩、功率和平均温度等宏观力学参数进行模拟计算。

传统上,总体量计算方法主要基于初等塑性理论(例如切片模型、圆片模型、管状模型等)以及经验/半经验公式,这些计算公式虽能方便快捷地用于估算总体量,但有过多简化假设导致其应用有明显的局限性。因此人们致力于借助有限元分析技术提高总体量计算精度,并扩展模型的使用范围。

以轧制过程为例,与传统的经验或半经验轧制力及力矩计算公式相比,借助有限元模拟技术,能够更加准确地超前再现轧件在不同变形历史阶段(咬入、稳定轧制和轧件尾部脱离轧槽等)轧制力、力矩等随时间的变化图以及工艺设备因素的影响规律,确定轧制负荷的峰值以及连轧过程的堆拉关系,为制订和优化轧制工艺控制方案提供科学依据。图 1.3 为在椭圆孔型和圆孔型中连轧 $\phi 200$ mm 大规格圆钢时轧制力和轧制力矩随增量步的变化曲线,从中可见大圆钢连轧过程存在堆钢轧制。

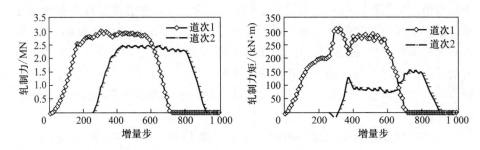

图 1.3 连轧 $\phi 200$ mm 大圆钢时轧制力和轧制力矩随增量步的变化(1/4 轧件)

近年来人们还开展了总体量高精度、快速计算模型的研究开发工作。例如亚琛工业大学 IBF 针对宽厚板轧制情况,用 FEM 模拟结果修正几何因子(Q_p),将从切片模型得到的传统轧制力计算公式(变形区形状因子 l_d/h_m 等仅在一定范围适用)扩展到整个工艺参数范围(包括板厚、压下率等),为实现宽厚板轧制力在线计算提供了技术依据。其中按 FEM 和传统方法(Ekelund、Lugovskoi)得到几何因子(Q_p)与变形区形状因子(l_d/h_m)(参数范围:$0.3 < l_d/h_m < 3$)的关系如图 1.4 所示。

1.7 金属塑性成形数值模拟的应用及发展趋势

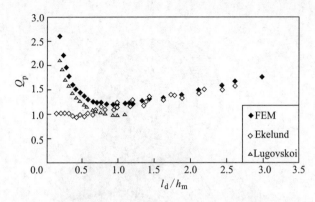

图 1.4 几何因子 Q_p 与变形区形状因子 l_d/h_m 的关系图

2. 金属塑性成形的局部量模拟

金属塑性成形过程局部量模拟研究主要包括对材料（主要是变形体）内部的应力、应变、应变速率、温度等局部量进行计算。以轧制过程为例，局部量模拟可准确地分析轧件不同局部区域的三维变形情况，通过模拟轧件在孔型中的三维金属流动和不均匀变形，确定其应力、应变、应变速率和温度等局部量的分布以及工艺因素的影响规律，从而预测和控制产品形状和尺寸精度，并为表面及内部质量缺陷成因的分析提供必要的技术数据。为了考虑温度对变形的影响，需要采用三维热力耦合的刚塑性或弹塑性有限元法。

图 1.5 为连轧 ϕ200 mm 圆钢轧件在不同阶段的三维变形。图 1.6 为 Assel 轧管机轧制过程的有限元模型。

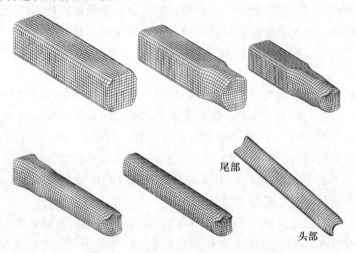

图 1.5 连轧 ϕ200 mm 圆钢不同阶段的三维变形

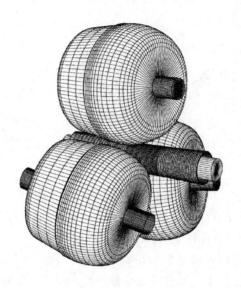

图 1.6　Assel 轧管机轧制过程的有限元模型

3. 金属塑性成形的微观量模拟

金属塑性成形过程微观量模拟包括微观组织变化以及内部缺陷模拟等。显微组织模拟主要是依据金属变形热力学条件，分析变形过程的再结晶(包括动态再结晶、静态再结晶等)规律，建立能准确描述晶粒大小等与变形热力学条件和材料性能关系的数学模型，并耦合到有限元模拟程序中，采用热力耦合分析方法以预测材料的最终性能。组织模拟的基本前提是准确计算应力场、应变场、温度场和应变速率等局部量的分布，结合物理模拟和实验研究，建立能准确描述塑性成形过程中材料微观组织演变和宏观性能变化的材料数据库和模型库。

在金属塑性成形微观组织变化模拟研究方面，国内外已进行了大量研究工作。以亚琛工业大学 IBF 为例，该研究所已将开发的金属塑性成形微观组织模拟 STRUCSIM 程序嵌入 LARSTRAN 有限元软件，能够在每一个时间离散步考虑变形历史对微观组织变化的影响，从而使微观组织模拟建立在更加科学的基础上。图 1.7 为 IBF 用 PEP/LARSTRAN 和 STRUCSIM 模拟镍基合金热变形过程动态组织变化，其结果与实验结果吻合。

另外，亚琛工业大学 IBF 与 IMM(物理冶金及金属物理研究所)合作，在 FEM 模型中集成不同的流变应力 k_f 模型(图 1.8)。其中将位错密度(ρ)作为描述金属多阶段塑性成形过程塑性力学及微观组织变化的特征状态参量，建立了

1.7 金属塑性成形数值模拟的应用及发展趋势

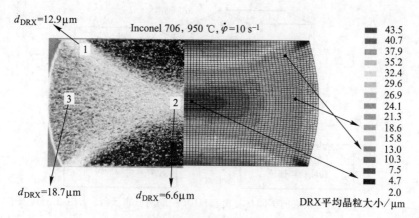

图 1.7 镍基合金热变形动态再结晶模拟

三变量(three-variable)模型用于物理描述流变曲线。通过将 FEM 模型与物理模型集成化连接,能够计算金属在塑性成形各阶段以及间隙时间的位错密度。将计算的塑性成形过程结束时的位错密度作为输入量用于元胞自动机(cellular automata)模拟静态再结晶(static recrystallization, SRX)。另外,在 FEM 模型中集成 Taylor 模型还可描述金属塑性成形过程的织构演变,如图 1.9 所示。

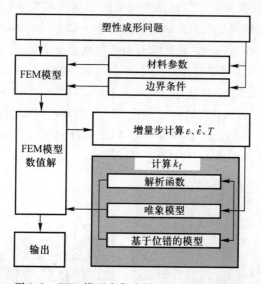

图 1.8 FEM 模型中集成的不同流变应力模型

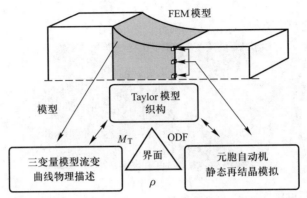

图 1.9　FEM 模型中集成的不同材料模型（ODF—取向分布函数；M_T—Taylor 因子）

1.7.2　金属塑性成形数值模拟的若干发展趋势

纵观当今国内外金属塑性成形数值模拟技术的现状及发展情况，可见其发展趋势包括如下内容。

1. 与 CAD 软件的无缝集成

当今有限元分析软件的一个发展趋势是与通用 CAD 软件的集成使用，即在用 CAD 软件完成部件和零件的造型设计后，能将模型直接传送到有限元分析软件中进行有限元网格划分并进行分析计算。如果分析的结果不满足设计要求，则重新进行设计和分析，直到满意为止，从而极大地提高了设计水平和效率。为了满足工程师方便快捷地解决复杂工程问题的要求，许多商业化有限元分析软件都开发了与知名 CAD 软件（例如 Pro/ENGINEER、Unigraphics、SolidEdge、SolidWorks、IDEAS 和 AutoCAD 等）的接口。以 Marc 有限元软件和 LARSTRAN 有限元软件为例，其前处理器 Mentat 和 PEP 内分别配有专门接口与众多 CAD 软件实现数据传递，如图 1.10 和图 1.11 所示。

图 1.10　Marc 中的 CAD 接口

1.7　金属塑性成形数值模拟的应用及发展趋势

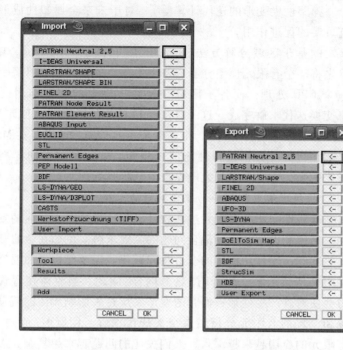

图 1.11　LARSTRAN 中的 CAD 接口

2. 更加强大的网格自动（重）划分功能

有限元法求解问题的基本过程包括分析对象的离散化、有限元求解、计算结果的后处理 3 部分。由于结构离散后的网格质量直接影响求解时间及求解结果的正确与否，近年来各大软件开发商都加大了在网格处理方面的投入，使网格生成的质量和效率都有了很大的提高。

目前，有些软件已具有三维实体模型自动六面体网格划分以及根据求解结果对模型进行自适应网格划分的功能，例如 Marc 有限元软件提供自适应网格重划分等功能。针对金属塑性成形的严重网格畸变情况，LARSTRAN 有限元软件具有模型诊断和优化功能，不仅能对几何体划分单元和优化，而且还可在模拟过程中根据网格畸变程度实现自动六面体单元网格重划分。

3. 针对复杂非线性问题的高效率求解算法

金属塑性成形数值模拟常涉及结构的大位移、大应变（几何非线性）和塑性（材料非线性），因此高度非线性是金属塑性成形数值模拟的研究难点之一，为此国外一些大公司花费了大量人力和物力开发高效率的非线性求解分析软件，如 Marc、LARSTRAN、ABAQUS 等。

采用更加先进的高效算法进一步改进求解器从而缩短迭代计算时间（例如

21

三维热力耦合、弹塑性大变形的迭代计算等），对于未来金属塑性成形模拟技术的发展具有重要的促进作用。

近年来开发的基于区域分解方法（domain decomposition method，DDM）的有限元法，首先将整个有限元模型分解为若干不重叠的子区域，将每个子区域模型分配给一个CPU处理，而各子区域在公共边界上的相互作用则借助于CPU之间信息交换迭代求解完成。这一算法的特点是各子区域单独计算（包括单元组装、矩阵分解、应力计算等），最后装配出整个模型结果。在Marc软件上采用区域分解并行处理方法进行性能测试表明，并行扩展性的提高与CPU个数几乎成正比关系，这对于完成大规模数值分析具有现实意义。

4. 由单一结构场求解发展到多场耦合问题的求解

用于求解结构线性问题的有限元法和软件已经比较成熟。现在的发展方向是结构非线性、流体动力学和多场耦合问题的高效求解。例如在金属塑性成形过程中摩擦生热问题、塑性功产生的变形热问题等，需要结构场和温度场的有限元分析结果交叉迭代求解，即所谓"热力耦合"问题。当流体在弯管中流动时，流体压力会使弯管产生变形，而管的变形又反过来影响流体的流动，这就需要对结构场和流场的有限元分析结果交叉迭代求解，即所谓"流固耦合"的问题。由于有限元的应用越来越深入，人们关注的问题越来越复杂，多场耦合问题的求解也将成为有限元软件的发展方向之一。

5. 程序面向用户的开放性

随着商业化的提高，各软件开发商为了扩大自己的市场份额，满足用户的需求，在软件的功能、易用性等方面花费了大量的投资。但由于用户的要求千差万别，不管他们怎样努力也不可能满足所有用户的要求，因此必须给用户一个开放的环境，允许用户根据自己的实际情况对软件的功能进行扩充，包括用户自定义单元特性、用户自定义材料本构关系、用户自定义相关边界条件、用户自定义结构断裂判据和裂纹扩展准则等。关注有限元的理论发展，采用高效算法，扩充软件功能，提高软件性能，以满足用户不断增长的需求，应是有限元软件开发的主攻方向。

6. 开发更加精确的流变应力和材料微观组织模型

针对新塑性成形工艺或新产品（新材料），不断开发更加科学的材料流变应力模型及微观组织变化模型是金属塑性成形数值模拟技术的发展趋势之一。目前FEM基本能够与大多数不同的模型结合去描述反映材料流动的重要材料特征值或者摩擦和热边界条件。例如实验确定的流变应力一般被唯象地描述为依赖于变形量、变形速率和变形温度。但是近来有较好应用前景的流变应力公式被实测，它是根据金相模型（例如，Gottstein提出的受位错密度影响的模型）确定流变应力。例如，由Sellars开发的金相模型能较准确地描述晶粒组织。这

1.7 金属塑性成形数值模拟的应用及发展趋势

样的模型还能使定义和确定更深层次的目标参量变得更加容易,这是 FEM 以往未能处理的。例如亚琛工业大学 IBF 在有限元软件 LARSTRAN 平台上开发了 T - Pack 程序模拟织构演变。

7. "数值模拟/优化"集成化

将计算机数值模拟与计算机优化两者集成,开发智能化模拟系统,实现计算机自动优化工艺控制方案,是塑性成形模拟工作者的重要研究内容,也是计算机辅助工程(CAE)的核心技术。但因金属塑性成形工艺种类繁多、过程复杂,目前仅针对某些目标量在个别软件上实现了"模拟/优化"的集成。例如亚琛工业大学 IBF 开发的计算机辅助优化工具(computer aided optimization tool,CAOT),可与通用有限元软件(例如 LARSTRAN 等)集成并能根据有限元模拟的结果自动优化塑性成形的重要技术参数(包括摩擦条件、变形力、模具充满度、模具几何参数等),如图 1.12 所示。

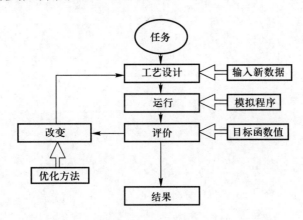

图 1.12　计算机辅助优化工具(CAOT)工作原理

8. 将数值模拟应用于过程控制——"在线优化"

将数值模拟应用于实际生产的过程控制、实现"在线优化"一直是人们努力追求的目标。例如亚琛工业大学 IBF 组织科研力量开发自由锻在线优化系统,其工作原理是:结合有限元模拟开发快速计算应变、温度和微观组织的模型。该系统根据当前时刻实际测量的几何参数(锻件长度变化、砧子位置等)快速计算当前时刻锻件(局部)应变,根据当前时刻测得的锻件表面温度快速计算当前时刻锻件(内部)温度,从而实时获得当前时刻锻件微观组织状态(借助 STRUCSIM),以此为依据进行锻造工艺优化和控制。

第1章 概论

思考题

1. 简述金属塑性成形数值模拟的主要任务和目的。
2. 简述物理模拟与数值模拟的区别及联系。
3. 简述金属塑性成形问题的主要求解方法及其特点。
4. 简述金属塑性成形数值模拟的分级及其特点。
5. 简述当前金属塑性成形数值模拟的发展趋势。

第 2 章
有限元法的基本原理

2.1 有限元法的基本概念

有限元法(FEM)是求解场问题解的数值法。其基本思想是：将连续物体划分成有限个单元(离散化)，进行单元分析，找出节点力与节点位移的关系，再对整个物体进行整体分析，找出整个物体所有节点的载荷与节点位移的关系，从而构成线性方程组。引入边界条件后，可求各单元的场量(例如应力场、应变场、温度场等)。FEM 的实质是用场量的分片插值(通常采用多项式插值)来近似。FEM 中的基本场量是位移场，而应力通常是由位移梯度计算出来的。

在某个具体的工程领域中应用有限元法分析相关物理系统的特征与行为通常称为有限元分析(FEA)。

以下就 FEM 中涉及的一些基本概念(术语)进行解释。

1) 有限(finite)。是指所划分的单元不同于微积分学中的无穷小微元。

2) 单元(element)。是区域离散化后结构的一小片。在每个有限单元中，允许一个场量仅有简单的空间变化，而单元所跨区域的实际变化更为复杂，因此 FEM 提供的仅是数值解(近似解)。

3）节点(node)。是单元的连接点，是单元几何体的端点、顶点或特定点。单元的各物理量变化均体现在节点上。单元是由节点组成的几何体，如三角形单元、四面体单元等。单元在节点处相连，并在节点上共享场量值(根据不同的单元类型，它们也可能共享节点处场量的一个或多个导数值)。节点也是作用载荷和施加边界条件的位置。图 2.1 所示为常见的有限元类型，其中金属塑性成形工件的单元类型包括：四节点四边形(Quad4)、八节点六面体(Hex8)、三节点三角形(Tria3)、四节点四面体(Tetra4)。

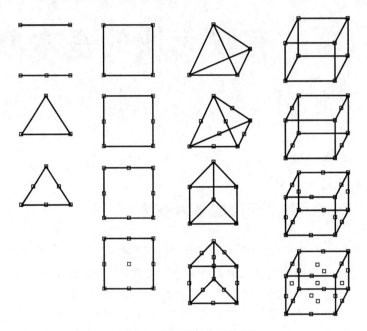

图 2.1 常见的有限元类型

4）网格(mesh 或 grid)。指特定的单元排列，是由多个单元通过共用节点组成的单元网络，用以表示待解问题域(图 2.2 和图 2.3)。在数值分析中，有限元网格用待求节点未知量的代数方程组来表示。节点上的未知量是场量的值，它依赖于单元的形状，也可能依赖于它的一阶导数。

5）结构(structure)。是单元的集合，即离散化的区域。

6）区域(domain)。是受物理定律支配的连续范围。函数的边界条件是变量取边界值时的函数值。

7）节点的自由度(degree of freedom，d.o.f.)。是节点上变量的个数。例如用位移法解结构问题时节点自由度为 3，表示单个节点上 3 个坐标方向上的位移；又如热分析时节点自由度为 1，表示某个节点处的温度值。当节点值的

2.1 有限元法的基本概念

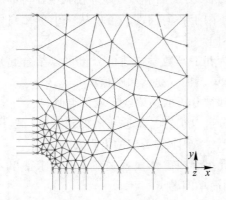

图 2.2 带圆孔方板模型(1/4 对称部分)

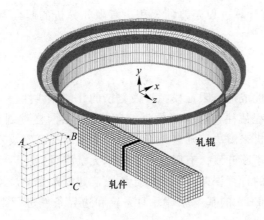

图 2.3 轧制过程有限元模型(1/4 对称部分)

解与给定单元上的场量结合起来时,完全决定了单元上场的空间变化。这样,整个结构上的场量,以分段的形式一个单元一个单元地近似。尽管有限元解不是精确解(除非问题太简单而不必用有限元分析),但可以通过对结构划分更多的单元来提高解的精度。

与其他数值计算方法(BEM、FDM 等)相比,FEM 具有以下许多优点。

1) FEM 的物理概念明确、通用性强,几乎对任何连续介质力学问题都适用。适用于任何场问题,如热传导、应力分析、磁场问题等。

2) 没有几何形状的限制。所分析的物体或区域可以具有任何形状。

3) 边界条件和载荷没有限制。例如,在应力分析中,物体的任意部分都可以被支撑起来，而分布力或集中力可施加在其他任何部位。

4）材料性质并不限于各向同性，可以从一个单元到另一个单元变化，甚至在单元内也可以不同。

5）具有不同行为和不同数学描述的分量可以结合起来。因此，单个有限元模型可以包含杆、梁、板、缆索和摩擦单元。

6）有限元结构和被分析的物体或区域很类似。

7）通过网格细分可以很容易地改善解的逼近度，这样在场梯度大的地方就会出现更多的单元，需要求解更多的方程。

8）在将所有单元组合成整体模型之前，就能求得单元的解，即一个复杂问题被简化成一系列简单问题。

当然，FEM也有以下缺点。

1）有限元分析常常得到的是近似的数值解，只有网格划分得足够细，其解才可能足够精确。

2）由于数值计算过程误差的累积，有限元分析的解经常包含其固有的计算误差。

3）由于结构、载荷或边界条件等模型建立的不正确，有限元分析的解可能有严重错误。

由于金属塑性成形有限元模拟涉及复杂的几何非线性、材料非线性和接触非线性等，其过程往往包含大量的计算工作（包括网格重划分等），这就需要依靠大容量计算机来解决。随着计算机性能的不断提高以及减少计算时间和工作量的新方法的不断开发，有限元模拟技术无疑将得到更广泛的应用。

为减少固有的计算误差并消除由于不正确建模产生的严重错误，工程师或设计师需要了解FEM的基本原理并对系统和边界条件进行细致研究以正确建立模型。

2.2 工程问题有限元分析的流程

通常采用有限元分析求解实际问题的基本流程是：查明问题并分类；准备数学模型并将其离散化；用计算机进行计算；检查结果。通常需要对上述流程进行多次循环。

2.2.1 问题分类

分类求解问题的第一步就是先对它进行识别，搞清楚：问题所包含的重要物理现象是什么？问题依赖于时间还是与时间无关？在应力分析过程中，我们要弄清楚：是静力学问题还是动力学问题？是否包含非线性问题（以便决定是否有必要使用迭代算法)？要从分析中得到什么结果？需要多高的精度？对这些问题的回答将影响到需要收集多少信息来进行分析、如何对问题建模以及采用哪种解法等问题。

一个复杂的问题并非局限于某一类。以流体和结构的相互作用问题为例，当地震对液体贮罐产生激励时，流体的运动使薄壁容器挠曲，其挠曲又会反过来影响流体的运动。因此，结构位移与流场不能分开考虑，计算时必须考虑到它们相互作用。该例包含了直接或相互耦合，其中每个物理场影响其他物理场。另外也有间接或连续耦合，即只考虑一个场影响另一个场，例如一般的热应力分析，温度影响应力，而应力对温度的影响可忽略。

总之，分析者必须透彻理解问题的性质。没有这一步就不可能设计一个合理的模型，这是因为针对具体问题有限元软件本身并不能告诉我们要做什么。例如，软件目前还不能自动决定：如果有应力高到足以使材料产生屈服，需要进行非线性分析；如果薄截面承受压载荷，要考虑屈曲分析。尽管软件有被赋予更多决策能力的趋势，但分析者也不能放弃自己对软件的控制权。另外，软件具有局限性而且可能含有错误，但对计算结果负有法律责任的是工程师而不是软件提供商。

2.2.2 数学模型

当搞清楚实际问题的物理性质之后，要建立数学模型以用于后续有限元离散化和数值求解。

由于数学模型都是从复杂的实际问题抽象得来的，因此建模时要根据实际情况合理地忽略掉一些次要因素。例如，可能会忽略有些地方的几何不规则性，把某些载荷看做是集中载荷，并把某些支撑看做是固定的；材料可以理想化地认为是线弹性和各向同性的。根据问题的维数、载荷以及理想化的边界条件，我们能够决定采用梁理论、板弯曲理论、平面弹性方程或者一些其他分析理论描述结构性能。在求解中应用分析理论简化问题从而建立起数学模型。

在建模过程中，分析者既要排除一些不必要的细节，也必须包括问题的所有本质特征，即包括那些对所研究的问题起决定性作用的特征，并决定采用何种理论或数学公式来描述结构的行为。只有这样建立的数学模型，在后续分析时才可能做到既不过于复杂化，也能对实际问题求得足够精度的解。当实际问题的行为被选定的微分方程组和边界条件描述或逼近时，几何模型就变成了数学模型。这些依赖于特定形式的方程，可能会含有一些限制条件，例如均匀性、各向同性、材料性能恒定以及小应变和小转角等。

要认识到有限元分析是仿真(simulation)而非真实(reality)，而且有限元分析是基于数学模型的。因此，如果数学模型不合适或者不充分，即使很准确的有限元分析也会和物理现实不一致。

数学模型是一个理想化的模型。在这个模型中，几何形状、材料性质、载荷和/或边界条件都根据分析者对它们在问题求解中的重要性的理解做了简化。例如，在应力分析中，材料可能被看做是均匀的、各向同性和线弹性的（尽管通常的材料并非如此）；小片面积上的分布载荷可看做是作用于某一点上的集中载荷（这在物理上是不可能的）；支撑可被指定为固定的（尽管没有完全刚性的支撑）；能够引入凹角，但应力集中可以忽略（如果求解的是其他地方的应力）；对于几乎扁平的结构，可以建立二维模型（如果应力在厚度方向不变化，或者在弯曲时经常看做是线性变化的）。轴对称压力容器的行为，可以用弹性轴对称方程或者壳体的轴对称方程来描述，这取决于容器是厚壁还是薄壁。类似这样的建模决策应该在有限元分析之前进行。

因为随后的有限元分析是近似的且仅与数学模型（它是从现实中凝练出来的）有关，因此，建模决策受收集到什么样的信息、需要什么样的精度、有限元分析的预期费用和它的计算能力以及局限性的影响。最初的建模决策也是暂时的。最初的有限元分析结果很可能建议在几何（也许恢复先前忽略掉的几何不规则性）、应用理论（也许把平面扩展项添加到板弯曲理论）等方面进行改进。

最后讨论一下关于二维模型与三维模型的选择问题。虽然实际结构都是三维的，但是究竟采用二维模型还是需要建立三维分析模型，除了要考虑具体问题的性质，还要考虑计算代价（从二维扩展到三维，所需的计算时间和计算机资源将增至10倍或更多）。例如针对宽带钢轧制情况，若要分析板形或宽度变化，则可能需要建立三维模型；但若仅计算其厚度变化，则可采用平面应变假设建立简化的二维分析模型。

2.2.3 初步分析

根据数学模型进行有限元分析之前，最好事先采用某种便利方法（例如简单的分析计算、手册公式、可信的初步解或者实验结果）获得该问题的一个初步解（估算值）。实践证明，这种努力对于最终建立更加精确的数学模型是有益处的。因为预先得到的初步解能用于后续有限元模拟结果的检验。如果我们在有限元分析之前而不是之后做了这项工作，就能降低在获得有限元分析结果（特别是经过艰苦努力后求得有限元结果）之后还要寻求答案予以支持的倾向。这是因为，在给软件提供数据时经常容易出错，有时甚至一个粗略的初步求解就能发现由于数据输入差错而引起的严重错误。

2.2.4 有限元分析

通用有限元分析软件的使用一般包括以下 3 个步骤。

（1）前处理

输入描述几何、材料属性、载荷和边界条件的数据，软件能自动地划分大部分有限元网格，但必须提供相应的指导，如单元类型和单元疏密度。也就是说，分析者必须选择一个或多个单元列式以适应数学模型，并说明有限元模型所选区域的单元应有的大小。在进行下一步操作前，必须检查输入数据的正确性。

在上述前处理中，离散化数学模型是通过把结构划分成许多有限单元（离散化）建立起来的，并且用有限节点数和每个单元内的简单插值确定的分片连续场来代表一个完整连续的物理场，因此离散化带来了新的误差。与实际情况相比，已有两个误差源：建模误差和离散化误差。建模误差可以通过改进模型来减小；离散化误差可以通过增加单元数来减小。即使离散化误差可以减小到零，但因建模误差的存在，实际情况也不能绝对准确无误地再现出来。另外，由于计算机表示的数据和处理过程结果精度有限，在计算中会带来数值误差。数值误差很小，但某些物理因素和不良的离散化会使误差变大。

（2）数值计算

软件自动生成描述单元性能的矩阵，并把这些矩阵组合成表示有限元结构的大型矩阵方程，然后求解，并得到每个节点上的场量值。如果性能依赖于时间或者是非线性问题，还要另外进行计算。

（3）后处理

有限元计算结果及由此得到的相关数值可被列出或者以曲线、图形等可视化。分析者只要在后处理器中选择需要显示的具体模拟量，软件就可自动完成该操作步骤。例如在应力分析中，典型的显示结果可能包括变形后的形状、动画以及在不同平面上不同类型的应力等。

2.2.5 检查结果

完成有限元分析之后，检查结果非常重要。有时即使简单的检查也可以发现大错误，其原因可能是由于数据输入的疏忽而导致出错。

检查模拟结果的一些常用方法如下。

首先，定性地检查模拟结果，观察其是否"看起来正确"，也就是说：是否有明显的错误？是否解决了我们想要解决的问题，或者是其他问题？边界条件经常被曲解，变形的有限元结构是否显示不应有的位移？期望的对称性在结果中是否出现？如果对这些问题的答案是满意的，则把有限元分析的结果和来自初步分析的解或所能得到的其他任何有用信息进行比较。

判断结构离散化程度是否充分的一个方法就是看应力图(或热分析中的热流图)。软件能用彩色画出应力等值面图,也能画出应力带状图。不同的颜色用来表示不同水平的应力值。应力和场量的梯度有关,而给定单元的梯度仅取决于依附于该单元节点上的场量。因此,像随后显示的那样,跨单元间的边界应力带不连续。严重不连续表明结构的离散化太粗糙,然而实际上连续带又暗示着更精细的离散化并不必要。在图 2.4a 中,应力带不连续但并不太严重,对预期的目的来说这样的离散化程度已经足够了。

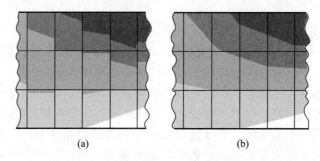

图 2.4　矩形单元部分网格中的应力带。(a)未进行节点平均,单元间的不连续性表明了结果的优劣程度;(b)进行了节点平均,克服了不连续性,但丢失了重要信息

可以指示软件来显示用节点应力平均值计算的应力(或热流)带。这样单元间的不连续性就被去除了。形成的图在视觉上更令人满意,但是判断计算结果质量的有用信息却丢失了。由节点平均值绘制的应力带如图 2.4b 所示,可能认为结果比实际情况有更高的品质。

2.2.6　期望修正

初步的有限元分析结果很少能令人满意,明显的错误必须得到纠正,令人不安的期望值和计算值之间的巨大差异需要解释。出错原因可能是物理上的理解、有限元模型或两者兼而有之。必须通过修正数学模型和/或有限元模型以有效解决不协调性。经过另一次分析循环,可能判断离散化不充分(或许在某些地方太粗糙),然后改进网格,再进行新一轮分析。

针对一个新问题进行有限元分析,几乎总是从一个简单的有限元模型开始,当分析者对问题了解更深入时再添加细节描述,逐步修改、补充并完善模型。每一次修正都是朝最终求得正确解方向迈进的一步,而不是对之前尝试失败的惩罚。

工程问题有限元分析的流程如图 2.5 所示。

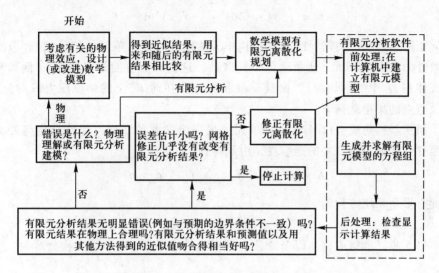

图 2.5 工程问题有限元分析流程图

2.3 有限元法的计算步骤

2.3.1 有限元法计算的基本步骤

有限元法(FEM)数值求解过程通常包括以下 6 个步骤。

第 1 步：定义形函数。FEM 在单元域 Ω^e 上，通过用形函数 $N(x)$，根据节点变量 a，将场变量 $u(x)$ 表示为
$$u(x) = N(x)a^e$$

第 2 步：建立材料响应。FEM 根据节点变量将相关的通量场(例如应变、应力或热流)表示为
$$\varepsilon(x) = L[u(x)] = Ba^e$$
$$\sigma = \sigma(\varepsilon) = D\varepsilon(x)$$

第 3 步：形成单元矩阵。建立单元与外界环境的平衡关系
$$K^e a^e + f^e = 0$$
式中：K^e 为单元矩阵；a^e 为单元节点上的位移；f^e 为单元节点上的等效外力。

单元矩阵按下式计算：
$$K^e = \int_{\Omega^e} B^T D B \mathrm{d}V$$

节点等效外力为

$$-f^e = \int_{\Omega^e} N(x)^T b \mathrm{d}V + \int_{\Gamma^e} N(x)^T t \mathrm{d}S + F$$

单元矩阵 K^e 代表物理特性（例如结构单元的刚性或传热单元的传导性）；节点等效外力 f^e 代表单元 e 所承受的不同载荷，这些载荷可能是体载荷 b（例如重力或体积 Ω^e 中的内热源）、面载荷 t（例如作用在面 Γ^e 上的单位压力或对流）以及节点的集中载荷 F。

第 4 步：集成。FEM 将所有单元集成一个完整的结构，使该结构与外界平衡并且保证节点变量的连续性，由此得到

$$K = \sum_e K^e, \quad f = \sum_e f^e, \quad a = a^e$$

因此有限个系统方程为

$$Ka + f = 0$$

第 5 步：求解方程。FEM 指定一些节点的边界量，将系统方程分解为

$$\begin{bmatrix} K_{uu} & K_{us} \\ K_{su} & K_{ss} \end{bmatrix} \begin{bmatrix} a_u \\ a_s \end{bmatrix} = - \begin{bmatrix} f_a \\ f_r \end{bmatrix}$$

式中：a_u 为未知节点变量；a_s 为已知的节点值；f_a 为外加的节点载荷（力）；f_r 为节点反作用力。因此，其解变为

$$a_u = -K_{uu}^{-1}(f_a + K_{us}a_s)$$
$$f_r = -(K_{su}a_u + K_{ss}a_s)$$

第 6 步：回代。FEM 通过将上述第 5 步中求得的节点变量代回到第 2 步中，从而求解相关通量场（例如应变、应力和热流）。

2.3.2 所需 CPU 时间

在所需 CPU 时间方面，线性 FEM 和非线性 FEM 在上述 3 个求解步骤（第 4 步集成、第 5 步求解方程、第 6 步回代）中的每一步耗费的 CPU 时间有很大不同。在线性 FEM 中，第 5 步（求解方程）在全部 CPU 时间中占据大部分时间；在非线性 FEM 中，上述 3 个步骤（集成、求解方程、回代）占用的 CPU 时间更加相近。随着求解技术的进展，当前集成与回代所需时间已超过求解方程所用时间。

FEM 能将任何微分方程转变为一组代数方程。若在上述 6 个步骤中存在任何非线性项，则导致代数方程也为非线性而必须采用迭代求解方法（相关迭代算法的基本原理及特点将在本章 2.5 节介绍）。

2.3.3 简单算例分析

以下通过分析一个简单算例具体说明有限元法数值计算的 6 个基本步骤。已知一端铰接杆受其自身重力作用,分析其变形和应力,如图 2.6 所示。

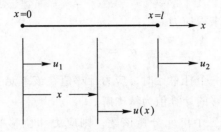

图 2.6 一端铰接杆(受自身重力作用)

第 1 步:选择形函数以确定单元类型。为简单起见,选择杆单元(图 2.7)。

$$u(x) = \begin{bmatrix} 1-\dfrac{x}{l} & \dfrac{x}{l} \end{bmatrix} \begin{bmatrix} u_1 \\ u_2 \end{bmatrix}$$

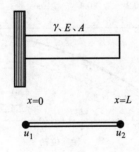

图 2.7 杆单元分析

第 2 步:确定应变和应力。

$$\varepsilon(x) = \begin{bmatrix} -\dfrac{1}{l} & \dfrac{1}{l} \end{bmatrix} \begin{bmatrix} u_1 \\ u_2 \end{bmatrix}, \quad \sigma = E\varepsilon$$

第 3 步:形成单元矩阵。

$$\boldsymbol{K}^e = \int_{\Omega^e} \boldsymbol{B}^{\mathrm{T}} \boldsymbol{D} \boldsymbol{B} \mathrm{d}V = \frac{AE}{l} \begin{bmatrix} 1 & -1 \\ -1 & 1 \end{bmatrix}$$

为简单起见,仅用一个杆单元分析(图 2.7)。

第 4 步:集成。仅针对一个杆单元。

第 5 步:求解。

$$\frac{AE}{l}\begin{bmatrix} 1 & -1 \\ -1 & 1 \end{bmatrix}\begin{bmatrix} 0 \\ u_2 \end{bmatrix} = \begin{bmatrix} r_1 \\ -\dfrac{\gamma AL}{2} \end{bmatrix}$$

$$u_2 = \frac{\gamma AL}{2E}, \quad r_1 = -\frac{\gamma AL}{2}$$

第6步：回代，求得应力。

$$\sigma^e = \frac{\gamma L}{2}$$

由此可见，仅用一个杆单元时，应力计算值在该单元上为常数且为最大应力值之半，节点2位移的计算值为精确解。

如果再用两个和三个单元分析该题，则应力和位移的计算结果如图2.8所示。

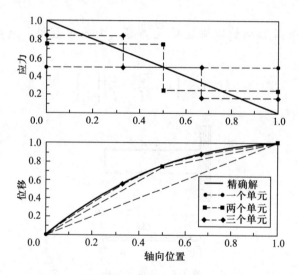

图2.8 应力和位移的计算结果（用不同数目单元）

从图2.8可见，随着单元数目的增加，（应力和位移）计算值愈加精确；用有限元分析时，上述应力计算结果是对一条直线段近似的分段常数，而其位移计算结果是对一条抛物线段近似的分段线性表达式。如果选择抛物线形函数，则该位移的有限元解将与其理论解完全吻合。由此可见，有限元的计算结果与单元密度和单元类型（即形函数）的选择密切相关。

2.4 单元类型选择及高斯积分法

对于选择的任意单元,需要有效积分的单元矩阵为

$$K^e = \int_{\Omega^e} B^T DB dV \tag{2.1}$$

最常使用的积分法是高斯积分法(Gaussian quadrature)。要积分的单元区域转化为单位立方体、单位正方形或者单位线段。因此得到

$$dV = dxdydz = \det|J|d\xi d\eta d\zeta$$

式中:$\det|J|$是雅可比算符$|J|$的行列式,并且

$$\frac{\partial}{\partial \xi} = J\frac{\partial}{\partial x}$$

于是用高斯积分法将单元矩阵数值积分为

$$K^e = \int_{\Omega^e} B^T DB dV = \int_{-1}^{1}\int_{-1}^{1}\int_{-1}^{1} F d\xi d\eta d\zeta,$$
$$F = B^T DB(\det|J|)$$

于是

$$\int_{-1}^{1}\int_{-1}^{1}\int_{-1}^{1} F d\xi d\eta d\zeta \approx \sum_i \sum_j \sum_k \alpha_i \alpha_j \alpha_k F(\xi_i, \eta_j, \zeta_k)$$

其中要找到积分点(又称高斯点)(ξ_i, η_j, ζ_k)以及权系数$(\alpha_i, \alpha_j, \alpha_k)$从而使多项式的积分精确。例如,若要对$2n-1$阶多项式精确积分,则有下列$2n$阶方程:

$$\int_{-1}^{1} P(x)dx = \sum_{i=1}^{n} \alpha_i P(x_i) \tag{2.2}$$

这些同时出现的方程可用勒让德(Legendre)多项式显式求解。

表2.1分别给出$n=1,2,3$的高斯点及权系数。

表 2.1 高斯点和权系数

n	$\pm x$	α_i
1	0	2.000 0
2	0.577 35	1.000 0
3	0.774 59	0.555 55
	0.000 00	0.888 88

在积分点上获得单元变量,再通过外插法进而得到节点变量以及节点的平

均单元变量。

所谓减缩积分单元,是专门设计的采用较少积分点的单元,可大大减少集成和回代的运算。尽管使用减缩积分单元较为经济,但最好不要用在大塑性变形情况。若起初为了算得快而用减缩积分单元,在最终运算时则要将其变为完全积分单元。

总之,有限元数值解的精度与选择的单元类型、单元数目以及节点的分布位置等密切相关。单元类型一般分为以下3类。

1) 连续体单元(块体、平面应力、平面应变、广义平面应变以及轴对称)。
2) 壳单元(梁、板、壳、桁架以及旋转壳)。
3) 特殊单元(Gap 单元、弯管、剪切板、半无限、不可压缩以及减缩积分)。

若各类单元的自由度数目是相同的,则不难形成混合单元;否则需施加约束以确保其相适应。

2.5 非线性有限元的迭代算法

在有限元法求解的第5步中,需要求解以下方程:

$$[K]\{a\} = \{F\} \quad \text{或} \quad I - F = 0 \tag{2.3}$$

对于线性问题,可直接用高斯消去法。但对于非线性问题,其刚度及外力均可为节点位移的函数,即

$$I(a) - F(a) = 0 \tag{2.4}$$

为求解上述非线性方程组,可采用牛顿-拉弗森(Newton-Raphson,N-R)方法。N-R方法是一种近似求解方程的迭代方法,它用函数的泰勒级数的前面几项来寻找方程的根。

给定一个非线性方程 $f(a)=0$ 及一个已知点 a_i,按下式计算修整量 Δa_{i+1}:

$$\Delta a_{i+1} = -\frac{f(a_i)}{f'(a_i)} \quad (\text{N-R 方程}) \tag{2.5}$$

$$a_{i+1} = a_i + \Delta a_{i+1}$$

定义切线刚度:

$$f'(a_i) \equiv K_i^{\mathrm{T}}(a_i) = \frac{\partial}{\partial u}[I(a_i) - F(a_i)]$$

定义残差:

$$f(a_i) \equiv R(a_i) = I(a_i) - F(a_i)$$

可将 N-R 方程(2.5)改写为

$$K_i^{\mathrm{T}}(a_i)\Delta a_{i+1} = R(a_i) \tag{2.6}$$

可用高斯消去法解该方程组，求得修整量 Δa_{i+1}。若每次迭代能使残差减小，则该方法收敛于一个正确解。

以下通过一个简单算例具体说明 N-R 方法的计算过程。

对于非线性方程

$$f(x) \equiv \sin(x) - 1 = 0$$

有

$$f'(x) \equiv \cos(x)$$

其中：$x_0 = 0.25$ 且 $\Delta u_{i+1} = -\dfrac{f(a_i)}{f'(a_i)}$。由此可得 N-R 方法的残差（表 2.2）。

表 2.2　N-R 方法的迭代次数及其残差

i	x_i	$-f_i$	f_i'	Δx_{i+1}	x_{i+1}	残差
0	0.25	0.753	0.969	0.777	1.027	0.144
1	1.027	0.144	0.517	0.278	1.305	0.035
2	1.305	0.035	0.263	0.133	1.438	0.009
3	1.438	0.009	0.132	0.068	1.506	0.002

若非线性程度太大（载荷太大），则 N-R 方法可能会不收敛，因此应对结构逐步加载。下面介绍两种 N-R 方法。

2.5.1　完全 N-R 方法

完全 N-R 方法在每次迭代（或循环）中都集成和分解刚度矩阵。完全 N-R 方法收敛性好（具有二次收敛特性，即后续迭代的相对误差二次递减），但是若存在材料非线性或者发生接触（或摩擦），某些近似会降低收敛性。

对于大多数非线性问题，完全 N-R 方法能求得良好解，但是对于大型三维非线性问题则计算量较大（若用直接求解器）；若用迭代求解器，则计算量不太大。

在结构分析中完全 N-R 方法的基础是要求满足平衡。考虑下列方程组：

$$\boldsymbol{K}(\boldsymbol{u})\delta\boldsymbol{u} = \boldsymbol{F} - \boldsymbol{R}(\boldsymbol{u}) \tag{2.7}$$

式中：$\boldsymbol{u}$ 为节点-位移矢量；$\boldsymbol{F}$ 为外部节点-载荷矢量；$\boldsymbol{R}$ 为内部节点-载荷矢量（从内应力得出）；$\boldsymbol{K}$ 是切线-刚度矩阵。从内应力得出内部节点-载荷矢量为

$$\boldsymbol{R} = \sum_{\text{elem}} \int_V \boldsymbol{\beta}^{\mathrm{T}} \boldsymbol{\sigma} \mathrm{d}V \tag{2.8}$$

在方程(2.7)中 **R** 和 **K** 是 **u** 的函数。在许多情形下，**F** 也是 **u** 的函数(例如，若 **F** 从压力载荷得到，则节点–载荷矢量是结构取向的一个函数)。方程(2.7)适合用完全 N–R 方法求解。

假定上一次得到的近似解为 δu^i，其中 i 为迭代数。于是能将方程(2.7)写成

$$K(u_{n+1}^{i-1})\delta u = F - R(u_{u+1}^{i-1}) \tag{2.9}$$

针对 δu^i 求解此方程，其下一个合适解从下式得到：

$$\Delta u^i = \Delta u^{i-1} + \delta u^i \quad 和 \quad u_{n+1}^i = u_{n+1}^{i-1} + \delta u^i \tag{2.10}$$

用迭代求解方程(2.10)，其中下标 n 代表状态 $t=n$ 的增量数。除非另外指出，带下标 $n+1$ 的量代表当前状态(图 2.9)。

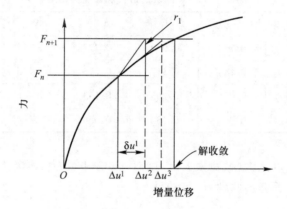

图 2.9 完全 N–R 方法

2.5.2 修正 N–R 方法

修正 N–R 方法仅在每个增量步开始时集成和分解刚度矩阵。虽然其计算时间减少，但收敛速度降低。对于无材料非线性的弱非线性问题，用该方法是有效的。

修正 N–R 方法与完全 N–R 方法相似，但在每一次迭代中不重新集成刚度矩阵。

$$K(u^0)\delta u^i = F - R(u^{i-1}) \tag{2.11}$$

这个过程计算量不大，因为切线刚度矩阵只形成和分解一次。自此以后，在求解过程中，每一次迭代只要求形成等号右边的量以及退回代入(图 2.10)。但是收敛性仅为线性的，而且可能需要非常多的迭代次数，甚至不收敛的风险也很高。

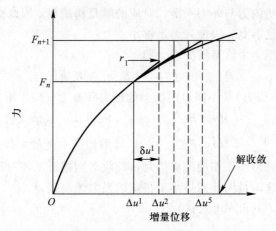

图 2.10 修正 N-R 方法

若发生接触或急剧的材料非线性，则重新集成不可避免。修正 N-R 方法对于大规模且仅为中等非线性的问题是有效的。当使用迭代求解器时，简单的退回代入是不可能的，从而使该过程无效。在这种情况下，反而应当采用完全 N-R 方法。

若施加增量载荷，则在每一增量的开始或者针对所指定的增量，重新计算刚度矩阵。

2.6 非线性迭代求解的收敛判据

收敛判据：当收敛比小于 Tol_1 和/或 Tol_2（Tol_1、Tol_2 为给定的残差误差允许值）时，迭代过程终止。

常用的收敛判据如下。

1. 残差检查（可能在一次循环中）

相对值：

$$\frac{\|\boldsymbol{F}_{\text{residual}}\|_{\max}}{\|\boldsymbol{F}_{\text{reaction}}\|_{\max}} < Tol_1 \quad 和/或 \quad \frac{\|\boldsymbol{M}_{\text{residual}}\|_{\max}}{\|\boldsymbol{M}_{\text{reaction}}\|_{\max}} < Tol_2$$

绝对值：

$$\|\boldsymbol{F}_{\text{residual}}\|_{\max} < Tol_1 \quad 和/或 \quad \|\boldsymbol{M}_{\text{residual}}\|_{\max} < Tol_2$$

式中：$\|\boldsymbol{F}_{\text{residual}}\|_{\max}$、$\|\boldsymbol{M}_{\text{residual}}\|_{\max}$ 为最大残差力（力矩）；$\|\boldsymbol{F}_{\text{reaction}}\|_{\max}$、$\|\boldsymbol{M}_{\text{reaction}}\|_{\max}$ 为最大反作用力（力矩）。

残差力是指在各个节点上的外力与内力之差，即

$$\boldsymbol{F}_{\text{residual}} = \boldsymbol{F}_{\text{external}} - \sum_e \int_{\Omega^e} \boldsymbol{B}^{\text{T}} \boldsymbol{\sigma} \text{d}V$$

若残差为零,表明内力与外力平衡,对应的解是精确解。因此欲使迭代后的近似计算结果精度足够高,应使残差足够小。

节点的反作用力来自系统方程,即

$$F_{\text{reaction}} = f_r = -(K_{su}a_u + K_{ss}a_s)$$

最大残差力(反作用力)是不同自由度上的最大残差力(反作用力),即

$$\|F_{\text{residual}}\|_{\max} = Max(F^i_{\text{residual}}) \quad (i \text{ 取值从 } 1 \text{ 至最大自由度})$$

$$\|F_{\text{reaction}}\|_{\max} = Max(F^i_{\text{reaction}}) \quad (i \text{ 取值从 } 1 \text{ 至最大自由度})$$

另外,当达到最小反作用的阈值时,其收敛判据可从相对残差检查变换为绝对残差检查,这时最大残差将小于指定的最大绝对残差。

2. 位移检查(不止一次迭代)

相对值:

$$\frac{\|\delta u\|_{\max}}{\|du\|_{\max}} < Tol_1 \quad 和／或 \quad \frac{\|\delta \varphi\|_{\max}}{\|d\varphi\|_{\max}} < Tol_2$$

绝对值:

$$\|\delta u\|_{\max} < Tol_1 \quad 和／或 \quad \|\delta \varphi\|_{\max} < Tol_2$$

$$du^1 = \Delta u^1, \quad \delta u^1 = \Delta u^1, \quad \delta u^2 = \Delta u^2 - \Delta u^1, \cdots$$

式中:$\|\delta u\|_{\max}$、$\|\delta \varphi\|_{\max}$ 为最大位移(转角)变化;$\|du\|_{\max}$、$\|d\varphi\|_{\max}$ 为最大位移(转角)增量。

因为在第一次循环中最大位移变化即是最大位移增量,因此位移检查需要不止一次迭代(图2.11)。其相对位移检查的收敛比为

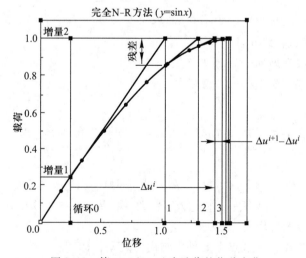

图 2.11 第 $i+1(i \geqslant 1)$ 次迭代的位移变化

$$conv_{\text{ratio}} = \frac{\|\delta u\|_{\max}}{\|du\|_{\max}} = \frac{\|\Delta u^{i+1} - \Delta u^i\|_{\max}}{\|\Delta u^i\|_{\max}}$$

对于可收敛性问题,一般情况下迭代次数愈多,收敛比愈小,如图 2.12 所示。

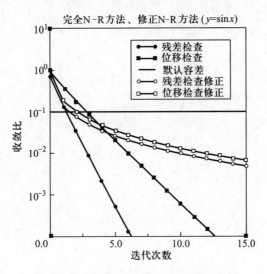

图 2.12 收敛比与迭代次数的关系

思考题

1. 简述有限元法的基本思想及特点。
2. 简述针对实际问题采用有限元分析的基本流程。
3. 简述有限元法数值求解的基本步骤。
4. 简述牛顿－拉弗森(N－R)方法的求解原理。
5. 简述几种常用的非线性迭代求解的收敛判据。

第 3 章
金属塑性成形非线性有限元分析

3.1 非线性的基本概念

3.1.1 非线性问题

有限元法不仅能分析线性问题，也能分析非线性问题。早期非线性有限元技术的发展主要受核工业及航空航天工业的影响。核工业领域要涉及材料的非线性高温行为；航空航天工业要考虑从简单的线性屈曲到复杂后分叉范围的几何特性。当前非线性有限元技术已广泛应用于金属塑性成形等制造过程。

非线性分析一般比线性分析更复杂且计算成本高昂，而且一个非线性问题绝不能表示为线性方程组。通常非线性问题的求解总需要增量求解法而且有时要求在每个载荷/时间增量进行迭代（或循环）以确保在每一步结束时平衡得到满足。叠加法不能用于非线性问题。

一个非线性问题的解可能不唯一。有时一个非线性问题似乎能正确定义，但却没有任何解。

非线性问题需要准确判断而且计算时间很长，常常需要几轮运算。第一轮运算应当用最少时间提取最多信息。以下是初步分析的一些设计考虑。

1）尽可能用最少的自由度。

2）通过增大一倍每个载荷增量的大小使载荷增量数减小一半。

3）对收敛施加宽松的容差以减少迭代次数。用一个粗略的运算确定变化最大的区域，这里可能需要附加的载荷增量。用经验规划最后运算中的增量大小：应当使载荷增量数与适合非线性解所要求的直线数相同。

如果力－位移关系依赖于当前状态（即当前位移、当前力以及当前的应力－应变关系），则该问题是非线性的。

假定 u 是一个广义位移矢量，P 是一个广义力矢量，K 是刚度矩阵，则非线性问题的力－位移关系式为

$$P = K(P, u)u \tag{3.1}$$

线性问题是非线性问题的子集。例如，在经典线弹性静力学中，这个关系式能写成

$$P = Ku \tag{3.2}$$

其中，刚度矩阵 K 不依赖于 u 和 P。

若矩阵 K 依赖于其他与位移或载荷无关的状态变量（例如温度、辐射、湿度等），则该问题仍是线性的。

同样地，若质量矩阵是一个常量矩阵，则下列无阻尼动力学问题也是线性的：

$$P = M\ddot{u} + Ku$$

3.1.2 3 种非线性来源

在金属塑性成形过程中主要有 3 种非线性来源：材料非线性、几何非线性及接触非线性（非线性边界条件）。

1. **材料非线性**

材料非线性是由非线性应力－应变关系引起的。虽然从材料微观组织导出连续介质或材料宏观行为取得了显著进展，但是直到现在，普遍接受的本构定律仍是唯象的，难以获得实验数据通常阻碍了建立材料行为的数学模型。在金属塑性成形过程中常见的材料非线性模型有：弹塑性（elastoplasticity）、刚塑性（rigidplasticity）和黏塑性（viscoplasticity）等（图 3.1）。

2. **几何非线性**

几何非线性一方面来源于应变－位移的非线性关系，另一方面来源于应力－力的非线性关系。若应力度量与应变度量共轭，则两个非线性来源有相同形式。此类非线性数学上易定义，但常常难求数值解。

有两种重要的几何非线性：其一是屈曲与后屈曲问题分析（图 3.2 和图

3.1 非线性的基本概念

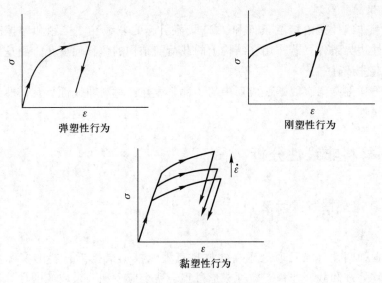

图 3.1 材料非线性行为

3.3);其二是大应变问题(例如制造、碰撞及冲击问题),其中因涉及大应变运动学,将其从数学上分解为几何非线性和材料非线性是不唯一的。

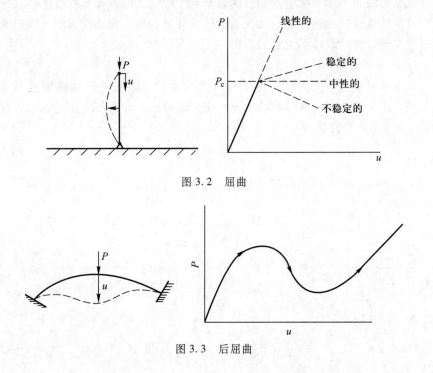

图 3.2 屈曲

图 3.3 后屈曲

3. 接触非线性

接触非线性是由接触条件和(或)载荷引起的非线性。接触和摩擦问题导致非线性边界条件。若作用在结构上的载荷随结构的位移而变化，则这种结构载荷引起非线性。

以下详细介绍金属塑性成形中的3种非线性：材料非线性、几何非线性和接触非线性。

3.2 材料非线性分析

3.2.1 弹塑性有限元法

1. 概述

根据弹塑性有限元理论建立的材料有限元模型最接近材料的实际变形行为，能够处理卸载、非稳态塑性成形过程、残余应力和残余应变的计算以及分析和控制产品缺陷等问题，其处理金属塑性成形模拟仿真问题通用性较强，这些优点是其他方法所不及的。但由于该理论基于增量型本构关系，为提高计算精度，增量步长不能取得太大，因而计算量较大。以往囿于计算机硬件水平及运算速度的限制，单元和节点划分的数量也受限制。随着计算机技术的飞速发展和硬件性能价格比的提高以及成熟商业软件的出现，弹塑性有限元模拟在金属塑性成形过程已取得了大量的应用。

2. 线弹性材料

工程材料中表示应力－应变之间线性关系的最常用线弹性模型是胡克定律。图3.4表示单向拉伸试验的应力与应变成正比。应力与应变的比值为材料的弹性模量(杨氏模量)E：

$$E = \frac{\text{轴向应力}}{\text{轴向应变}}$$

试验表明，棒材的轴向延伸总是伴随有横向收缩，对于线弹性材料，其比值(泊松比)ν为

$$\nu = \frac{\text{横向收缩}}{\text{轴向延伸}}$$

与此类似，剪切模量(刚性模量)G为

$$G = \frac{\text{剪切应力}}{\text{剪切应变}}$$

对于各向同性材料，

$$G = \frac{E}{2(1+\nu)} \tag{3.3}$$

3.2 材料非线性分析

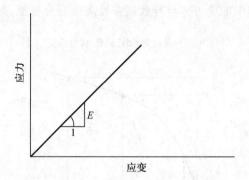

图 3.4 线弹性材料的单向应力-应变关系

各向同性线弹性模型的应力-应变关系式为

$$\sigma_{ij} = \lambda \delta_{ij} \varepsilon_{kk} + 2G\varepsilon_{ij} \tag{3.4}$$

式中：λ 为拉梅(Lame)常量，表示为

$$\lambda = \frac{\nu E}{(1+\nu)(1-2\nu)} \tag{3.5}$$

由此可见，各向同性线弹性材料行为能用材料的两个常数 E 和 ν 完全表示。

3. 不依赖于时间的非弹性行为

在单向拉伸试验中，大多数金属以及许多其他材料呈现下列现象：若试样的应力小于材料屈服应力，则材料发生弹性变形，试样中的应力与应变成正比；若试样的应力大于材料屈服应力，则材料不再显现弹性行为，而且应力-应变的关系变成非线性。典型的单向应力-应变曲线及其弹性区与非弹性区如图 3.5 所示。

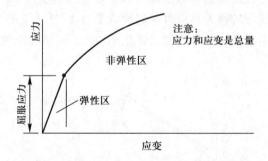

图 3.5 典型的单向应力-应变曲线(单向拉伸试验)

在弹性区，应力-应变关系是唯一的。因此若试样中的应力从零(点 0)增加到 σ_1(点 1)然后减小(卸载)到零，那么试样中的应变也从零增加到 ε_1 然后

返回到零,即试样中的应力一旦释放则弹性应变完全复原,如图 3.6 所示。

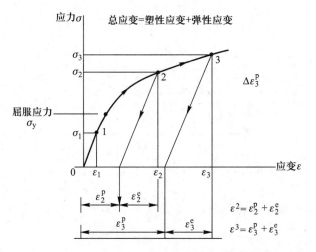

图 3.6　简单加载 – 卸载图示(单向拉伸试验)

在非弹性区,加载 – 卸载的应力 – 应变关系不同于弹性阶段。若试样加载超过屈服极限达到点 2,这时试样中的应力为 σ_2 而总应变为 ε_2,则试样中的应力一旦释放则弹性应变 ε_2^e 完全复原,然而其非弹性(塑性)应变 ε_2^p 则遗留在试样中,如图 3.6 所示。同样地,若试样加载到点 3 然后卸载到零应力状态,则塑性应变 ε_3^p 则遗留在试样中,显然 ε_2^p 不等于 ε_3^p。

由此可见,应力一旦除去,塑性应变将永久保留在试样中,而且该塑性应变的大小依赖于开始卸载时的应力水平(路径依赖行为)。

单向应力 – 应变曲线通常以总量(总应力与总应变)绘制。图 3.5 所示的总应力 – 应变曲线可转换为总应力 – 塑性应变曲线(图 3.7)。其中总应力 – 塑性应变曲线的斜率定义为材料的加工硬化率(H),显然加工硬化率是塑性应变的函数。

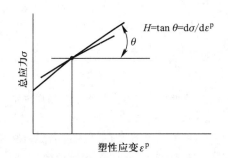

图 3.7　加工硬化率的定义(单向拉伸试验)

图3.5所示的单向应力-应变曲线是直接从试验数据绘制的,它可简化从而便于数值模拟。以下为若干简化的应力-应变曲线(图3.8)。

1)双线性表示(常硬化率)。
2)弹性-理想塑性材料(无加工硬化)。
3)刚性-理想塑性材料(无加工硬化且无弹性)。
4)分段线性表示(多个常硬化率)。
5)应变软化材料(负硬化率)。

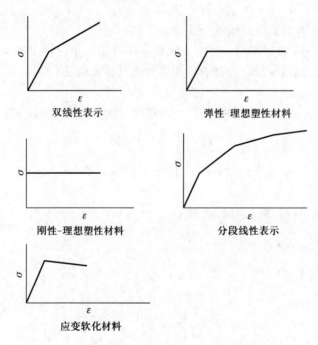

图3.8　简化的应力-应变曲线(单向拉伸试验)

除了弹性材料常数(杨氏模量、泊松比),在处理非弹性(塑性)材料时要特别关注流变应力与加工硬化率。这些量会随温度及应变速率而变化,从而使数值分析更加复杂。

由于流变应力一般从单向试验测定,而实际结构的应力一般是多向的,因此必须考虑多向应力状态的屈服条件,另外也必须研究后继屈服条件(硬化定律)。

4. 若干塑性力学基本方程

描述材料塑性行为的基本理论包括屈服准则、流动法则和硬化定律。

(1) 屈服条件、屈服准则

单向应力状态的屈服条件即流变应力 k_f 的定义为

$$\sigma_1 = k_f \tag{3.6}$$

多向应力状态的屈服条件一般式为

$$f(\sigma_{ij}) = k_f \quad 或 \quad f(s_{ij}) = k_f \tag{3.7}$$

式中：σ_{ij} 为应力张量；s_{ij} 为偏应力张量。

若假定各向同性，则屈服条件为

$$f(I'_1, I'_2, I'_3) = k_f \tag{3.8}$$

式中：I'_1、I'_2、I'_3 为偏应力张量不变量。

1) von Mises 屈服准则。理论上屈服条件可用一个或两个偏应力张量不变量 I'_2、I'_3 的任意函数表示（但是否适用需要通过试验验证）：

$$f(I'_2, I'_3) = k_f \tag{3.9}$$

其中，von Mises 屈服准则设定二次不变量与流变应力的平方成正比，即

$$I'_2 = \frac{1}{2} s_{ij} s_{ij} = c_1 k_f^2 \tag{3.10}$$

其中，比例因子 c_1 可通过代入单向拉伸试验的数值（$\sigma_1 = k_f$，$\sigma_2 = \sigma_3 = 0$）来确定。

单向拉伸试验的偏应力张量为

$$s_{ij(单向)} = \begin{pmatrix} \frac{2}{3}k_f & 0 & 0 \\ 0 & -\frac{1}{3}k_f & 0 \\ 0 & 0 & -\frac{1}{3}k_f \end{pmatrix}$$

由此可得 $c_1 = 1/3$，可得

$$k_f = \sqrt{3I'_2} = \sqrt{\frac{3}{2} s_{ij} s_{ij}} \tag{3.11}$$

von Mises 等效应力为

$$\sigma_v = \sqrt{\frac{1}{2}\left[(\sigma_x - \sigma_y)^2 + (\sigma_y - \sigma_z)^2 + (\sigma_z - \sigma_x)^2\right] + 3(\tau_{xy}^2 + \tau_{yz}^2 + \tau_{zx}^2)} \tag{3.12}$$

2) Tresca 屈服准则。Tresca 屈服准则可写成：当最大的主正应力差值达到流变应力值时发生塑性流动，即

$$\sigma_{max} - \sigma_{min} = k_f$$

其中，σ_{max}、σ_{min} 是代数量（不是绝对值）。

Tresca 等效应力为（仅对主轴系）

3.2 材料非线性分析

$$\sigma_v = \sigma_{max} - \sigma_{min} = \sigma_1 - \sigma_3 = 2|\tau_{max}| \qquad (3.13)$$

其中，约定 σ_1 取最大代数值，σ_3 取最小代数值。

3) von Mises 屈服准则和 Tresca 屈服准则的比较。在已知主正应力条件下，Tresca 屈服准则使用简便，但由于其未考虑中间应力（σ_2）的影响，有时误差较大。随 σ_2 变化这两种屈服准则的偏差如图 3.9 所示。

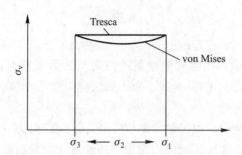

图 3.9　随 σ_2 变化两种屈服准则的偏差

von Mises 屈服圆柱面包围了 Tresca 屈服六角柱面并且在其棱处相交，此处两个主正应力大小是相等的，如图 3.10 所示。

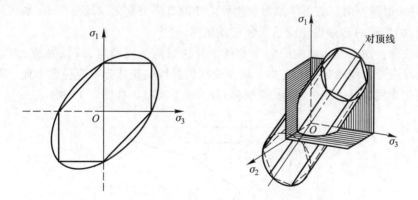

图 3.10　von Mises 屈服圆柱面与 Tresca 屈服六角柱面

von Mises 屈服准则在金属数值模拟分析中的成功应用，归因于该函数的连续性以及与常见可塑材料试验结果的一致性，即（与 Tresca 屈服准则相比）von Mises 屈服准则更加接近实际（对于各向同性金属材料而言）。

（2）流动法则

对于塑性材料而言，要建立增量应力-应变关系，流动法则不可少。流动法则描述了在外载荷作用下应力状态对材料流动行为的影响，其可用于两个目的:① 已知应力状态,能计算局部应变,反之亦然;② 计算成形件的最终几何尺寸[特别是用在不受(工具)强制约束的变形尺寸,例如无芯棒管材拉拔的壁厚或带宽展轧制的轧材宽度等]。

流动法则将塑性应变分量的微分 $d\varepsilon^p$ 描述为当前应力状态的函数。Prandtl-Reuss 流动法则为

$$d\varepsilon^p = d\bar{\varepsilon}^p \frac{\partial \bar{\sigma}}{\partial \sigma} \tag{3.14}$$

式中:$d\bar{\varepsilon}^p$ 为等效塑性应变增量;$\bar{\sigma}$ 为等效应力。

方程(3.14)表示非弹性应变增量的方向与屈服面正交,称做正交法则或关联流动法则。若用 von Mises 屈服面,则法向矢量等于偏应力。

(3) 硬化定律

在单向拉伸试验中,加工硬化率(H)定义为(总)应力-塑性应变曲线的斜率。加工硬化率把非弹性区的应力增量与塑性应变增量相联系并且规定后继屈服条件。目前商业软件(如 Marc、LARSTRAN 等)中有各向同性加工硬化模型,单向应力-塑性应变曲线可用分段线性函数表示,也可通过用户子程序加入特定的加工硬化模型。

有两种常用方法确定加工硬化率。

1) 根据单向应力下单位对数塑性应变的真应力变化以及分割点(加工硬化率有效)上的对数塑性应变给出加工硬化率。

注意:加工硬化曲线的斜率是基于拉伸试验下柯西应力(或真应力)与对数塑性应变曲线确定的,应力-应变曲线的弹性应变部分不应包含于此,即加工硬化曲线的第一个分割点(横坐标)应为 0.0(零),如图 3.11 所示。

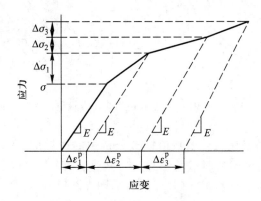

图 3.11 加工硬化率的确定方法

加工硬化率	分割点
$\dfrac{\Delta \sigma_1}{\Delta \varepsilon_1^{\mathrm{p}}}$	0.0
$\dfrac{\Delta \sigma_2}{\Delta \varepsilon_2^{\mathrm{p}}}$	$\Delta \varepsilon_1^{\mathrm{p}}$
$\dfrac{\Delta \sigma_3}{\Delta \varepsilon_3^{\mathrm{p}}}$	$\Delta \varepsilon_1^{\mathrm{p}} + \Delta \varepsilon_2^{\mathrm{p}}$
⋮	⋮

2）给出一张屈服应力、塑性应变点的表格。注意：数据点要基于拉伸试验条件下应力与塑性应变曲线，弹性应变部分不应包含于此，第一个分割点的塑性应变等于 0.0（零），而且第一个分割点的应力要与各向同性选项给定的屈服应力一致。

最后简要讨论各向同性加工硬化概念。各向同性加工硬化是假定屈服面中心在应力空间上保持静止，但屈服面的大小（半径）由于加工硬化而扩张。von Mises 屈服面的变化如图 3.12a 所示。

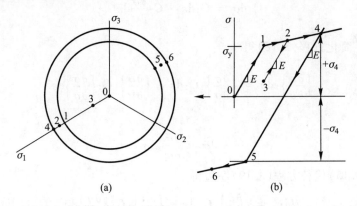

图 3.12　各向同性硬化定律（单向拉伸试验）。(a) von Mises 屈服面；(b) 加载路径

观察涉及试样加载和卸载的单向试验将有助于描述各向同性硬化定律。如图 3.12b 所示，试样首先从无应力状态（点 0）加载到初始屈服（点 1），然后连续加载到点 2，之后按弹性率 E（杨氏模量）从点 2 到点 3 卸载，再从点 3 到点 2 进行弹性加载。最后试样从点 2 塑性加载到点 4 后，从点 4 弹性卸载到点 5。从点 5 反向塑性加载到点 6。

显然，点 1 的应力等于初始流变应力 k_f，而点 2 和点 4 的应力高于 k_f（加工硬化）。在卸载过程中，应力状态可保持弹性（如点 3）或达到（反向）屈服点（如点 5）。各向同性硬化定律指出在反向的当前应力水平发生反向屈服。设 σ_4 为点 4 应力水平，则反向屈服只能发生在 $-\sigma_4$（点 5）的应力水平。

5. 本构关系

以下介绍描述弹塑性材料增量应力–应变关系的本构方程。材料行为决定于塑性增量理论、von Mises 屈服准则以及各向同性硬化定律。

设加工硬化率表示为

$$H = \frac{d\bar{\sigma}}{d\bar{\varepsilon}^p} \tag{3.15}$$

流动法则表示为

$$d\boldsymbol{\varepsilon}^p = d\bar{\varepsilon}^p \left\{ \frac{d\bar{\sigma}}{d\boldsymbol{\sigma}} \right\} \tag{3.16}$$

考虑熟悉的应力–应变定律的微分形式，其中塑性应变解释为初始应变：

$$d\boldsymbol{\sigma} = \boldsymbol{C} : d\boldsymbol{\varepsilon} - \boldsymbol{C} : d\boldsymbol{\varepsilon}^p \tag{3.17}$$

式中：$\boldsymbol{C}$ 为胡克定律定义的弹性矩阵。

将方程(3.16)代入方程(3.17)得

$$d\boldsymbol{\sigma} = \boldsymbol{C} : d\boldsymbol{\varepsilon} - \boldsymbol{C} : \frac{\partial \bar{\sigma}}{\partial \boldsymbol{\sigma}} d\bar{\varepsilon}^p \tag{3.18}$$

用 $\frac{\partial \bar{\sigma}}{\partial \boldsymbol{\sigma}}$ 简化方程(3.18)得

$$\left\{ \frac{\partial \bar{\sigma}}{\partial \boldsymbol{\sigma}} \right\} : d\boldsymbol{\sigma} = \left\{ \frac{\partial \bar{\sigma}}{\partial \boldsymbol{\sigma}} \right\} : \boldsymbol{C} : d\boldsymbol{\varepsilon} - \left\{ \frac{\partial \bar{\sigma}}{\partial \boldsymbol{\sigma}} \right\} : \boldsymbol{C} : \left\{ \frac{\partial \bar{\sigma}}{\partial \boldsymbol{\sigma}} \right\} d\bar{\varepsilon}^p \tag{3.19}$$

考虑到

$$d\bar{\sigma} = \frac{\partial \bar{\sigma}}{\partial \boldsymbol{\sigma}} : d\boldsymbol{\sigma}$$

以方程(3.15)代替方程(3.19)左边得

$$H d\bar{\varepsilon}^p = \left\{ \frac{\partial \bar{\sigma}}{\partial \boldsymbol{\sigma}} \right\} : \boldsymbol{C} : d\boldsymbol{\varepsilon} - \left\{ \frac{\partial \bar{\sigma}}{\partial \boldsymbol{\sigma}} \right\} : \boldsymbol{C} : \left\{ \frac{\partial \bar{\sigma}}{\partial \boldsymbol{\sigma}} \right\} d\bar{\varepsilon}^p \tag{3.20}$$

移项整理得

$$d\bar{\varepsilon}^p = \frac{\left\{ \frac{\partial \bar{\sigma}}{\partial \boldsymbol{\sigma}} \right\} : \boldsymbol{C} : d\boldsymbol{\varepsilon}}{H + \left\{ \frac{\partial \bar{\sigma}}{\partial \boldsymbol{\sigma}} \right\} : \boldsymbol{C} : \left\{ \frac{d\bar{\sigma}}{d\boldsymbol{\sigma}} \right\}} \tag{3.21}$$

将其代入方程(3.18)得

$$d\boldsymbol{\sigma} = \boldsymbol{L}^{ep} : d\boldsymbol{\varepsilon} \tag{3.22}$$

3.2 材料非线性分析

式中：L^{ep} 为弹塑性、小应变的切线模量：

$$L^{ep} = C - \frac{\left(C:\frac{\partial \bar{\sigma}}{\partial \sigma}\right) \otimes \left(C:\frac{\partial \bar{\sigma}}{\partial \sigma}\right)}{H + \left\{\frac{\partial \bar{\sigma}}{\partial \sigma}\right\}:C:\left\{\frac{\partial \bar{\sigma}}{\partial \sigma}\right\}} \tag{3.23}$$

若是理想塑性情形（其中 $H=0$），则求解 L^{ep} 毫无困难。

下面分别介绍温度、应变速率对弹塑性本构关系的影响。

（1）温度的影响

这里介绍 Naghdi 提出的热塑性本构关系，其中讨论温度影响用了各向同性硬化模型和 von Mises 屈服准则。

应力速率可表示为

$$\dot{\sigma}_{ij} = L_{ijkl}\dot{\varepsilon}_{kl} + h_{ij}\dot{T} \tag{3.24}$$

对于弹塑性行为，模量 L_{ijkl} 为

$$L_{ijkl} = C_{ijkl} - \frac{C_{ijmn}\frac{\partial \bar{\sigma}}{\partial \sigma_{mn}}\frac{\partial \bar{\sigma}}{\partial \sigma_{pq}}C_{pqkl}}{D} \tag{3.25}$$

对于纯弹性响应，

$$L_{ijkl} = C_{ijkl} \tag{3.26}$$

对于弹塑性行为，方程（3.24）中将应力增量与温度增量联系起来的 h_{ij} 为

$$h_{ij} = X_{ij} - C_{ijkl}\alpha_{kl} - \frac{C_{ijkl}\frac{\partial \bar{\sigma}}{\partial \sigma_{kl}}\left(\sigma_{pq}X_{pq} - \frac{2}{3}\bar{\sigma}\frac{\partial \bar{\sigma}}{\partial T}\right)}{D} \tag{3.27}$$

对于纯弹性响应，

$$H_{ij} = X_{ij} - C_{ijkl}\alpha_{kl} \tag{3.28}$$

式中：

$$D = \frac{4}{9}\bar{\sigma}^2\frac{\partial \bar{\sigma}}{\partial \bar{\varepsilon}^p} + \frac{\partial \bar{\sigma}}{\partial \sigma_{ij}}C_{ijkl}\frac{\partial \bar{\sigma}}{\partial \sigma_{kl}}$$

$$X_{ij} = \frac{\partial C_{ijkl}}{\partial T}\varepsilon_{kl}^e$$

α_{kl} 为热膨胀系数。

（2）应变速率的影响

应变速率影响物体的材料特性，导致物体的组织结构发生变化。其变化引起材料强度的瞬时变化。当温度高于熔点温度（T_m）的一半时，应变速率的影响更为显著。以下讨论应变速率对屈服面大小的影响。

根据 von Mises 屈服准则及正交法则（即塑性应变增量的矢量与屈服面正交），应力速率表示为

第3章 金属塑性成形非线性有限元分析

$$\dot{\sigma}_{ij} = L_{ijkl}\dot{\varepsilon}_{kl} + r_{ij}\dot{\bar{\varepsilon}}^p \tag{3.29}$$

对于弹塑性响应,有

$$L_{ijkl} = C_{ijkl} - \frac{C_{ijmn}\dfrac{\partial\bar{\sigma}}{\partial\sigma_{mn}}\dfrac{\partial\bar{\sigma}}{\partial\sigma_{pq}}C_{pqkl}}{D}$$

及

$$r_{ij} = \frac{C_{ijmn}\dfrac{\partial\bar{\sigma}}{\partial\sigma_{mn}}\dfrac{2}{3}\bar{\sigma}\dfrac{\partial\bar{\sigma}}{\partial\dot{\bar{\varepsilon}}^p}}{D}$$

式中:

$$D = \frac{4}{9}\bar{\sigma}^2\frac{\partial\bar{\sigma}}{\partial\bar{\varepsilon}^p} + \frac{\partial\bar{\sigma}}{\partial\sigma_{ij}}C_{ijkl}\frac{\partial\bar{\sigma}}{\partial\sigma_{kl}}$$

6. 弹塑性有限元分析的计算步骤举例

以下以 Marc 为例介绍塑性算法。在中等大小的应变增量下,该塑性算法无条件稳定与精确。但在增量应力强烈变化时该塑性算法有些不精确,而且在应变增量大于弹性应变 10 倍时收敛性差。因此应选择大小合适的载荷增量。

Marc 基于预测的增量应变在增量中间为每个积分点计算应力 - 应变关系,每一步的第一次迭代基于对之前增量步的应变增量预测。平均法向方法建立弹塑性响应,在每个增量步计算割线刚度矩阵。若增量步结束的残差或位移满足容许偏差,则迭代终止。在循环中,从前一次迭代回代的应变用做刚度计算时的应变估算。该循环过程可防止误差大的应变估算对求解的不良影响。

Marc 除了按以下过程更新应力、应变以外,在计算弹塑性本构方程时并不区分集成与回代步骤。以下针对简单的无限小塑性进行推导。修正后可用于处理有限应变塑性(例如轧制、锻造分析等)。

1)给出一个应变增量矢量,假定完全弹性响应,对应的应力增量为

$$\Delta\sigma^e = C^e\Delta\varepsilon$$

2)检查在步骤 1)开始的应力状态,看其是否符合屈服准则。因温度影响、弹塑性关系的数值积分以及累计的数值误差,屈服准则可能不太令人满意。$F(\sigma)=0$ 是指应力状态正好在屈服面上。若 $F(\sigma)>0$,则按因子 λ 改变 σ 并满足下式:

$$F(\lambda\sigma) = 0, \quad 0 < \lambda < 1$$

对于非零 λ,把量 $(1-\lambda)\sigma$ 加到弹性应力增量:

$$\Delta\sigma^e = \Delta\sigma^e + (1-\lambda)\sigma$$

这时在该增量的开始,要保证 σ 在屈服面以内或在屈服面上。

3）检查增量结束时的应力状态。

若
$$F[(\sigma + \Delta\sigma^e)] < 0$$
则是一个纯弹性增量；若
$$F(\sigma) < 0 \quad 及 \quad F[(\sigma + \Delta\sigma^e)] > 0$$
则确定增量中弹性的份数（m）以及增量中弹塑性的份数（$1-m$）。

4）求塑性应变增量以及本构矩阵，确定在当前应力状态下屈服面的法向矢量。对于 von Mises 屈服准则，
$$F = \sqrt{3J_2} - \bar{\sigma} = 0$$
其法向矢量为
$$\left[\frac{\partial F}{\partial \sigma_{ij}}\right] = \frac{3}{2\bar{\sigma}}[\sigma'_x, \sigma'_y, \sigma'_z, 2\tau_{xy}, 2\tau_{yz}, 2\tau_{zx}]$$

用平均刚度（图 3.13）确定法向矢量。平均法向方法保证最终的应力状态满足屈服准则。

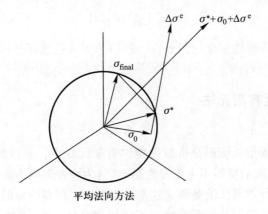

图 3.13　平均刚度

5）只要求出 $\partial F/\partial \sigma$ 即可求出等效塑性应变增量。

$$\Delta\bar{\varepsilon}^P = \frac{\left[\dfrac{\partial F}{\partial \sigma}\right]^T C^e}{H + \left[\dfrac{\partial F}{\partial \sigma}\right]^T C^e \left[\dfrac{\partial F}{\partial \sigma}\right]} \Delta\varepsilon \quad (3.30)$$

加工硬化率 H 依赖于总塑性应变 $\bar{\varepsilon}^P$，因此求 $\Delta\bar{\varepsilon}^P$ 的方程（3.30）最多迭代 5 步。

6）弹-塑性本构关系可表示为

$$L^{ep} = mC^e - (1-m)\frac{C^e\left[\frac{\partial F}{\partial \sigma}\right]^T\left[\frac{\partial F}{\partial \sigma}\right]C^e}{H + \left[\frac{\partial F}{\partial \sigma}\right]^T C^e\left[\frac{\partial F}{\partial \sigma}\right]} \quad (3.31)$$

其中，m 在第3）步求得。

7）求塑性应变增量的分量。

$$\Delta \varepsilon^P = \Delta \bar{\varepsilon}^P \frac{\partial F}{\partial \sigma}$$

8）求正确的应力增量。

$$\Delta \sigma = L^{ep}\Delta \varepsilon$$

9）在回代更新时，将应力和应变表示为

$$\sigma_0 + \Delta \sigma, \quad \varepsilon_0 + \Delta \varepsilon$$

10）在集成时，L^{ep}用于计算刚度矩阵：

$$K = \int_V \beta^T L^{ep} \beta \mathrm{d}V$$

11）对于经历塑性变化的积分点（或层），可通过选择显示一条添加线给出塑性应变。

3.2.2 刚塑性有限元法

1. 概述

在金属塑性成形大变形分析的刚塑性有限元法中，所用的刚塑性（rigid-plasticity，R-P）流动模型不考虑弹性影响（认为弹性影响不重要）。R-P 流动模型需要强制执行不可压缩条件，这是严格塑性类材料响应的固有特性。可用拉格朗日乘子法或罚函数法强制施行不可压缩条件。R-P 流动分析需要在任一给定的增量中完成若干次迭代，其最大迭代次数发生在第一次增量中。后续增量需要较少次数的迭代，这是因为其初始迭代能利用之前增量的解。

因 R-P 列式比较简单，只要用位移控制，可在每一增量中避开所有迭代（除最后一次）的应力回代，因此能显著减少计算量。若接触分析中使用基于节点的摩擦（力），则每一次迭代均能完成应力回代。

与弹塑性有限元法相比，刚塑性有限元法的主要缺点是：由于忽略弹性变形，不能处理卸载问题，也不能计算残余应力和弹性回复。

2. 稳态分析

稳态 R-P 流动列式基于欧拉参照系。对于稳态求解不合适的问题，可在每步结束时按下式更新节点坐标：

$$x_i^n = x_i^{n-1} + v^n \Delta t \quad (3.32)$$

式中：n 是步数；v^n 是节点速度分量；Δt 是任意时间步。

Δt 的选择要确保每一步稳定时仅使网格形状合理变化。更新网格需要合理选择时间步，这要求对涉及的节点速度的大小有一定了解。时间步的选择应使应变增量不超过任一给定增量的 1/100。

3. 瞬态分析

在瞬态分析中，每一增量结束时自动更新网格。分析过程中更新的网格可能发生严重畸变，使求解不收敛，此时可用自动网格重划分解决。

4. 求解 R–P 流动模型

R–P 流动模型的求解基于对不可压缩、非牛顿流体中速度场的迭代。对于一个非零应变速率，其法向流动条件可表示为

$$\sigma'_{ij} = \left(\frac{2}{3}\frac{\overline{\sigma}}{\dot{\overline{\varepsilon}}}\right)\dot{\varepsilon}_{ij} = \mu(\dot{\overline{\varepsilon}})\dot{\varepsilon}_{ij} \quad (3.33)$$

式中：$\dot{\overline{\varepsilon}} = \sqrt{\frac{2}{3}\dot{\varepsilon}_{ij}\dot{\varepsilon}_{ij}}$ 为等效应变速率；$\overline{\sigma}$ 为屈服应力（可能与应变速率有关）。

计算有效黏度为

$$\mu = \frac{2}{3}\frac{\overline{\sigma}}{\dot{\overline{\varepsilon}}}$$

偏应力为

$$\sigma'_{ij} = \sigma_{ij} - \frac{1}{3}\delta_{ij}\sigma_{kk}$$

注意：$\dot{\overline{\varepsilon}} \to 0$，$\mu \to \infty$。为此采用应变速率的阈值解决之，其默认值为 10^{-6}。$\dot{\overline{\varepsilon}}$ 的初始值用于开始迭代，其默认值为 10^{-4}。

流变应力的大小与等效应变、等效应变速率及变形温度有关，可通过材料参数定义。

3.2.3 黏塑性有限元法

1. 概述

前面介绍的弹塑性和刚塑性等塑性数学理论适用于描述与时间无关的材料行为，但不适合分析与时间有关的材料行为。建立描述与时间有关的材料行为的有效方法之一是将塑性理论推广到应变速率敏感的范围内。对此黏塑性理论给出了一种通则。黏塑性理论的提出可追溯到 1922 年。从那时起，出现了各种形式的黏塑性理论。下面首先介绍建立刚黏塑性材料本构方程的一种方法，

然后介绍极值原理并为黏塑性流动分析的有限元列式提供基础。

2. 本构方程

以下介绍的内容基于 Perzyna 的工作。考虑一个刚黏塑性材料并对每一个增量变形采用微分原理。Perzyna 提出一个函数 $F(\sigma_{ij})$ 并满足

$$F(\sigma_{ij}) = \frac{\sqrt{\frac{1}{2}\{\sigma'_{ij}\sigma'_{ij}\}^{1/2}}}{k} - 1 \tag{3.34}$$

式中：k 为静态剪切屈服应力。

若把 $F(\sigma_{ij})$ 看做类似于塑性理论中塑性势的函数，则本构方程表示为

$$\dot{\varepsilon}_{ij} = \gamma''\langle\phi(F)\rangle\frac{\partial F}{\partial \sigma_{ij}} \tag{3.35}$$

式中：γ'' 是材料的黏度常数；$\langle\phi(F)\rangle$ 是 F 的一个函数，满足

$$\langle\phi(F)\rangle = \begin{cases} 0, & F \leq 0 \\ \phi(F), & F > 0 \end{cases}$$

于是

$$\dot{\varepsilon}_{ij} = \gamma'\left\langle\phi\left(\frac{\bar{\sigma}}{Y} - 1\right)\right\rangle\frac{\sigma'_{ij}}{\bar{\sigma}} \tag{3.36}$$

其中，$\bar{\sigma} = \sqrt{\frac{3}{2}}\{\sigma'_{ij}\sigma'_{ij}\}^{1/2}$，于是 $\bar{\sigma}$ 与单向拉伸的屈服应力等同，而 $Y = \sqrt{3}k$ 为拉伸的静态屈服应力。

方程(3.36)两边平方得

$$\dot{\varepsilon}_{ij}\dot{\varepsilon}_{ij} = \gamma'^2\left(\left\langle\phi\left(\frac{\bar{\sigma}}{Y} - 1\right)\right\rangle\right)^2\frac{\sigma'_{ij}\sigma'_{ij}}{\bar{\sigma}^2} \tag{3.37}$$

并将 $\dot{\bar{\varepsilon}} = \sqrt{\frac{2}{3}}\{\dot{\varepsilon}_{ij}\dot{\varepsilon}_{ij}\}^{1/2}$ 代入得到

$$\dot{\bar{\varepsilon}} = \frac{2}{3}\gamma'\left\langle\phi\left(\frac{\bar{\sigma}}{Y} - 1\right)\right\rangle \tag{3.38}$$

从方程(3.36)和(3.38)，得到本构方程：

$$\dot{\varepsilon}_{ij} = \frac{3}{2}\frac{\dot{\bar{\varepsilon}}}{\bar{\sigma}}\sigma'_{ij} \tag{3.39}$$

方程(3.39)形式上与 Levy – Mises 方程等同。但是方程(3.39)中的等效应力 $\bar{\sigma}$ 依赖于与应变速率有关的函数 ϕ，该函数的确定要根据所研究的材料特性。若选择函数 $\phi = \left[\left(\frac{\bar{\sigma}}{Y}\right) - 1\right]^{1/m}$，则从方程(3.38)得

$$\bar{\sigma} = Y\left[1 + \left(\frac{\dot{\bar{\varepsilon}}}{\gamma}\right)^m\right] \tag{3.40}$$

方程(3.40)是常见的速率相关定律,其中 m 是应变速率敏感性指数。

3. 极值原理

Hill 导出了与刚黏塑性材料塑性变形过程相关的第二极值原理。在所有可能的本构方程中,以下仅针对存在功函数 $E(\dot{\varepsilon}_{ij})$ 的情况介绍:

$$\sigma'_{ij} = \frac{\partial E}{\partial \dot{\varepsilon}_{ij}} \tag{3.41}$$

式中:E 是凸函数。若 σ'_{ij} 为 $\dot{\varepsilon}_{ij}$ 的单值函数,满足 $\dfrac{\partial \sigma'_{ij}}{\partial \dot{\varepsilon}_{kl}} = \dfrac{\partial \sigma'_{kl}}{\partial \dot{\varepsilon}_{ij}}$,则确保有功函数 $E(\dot{\varepsilon}_{ij})$。

另外,E 是凸函数的充分条件是

$$E(\dot{\varepsilon}^*_{ij}) - E(\dot{\varepsilon}_{ij}) \geqslant (\dot{\varepsilon}^*_{ij} - \dot{\varepsilon}_{ij}) \frac{\partial E}{\partial \dot{\varepsilon}_{ij}}$$

式中:$\dot{\varepsilon}^*_{ij}$ 是从容许速度场 u^*_i 导出的应变速率场。在这个限制条件下,得到

$$\int_V E(\dot{\varepsilon}^*_{ij}) \mathrm{d}V - \int_{S_F} F_i u^*_i \mathrm{d}S \geqslant \int_V E(\dot{\varepsilon}_{ij}) \mathrm{d}V - \int_{S_F} F_i u_i \mathrm{d}S \tag{3.42}$$

式中:$\dot{\varepsilon}_{ij}$ 和 u_i 是实际量,用星号标明的量是运动学容许量。对于 E 是严格凸函数物体上的点,能够证明其解能唯一确定。但是在其他所有情形下则不一定。

3.3 几何非线性分析

3.3.1 几何非线性概述

1. 几何非线性现象

几何非线性导致两种现象:① 结构行为的变化;② 结构稳定性的丧失。有两类大变形问题:① 大位移小应变问题;② 大位移大应变问题。对于大位移小应变问题,可忽略应力-应变定律的变化,但在应变-位移关系中非线性项的贡献不能忽略。对于大位移大应变问题,必须在正确的参照系中定义本构关系并将其从该参照系转换到表达平衡方程的参照系。

变形运动学可用 3 种方法描述:① 拉格朗日列式;② 欧拉列式;③ 任意欧拉-拉格朗日(AEL)列式。具体选择何种方法,要考虑物理问题建模的方便性、网格重划分的要求和本构方程的集成等因素。

2. 金属塑性成形的几何非线性

在许多金属塑性成形过程(轧制、锻造、挤压、拉拔等)中,材料常常发生大位移和大应变。因大位移,应变与位移之间的关系变成非线性。大应变的

影响导致应力-应变关系的变化。

针对上述问题有两种常见的解决方法：① 弹塑性法；② 刚塑性法。在弹塑性法中，可用更新拉格朗日法建立平衡方程；在刚塑性法中，可用更新欧拉法建立平衡方程。更新拉格朗日法和更新欧拉法虽基于经典的拉格朗日法和欧拉法，但在每个增量结束时要更新参照系。

3.3.2 坐标系

有两种不同的基本方法描述塑性力学问题：欧拉法和拉格朗日法。在稳态欧拉法中，有限元网格在空间固定而物质流过网格。该方法特别适用于分析稳态塑性变形过程（例如稳态挤压过程等，如图 3.14 所示）。其缺点是本构方程依赖于当前应变而不是应变速率。另一方面还存在处理自由面的问题，特别是当这些自由面上有分布载荷作用时。这些问题容易用拉格朗日法或更新欧拉法解决。

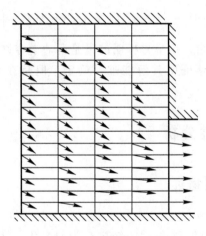

图 3.14　稳态挤压过程

在拉格朗日法中，有限元网格附着在物质上并随物质一起在空间移动。在此情形下，容易建立某一特定物质点应力或应变历史，而且自由面的处理也迎刃而解。拉格朗日法也可用于分析稳态塑性变形过程（例如稳态挤压过程等）。拉格朗日法的缺点是：① 流动问题难以建模；② 只能在瞬态分析的极限状态获得稳态解；③ 网格畸变与物体变形一样严重（图 3.15b）。网格自适应和重划分的新进展已经缓解了因网格畸变使分析过早终止的问题（图 3.15c）。

另外，拉格朗日法也适用于描述结构单元（壳单元、梁单元）的变形以及瞬态问题，例如压痕问题（图 3.16）。

3.3 几何非线性分析

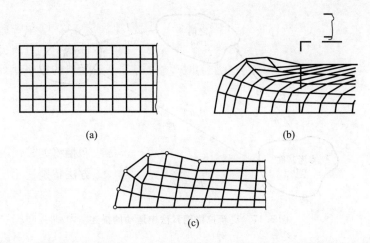

图 3.15 网格畸变与重划分。(a) 原始(未变形)网格；(b) 变形的网格(重划分前)；(c) 变形的网格(重划分后)

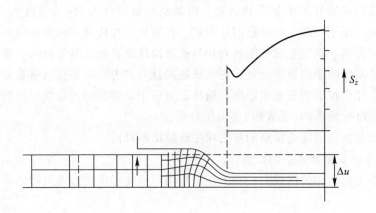

图 3.16 在工具上有压力分布的压痕问题

3.3.3 完全拉格朗日法与更新拉格朗日法

拉格朗日法可分为两种：完全拉格朗日法和更新拉格朗日法。这两种方法的主要区别是：在完全拉格朗日法中，平衡的表示是以原始未变形状态为参照的，有限元网格不更新到新的位置；在更新拉格朗日法中，当前构形作为参照状态，有限元网格在每一增量步后更新到新的位置，其变形运动学和运动的描述如图 3.17 所示。

完全拉格朗日法可用于线性或非线性材料以及静态或动态分析。完全拉格朗日法特别适用于分析非线性弹性问题(例如，Mooney 或 Ogden 材料行为等)，

第3章 金属塑性成形非线性有限元分析

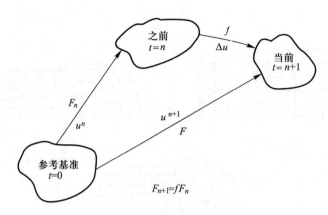

图 3.17 更新拉格朗日法中运动的描述

也适用于发生中等大小的转动但小应变的塑性和蠕变问题。

从理论上和数值分析上讲,若数学列式正确,则完全拉格朗日列式和更新拉格朗日列式恰好产生相同的结果。但对某些材料行为(例如塑性),本构方程的积分不便于实现完全拉格朗日列式。若本构方程传递回到原始构形而且采用正确的转换,则完全拉格朗日列式与更新拉格朗日列式是等价的。然而对于涉及严重网格畸变的塑性变形,更新拉格朗日列式更容易实现网格重划分。事实上,在完全拉格朗日列式中把当前状态中一个重划分的网格映射回到严重畸变的网格将导致负的(无效的)雅可比行列式。

下面分别介绍完全拉格朗日法和更新拉格朗日法。

1. 完全拉格朗日法(TL 法)

若不考虑物体的惯性力,对于在当前构形或变形的构形中的物体,平衡方程为

$$\frac{\partial \sigma_{ij}}{\partial x_j} + b_i = 0 \tag{3.43}$$

式中:σ_{ij}为柯西应力或真应力张量。以下小写字母(x、v、s)指变形的构形,大写字母(X、V、S)指未变形的构形。

平衡方程等价于虚功原理:

$$\int_v \boldsymbol{\sigma} \frac{\partial \delta \boldsymbol{u}}{\partial x} \mathrm{d}v = \int_v q \delta \boldsymbol{u} \mathrm{d}v + \int_s t \delta \boldsymbol{u} \mathrm{d}s \tag{3.44}$$

其中所有积分发生在变形的构形。在结构力学中,一般知道未变形的构形,用变形的雅可比行列式得出在未变形构形中的虚功方程

$$J = \frac{\mathrm{d}v}{\mathrm{d}V} = \det\left(\frac{\partial x}{\partial X}\right) = \det(F) \tag{3.45}$$

$$\int_V \boldsymbol{J\sigma} \frac{\partial \delta \boldsymbol{u}}{\partial \boldsymbol{X}} \mathrm{d}V = \int_V \boldsymbol{Q} \delta \boldsymbol{u} \mathrm{d}V + \int_S \boldsymbol{T} \delta \boldsymbol{u} \mathrm{d}S \tag{3.46}$$

引入对称的第二 Piola–Kirchhoff 应力张量符号 $\boldsymbol{S}$，有

$$\boldsymbol{J} \cdot \boldsymbol{\sigma} = \boldsymbol{F}^\mathrm{T} \boldsymbol{S} \boldsymbol{F}$$

虚功原理变为

$$\int_V \boldsymbol{F}^\mathrm{T} \boldsymbol{S} \boldsymbol{F} \frac{\partial \delta \boldsymbol{u}}{\partial \boldsymbol{X}} \mathrm{d}V = \int_V \boldsymbol{Q} \delta \boldsymbol{u} \mathrm{d}V + \int_S \boldsymbol{T} \delta \boldsymbol{u} \mathrm{d}S \tag{3.47}$$

格林–拉格朗日应变是与第二 Piola–Kirchhoff 应力共轭的功：

$$\boldsymbol{E} = \frac{1}{2}(\boldsymbol{F}^\mathrm{T} \boldsymbol{F} - \boldsymbol{I})$$

或

$$E_{ij} = \frac{1}{2}\left(\frac{\partial u_i}{\partial X_j} + \frac{\partial u_j}{\partial X_i} + \frac{\partial u_l}{\partial X_i}\frac{\partial u_l}{\partial X_j}\right)$$

格林–拉格朗日应变的变分为

$$\delta E_{ij} = \frac{1}{2}\left(F_{li}\frac{\partial \delta u_l}{\partial X_j} + \frac{\partial \delta u_l}{\partial X_i}F_{lj}\right)$$

由此得到在未变形体积上积分的虚功原理

$$\int_V \boldsymbol{S}^\mathrm{T} \delta \boldsymbol{E} \mathrm{d}V = \int_V \boldsymbol{Q} \delta \boldsymbol{u} \mathrm{d}V + \int_S \boldsymbol{T} \delta \boldsymbol{u} \mathrm{d}S \tag{3.48}$$

用形函数 N 引入有限元离散化，格林–拉格朗日应变取下式：

$$E_{ij} = \frac{1}{2}(B_{ij} + B_{ji} + B_{li}u^N B_{lj})u^N \tag{3.49}$$

式中：u^N 为节点位移；B 为形函数的导数，且

$$B_{ij} = \frac{\partial N_i}{\partial X_j}$$

由此得出离散化的有限元表示式

$$\boldsymbol{K}^\mathrm{T} \Delta \boldsymbol{u} = \Delta \boldsymbol{P} \tag{3.50}$$

其中切线刚度矩阵从单元刚度矩阵求得：

$$\boldsymbol{K} = \boldsymbol{K}_1 + \boldsymbol{K}_2 + \boldsymbol{K}_0$$

式中：$\boldsymbol{K}_1$ 为初始应力矩阵；$\boldsymbol{K}_2$ 为初始位移矩阵；$\boldsymbol{K}_0$ 为小位移刚度矩阵。

如果未变形的构形已知（从而其积分可解）并且第二 Piola–Kirchhoff 应力是应变的已知函数，则可用上述拉格朗日列式。第一个条件通常对流体不满足，因为变形历史一般未知。然而对固体，每次分析一般始于无应力的未变形状态从而易于积分。另外，对许多固体，尤其是弹性和超弹性材料，应力能写成变形的一个函数。

对于弹性和超弹性材料，第二 Piola–Kirchhoff 应力是格林–拉格朗日应变

的一个函数：

$$S_{ij} = S_{ij}(E_{kl}) \tag{3.51}$$

若应力是应变的一个线性函数（线弹性），

$$S_{ij} = L_{ijkl}(E_{kl}) \tag{3.52}$$

则最后的方程组仍是非线性的，原因是其应变是位移的非线性函数。

对于黏弹性流体、弹塑性及黏塑性固体，根据变形速率、应力及变形（有时还需其他材料内部参数），从该本构方程一般能得出应力变化率的表达式。在一个给定的材料点上，该本构方程的相关量是应力变化率。

显然，对拉格朗日虚功方程关于时间求导，即得虚功变化率：

$$\int_V \left(\dot{S}_{ij} \delta E_{ij} + S_{ij} \frac{\partial v_k}{\partial X_i} \frac{\partial \delta u_k}{\partial X_j} \right) dV = \int_V \dot{Q}_i \delta u_i dV + \int_S \dot{T}_i \delta u_i dS \tag{3.53}$$

该列式适用于大多数材料，原因是第二应力变化率可写成

$$\dot{S}_{ij} = \dot{S}_{ij}(\dot{E}_{kl}, S_{mn}, E_{pq}) \tag{3.54}$$

对于许多材料，应力速率甚至为应变速率的线性函数：

$$\dot{S}_{ij} = \dot{L}_{ijkl}(S_{mn}, E_{pq}) \dot{E}_{kl} \tag{3.55}$$

方程(3.53)按速度场给出一组线性关系式。其速度场可非迭代求解。

2. 更新拉格朗日法（UL法）

更新拉格朗日列式在 $t = n+1$ 取参考构形。真应力（柯西应力）以及真应变用于本构关系中。更新拉格朗日法适用于：① 壳和梁结构分析，其中大转动使得曲率表示式中的非线性项不再被忽略；② 大应变塑性分析，计算不能被看做无穷小的塑性变形。

更新拉格朗日法适用于分析非弹性行为（例如塑性、黏塑性或蠕变）引起的结构大变形（例如锻造、轧制等）。在更新拉格朗日法中，初始拉格朗日坐标系的物理意义不大，原因是非弹性变形是永久的。

在更新拉格朗日法中，单元刚度在当前单元构形上集成。对于大位移，可选择更新拉格朗日法。其中采用真应力（σ）和变形速率（D）。在单向拉伸试验中，变形速率采用对数应变。因此，应力-应变曲线必须是真应力-对数塑性应变曲线。

若已知工程应力-应变曲线 $S_E - \varepsilon_E$，则真应力及对数应变可按下式计算：
真应力：

$$\sigma = \frac{P}{A} = \frac{P}{A_0} \frac{A_0}{A} = \frac{A_0}{A} S_E$$

对数应变：

$$\varepsilon_T = \ln\left(1 + \frac{u}{L_0}\right) = \ln(1 + \varepsilon_E)$$

3.3 几何非线性分析

对于(近似的)不可压缩材料行为,
$$A(1+\varepsilon_E) = A_0$$
因此,真应力可近似为
$$\sigma = (1+\varepsilon_E)S_E \tag{3.56}$$
采用该分析方法时,在每个增量步的开始要重新定义拉格朗日参考系。

对于大多数材料,虽然能从理论上导出方程(3.53)及方程(3.54)形式的本构方程,但求出当前状态下的本构方程常常更适用,例如方程(3.53)中的模量不依赖于总应变 E_{ij} 的情况。

将当前状态的方程(3.53)作为参考状态求所要的列式,即得到
$$F_{ij} = \delta_{ij}, \quad \delta E_{ij} = \delta D_{ij}, \quad \frac{\partial}{\partial X_i} = \frac{\partial}{\partial x_i}, \quad S_{ij} = \sigma_{ij} \tag{3.57}$$
式中:F 是变形张量;D 是变形速率。因此方程(3.53)转变为
$$\int_v \left(\dot{\sigma}_{ij}^T \delta D_{ij} + \sigma_{ij} \frac{\partial v_k}{\partial x_i} \frac{\partial \delta u_k}{\partial x_j} \right) dv = \int_v \dot{q}_i \delta u_i dv + \int_s \dot{t}_i \delta u_i ds \tag{3.58}$$
式中:$\dot{\sigma}_{ij}^T$ 是柯西应力的 Truesdell 变化率,可通过通常的柯西应力物质导数求得:
$$\dot{\sigma}_{ij} = J^{-1}F_{ik}\dot{S}_{kl}F_{jl} + J^{-1}\dot{F}_{ik}S_{kl}F_{jl} + J^{-1}F_{ik}S_{kl}\dot{F}_{jl} - \dot{J}J^{-2}F_{ik}S_{kl}F_{jl} \tag{3.59}$$
若再将当前状态作为参考状态,即得到
$$\dot{\sigma}_{ij} = \dot{\sigma}_{ij}^T + \frac{\partial v_i}{\partial x_k}\sigma_{kj} + \sigma_{ik}\frac{\partial v_j}{\partial x_k} - \sigma_{ij}\frac{\partial v_k}{\partial x_k} \tag{3.60}$$

柯西应力的 Truesdell 变化率是面向物质的,即,若刚性转动施加在物质上,则 Truesdell 变化率消失而通常的物质变化率不消失。根据柯西应力的 Truesdell 变化率可给出本构方程合适的表示式。

方程(3.55)可写成
$$\dot{\sigma}_{ij}^T = L_{ijkl}(\sigma_{mn})D_{kl} \tag{3.61}$$
模量 L_{ijkl} 不等于传统的弹塑性模量:
$$L_{ijkl}^{ep} = 2G\left(\delta_{ik}\delta_{jl} + \frac{\lambda}{2G}\delta_{ij}\delta_{kl} - \frac{3}{2}\frac{\sigma'_{ij}\sigma'_{kl}}{\sigma_0^2} \right) \tag{3.62}$$

Nagtegaal 和 deJong 证明这些模量给出柯西应力的 Jaumann 变化率和变形速率之间的关系式:
$$\dot{\sigma}_{ij}^J = L_{ijkl}^{ep}D_{kl} \tag{3.63}$$
柯西应力的 Jaumann 变化率与柯西应力的物质导数有关,其方程为
$$\dot{\sigma}_{ij}^J = \dot{\sigma}_{ij} - \omega_{ik}\sigma_{kj} - \sigma_{ik}\omega_{jk} \tag{3.64}$$
式中:自旋张量 ω_{ij} 定义为

$$\omega_{ij} = \frac{1}{2}\left(\frac{\partial v_i}{\partial x_j} - \frac{\partial v_j}{\partial x_i}\right) \tag{3.65}$$

柯西应力的 Jaumann 变化率是随体转动系上的柯西应力变化率。用方程(3.65)能将柯西应力的物质导数从方程(3.64)中消去，由此得到关系式

$$\dot{\sigma}_{ij}^{\mathrm{T}} = \sigma_{ij}^{\mathrm{J}} - D_{ik}\sigma_{kj} - \sigma_{ik}D_{kj} + \sigma_{ij}D_{kk} \tag{3.66}$$

因此大应变模量与传统弹塑性模量之间的关系式为

$$L_{ijkl} = L_{ijkl}^{\mathrm{ep}} - \delta_{il}\sigma_{kj} - \sigma_{il}\delta_{kj} + \sigma_{ij}\delta_{kl} \tag{3.67}$$

注意，方程(3.67)中最后一项不满足通常的对称关系。这不适合于金属塑性问题，因为其变形近似看做不可压缩。因此方程(3.67)可近似为

$$L_{ijkl} \approx L_{ijkl}^{\mathrm{ep}} - \delta_{il}\sigma_{kj} - \sigma_{il}\delta_{kj} \tag{3.68}$$

式中：L_{ijkl}^{ep} 为小应变弹塑性模量。

3.3.4 欧拉列式

在分析流体流动过程中，拉格朗日法因网格与物质结合而导致网格严重畸变，因此要用另一种方法即欧拉列式描述物体的这种运动。在欧拉法中，有限元网格在空间固定而物质通过网格流动。这种方法特别适用于分析稳态塑性成形过程，例如稳态挤压过程或稳态轧制过程(图3.18)。

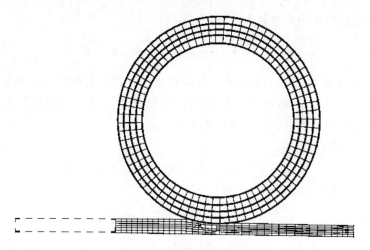

图 3.18 稳态轧制分析

流体流经一个封闭体积的平衡微分方程为

$$\frac{D(\rho v_i)}{Dt} = \rho b_i + \frac{\partial \sigma_{ij}}{\partial x_j} \tag{3.69}$$

式中：$\frac{D}{Dt}$ 是一个量的物质时间导数；v 是质点流经网格的速度。对于不可压缩流体，从方程(3.69)及连续方程(质量守恒)得出

$$\rho \frac{\partial v_i}{\partial t} + \rho v_j \frac{\partial v_i}{\partial x_j} = \rho b_i + \frac{\partial \sigma_{ij}}{\partial x_j} \tag{3.70}$$

方程(3.70)左边表示由对流效应增加的局部变化率。与此相同的原理可用于物理解释柯西应力的物质时间导数，即柯西应力的 Truesdell 变化率，从而有

$$\overset{\triangledown}{\sigma}_{ij} = \dot{\sigma}_{ij} - \frac{\partial v_i}{\partial x_k}\sigma_{kj} - \sigma_{ik}\frac{\partial v_j}{\partial x_k} + \sigma_{ij}\frac{\partial v_k}{\partial x_k} \tag{3.71}$$

其中，右边第二项与第三项表示对流效应；最后一项对于完全不可压缩材料则消失，而这是固体刚塑性流动中的一个强制条件。

3.3.5 任意欧拉-拉格朗日列式

在任意欧拉-拉格朗日(AEL)列式的参照系中，网格独立于物质而移动并且在任何时候覆盖物质。因此关于物质的导数和网格导数之间的关系表示为

$$(\ \dot{}\ ) = (\ \overset{*}{}\ ) + c_i(\ )_{,i} \tag{3.72}$$

式中：c_i 为物质质点(速度为 v_i^p)与网格(速度为 v_i^m)之间的相对速度。例如

$$c_i = v_i^p - v_i^m \tag{3.73}$$

方程(3.72)第二项表示网格与物质之间的对流效应。对于 $v_i^p = v_i^m$，得出一个纯欧拉列式。其动量方程可表示为

$$\rho \overset{*}{v_i} + \rho(v_j^p - v_j^m)\frac{\partial v_i}{\partial x_j} = \frac{\partial \sigma_{ij}}{\partial x_j} + b_i \tag{3.74}$$

由于方程(3.74)与纯欧拉列式极其相似，AEL 列式也被称做准欧拉列式。

3.4 接触非线性分析

3.4.1 接触问题的特点

接触问题在物理系统中是常见的，例如金属塑性成形过程中金属工件与模具之间的界面、管路系统中的管道甩动以及汽车设计中的碰撞模拟等。

接触问题的特点涉及两个重要现象：间隙张开、闭合，以及摩擦，如图3.19 所示。间隙描述两个物体(结构)发生接触(间隙闭合)和分离(间隙张开)的条件；摩擦影响物体接触后的界面关系。间隙条件依赖于物体的运动(位移)，而摩擦依赖于接触面上的(库仑)摩擦系数以及接触力。有关间隙和摩擦的分析必须用增量法进行。在每一个(载荷/时间)增量可能也要用迭代法使间

隙－摩擦行为稳定。

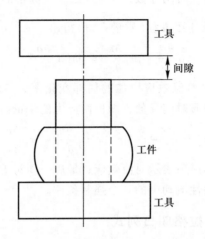

图 3.19　用间隙大小描述物体的接触与分离

金属塑性成形数值模拟包括模拟工具与工件之间复杂的接触情况。接触行为分析的复杂性在于要求追踪多个几何体的运动以及发生接触后多物体相互作用产生的运动。这包括表示接触面之间的摩擦以及必要时物体间的传热。数值分析的目的是检查物体的运动、施加约束以避免穿透以及施加合适的边界条件模拟摩擦行为和传热。针对这些问题有若干求解法可供使用，例如摄动或增广拉格朗日法、罚函数法和直接约束法。

3.4.2　接触体的分类

接触体可分为两类：变形(接触)体和刚性(接触)体。变形体只是有限单元的集合体(图 3.20)。组成变形体的有限单元可以是三角形、四边形单元(2-D)或四面体、六面体单元(3-D)。梁单元与壳单元也可能用于接触。也可采用低阶(线性)单元及高阶(二次)单元。但要注意：不应将连续体单元、壳单元或/和梁单元在同一个变形接触体混合。

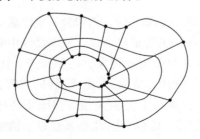

图 3.20　变形体是有限单元的集合体

3.4 接触非线性分析

每一个节点和单元至多存在于一个变形体中,而且边界上的节点只存在于属于一个单元的边或面上。外表面上的每个节点均被当做一个潜在接触节点。在许多问题中,某些节点从不接触,程序中有选项能识别之。由于自由面上的所有节点被视做接触节点,因此若生成网格时出错(例如内部存在孔洞或裂缝)则会产生不良结果。这些问题一般可在前处理器中可视化轮廓并用清除指令解决之。

刚性接触体由(曲)线(2-D)或面(3-D)或耦合分析的热单元组成。刚性接触体最重要的特点是其不变形。变形体能与刚性体相接触,但刚性体之间的接触不做考虑。

在前处理器中,所有曲线和曲面在数学上被当做 NURBS 曲线和曲面,因为这允许最大程度的通用性。在分析中用两种方法处理这些曲线和曲面:离散的分段直线(2-D)或几何片(3-D)或作为解析 NURBS 曲线和曲面。当采用离散化描述时,所有的原始几何图素被细分成直线段或双线性几何片。为近似一条曲线或曲面而细分的密度要控制在所要的精度内。此种细分也与确定的尖角条件有关。太少的细分可能导致极劣质的表面描述,而太多的细分因涉及更复杂的接触检查可能导致更高的分析代价。当用解析法描述时,给出的细分数量影响不太大,其细分数量应大到足以粗略显示 NURBS 形状。将刚性接触体当做 NURBS 曲面是有益的,因为这使几何结构的表示精度更高并且表面法线的计算精度也较高。另外,表面法线在物体上是连续变化的,这导致摩擦行为的计算更理想而且收敛性更好。

刚性接触体可在前处理器建造或导入其他 CAD 软件创建的几何模型。对于刚性接触体要考虑的一个重要内容是定义内边和外边。在二维分析中,沿刚性体移动通过右手法则形成内边。在三维分析中,内边通过沿几何片移动的右手法则形成(图3.21)。

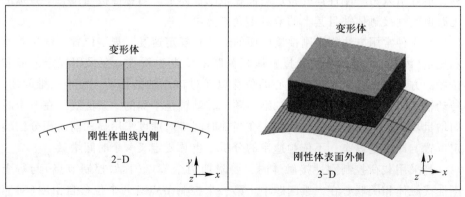

图 3.21 刚性接触段的取向

没有必要将整个物体定义为刚性接触体，只要将可能发生接触的面定义即可。但要注意：变形体不能滑出边界线以外（图3.22）。这意味着，必须总能将位移增量分解为刚性接触面的法向分量和切向分量。

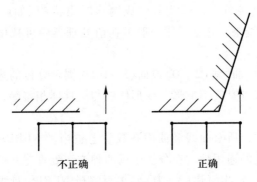

图3.22 变形体接触面不能滑出刚性接触面

当进行变形体-变形体的接触分析时，要按正确的顺序定义。一般原则是：先定义网格较细的变形体，然后定义网格较粗的变形体。在网格自适应或自动网格重划分时也要遵循此原则。这个原则可由用户或程序直接定义。在程序中，若两个变形体可能发生接触，则进行搜索，使得接触节点在单元边长较小的变形体上，而被接触段在网格较粗的变形体上。应注意，这意味着该物体结合是单边接触而不是（默认的）双边接触。

3.4.3 接触体的运动

变形体的运动通过传统的施加位移、力、分布力给变形体而确定。最好不要在可能与其他刚性体接触的节点上施加位移或集中载荷。若要施加一指定位移，最好引入另一刚性体并将运动加在该刚性体上。对称面被当做一个特殊的无摩擦刚性接触体并且其上的节点不允许分离。

有4种常用方法规定刚性接触面的运动：规定速度、规定位置、规定载荷和规定（缩放）比例。与刚性接触体相关联的节点为质心。在采用规定速度和位置的方法时，则定义了该质心的位移以及过该点轴的转动。对于三维问题，转动轴的方向能够定义；对于二维问题，转动轴是平面的一条法线。在一个时间增量步内的运动被当做线性的。在当前时间步对速度采用显式前向积分法确定位置。即使是静态、不依赖速率的分析，也总要定义一个时间增量。

当采用载荷控制刚性接触体时，要附加两个节点（称做控制节点）与每个刚性接触体相关联。在二维问题中，第一个控制节点有两个位移自由度（对应总体x方向和y方向），第二个控制节点有一个转动自由度（对应总体z方向）。

在三维问题中,第一个控制节点有 3 个位移自由度(对应总体 x 方向、y 方向和 z 方向),第二个控制节点有 3 个转动自由度(对应总体 x 方向、y 方向和 z 方向)。一般来说,载荷控制的刚性接触体有 3 个自由度(2-D)或 6 个自由度(3-D)。

位置控制法和速度控制法(图 3.23)的计算量少于载荷控制法(图 3.24)。

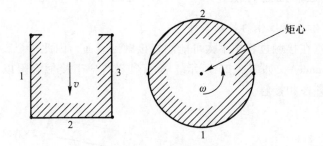

图 3.23 速度控制的刚性面

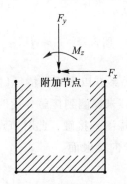

图 3.24 载荷控制的刚性面

若不指定第二个控制节点,则规定刚性接触体无转动。应注意,不管控制节点的坐标如何,控制节点位于转动物体的中心。

在开始分析时,接触体之间要么彼此分离,要么接触,但不能互相穿透(除非要进行过盈配合计算)。刚性接触体常常轮廓复杂,因此难以准确找到开始的接触点。分析开始前(零增量步),若刚性接触体有一非零速度,则用初始化方法使其首先与变形体接触,其中在变形体上不发生运动或网格畸变,也不发生传热(对于热力耦合分析)。

若分析中存在多个刚性接触体,每个初速度不为零的刚性接触体要移动到其接触为止。由于零增量只用于使刚性接触体发生接触,因此起初不应规定任何(分布或集中)载荷以及位移。对于制造过程模拟常用的多阶段接触分析,可对刚性接触体建模使其恰好与工件接触。

在组装分析中多个接触体能一开始接触。由于网格离散化,一开始的接触不一定精确,这或许会产生诱导应力(因过度靠近而挤压)。初始接触应当无应力,为此必要时对接触面的节点坐标重新设置。

3.4.4 接触的描述方法

1. 变形体与刚性体的接触条件

一个节点在接触过程中不太可能刚好接触到表面,因此每个表面有一个接触容限(tolerance),如图 3.25 所示。若一个节点位于接触容限以内,则认为这个节点与该段相接触。

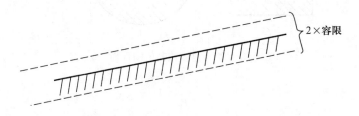

图 3.25　接触容限

变形体与刚性体的几何关系有以下 4 种情形(图 3.26)。

1) 当 $\Delta u_A n < |D - d|$ 时,未探测到接触,此时节点 A 未接触,没有约束。

2) 当 $d - \Delta u_A n \leqslant D$ 时,探测到接触,此时节点 A 靠近刚性体的容限内,若 $F < F_s$ 则接触约束把节点 A 拉向接触面。

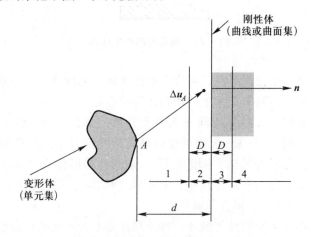

图 3.26　变形体与刚性体的几何关系

3) 当 $\Delta u_A n - d \leqslant D$ 时，探测到接触，此时节点 A 穿透到刚性体的容限内，接触约束把节点 A 推向接触面。

4) 当 $\Delta u_A n > |D + d|$ 时，探测到穿透，此时节点 A 穿透到刚性体的容限以外，这时要分割增量（减小载荷）直至无穿透。

在图 3.26 中 Δu_A 为节点 A 的增量位移矢量；n 为合适取向的单位法矢量；D 为接触距离（默认值为 $h/20$ 或 $t/4$，h 为最小单元边长，t 为壳单元最小厚度）；F_s 为分离力（默认值等于最大残差）。

2. 接触容限的大小与偏离因子

接触容限的大小对计算量及求解精度有重要影响。若接触容限太小，则接触和穿透的探测较困难，这使计算量增大。因为若一个节点在较短时间发生穿透，则导致更多的迭代穿透检查以及更多的增量分割。若接触容限太大，则节点被过早地认为接触，这导致精度降低或迭代增多（由于分离）。另外，可接受的解或许有这样的节点，其小于错误的容限、大于用户希望的容限而"穿透"表面。

在模型上的有些地方，经常出现节点几乎碰到一个表面的情况（例如在轧制模拟中靠近轧辊入口和出口处）。这时最好采用一个偏离的容限值使在接触面之外的距离较小而在接触面之内的距离较大，由此避免靠近的节点接触又分离。在此定义一个偏离因子（bias factor）B，$0.0 \leqslant B \leqslant 0.99$（若 B 为零则无偏离）。金属塑性成形涉及摩擦接触，最好对接触容限采用偏离因子 B。偏离因子 B 的推荐值为 0.95。如图 3.27 所示，外部的接触距离等于 $(1-B)$ 乘以接触容限；内部的接触距离等于 $(1+B)$ 乘以接触容限。

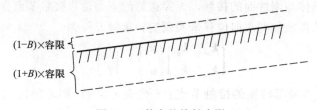

图 3.27 偏离的接触容限

3. 相邻关系

接触到刚性面一段的节点有从刚性面的一段滑向另一段的趋势。在 2-D 中，各段（及段的编号）总是连续的，因此接触第 n 段的节点滑向第 $n-1$ 段或第 $n+1$ 段（图 3.28）。

在 3-D 中，因接合面的细分或 CAD 底层几何面的定义使得几何段经常不连续（图 3.29）。连续的几何面远远优于不连续的几何面，因为在连续的几何面上一个节点无需任何干涉就能从一个几何段滑向另一个几何段（假定满足尖

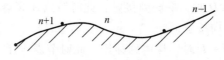

图 3.28　相邻关系(2 - D)

角条件)。当一个节点滑离一个几何片而找不到一个相邻几何段时,不连续的几何面将引起附加的操作。因此应当用几何清理工具消除小的条状面,使表面不仅物理连续而且拓扑毗连。

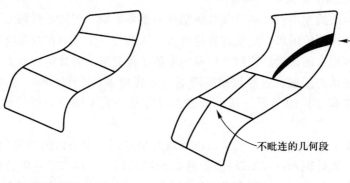

几何段连续的面　　　　几何段不连续的面

图 3.29　相邻关系(3 - D)

3.4.5　施加约束

对于变形体与刚性面的接触,无穿透的约束是通过接触节点自由度的转换以及将边界条件施加到法向位移来实现的,求解方程为

$$\begin{bmatrix} k_{\hat{a}\hat{a}} & k_{\hat{a}b} \\ k_{b\hat{a}} & k_{bb} \end{bmatrix} \begin{Bmatrix} u_{\hat{a}} \\ u_b \end{Bmatrix} = \begin{Bmatrix} f_{\hat{a}} \\ f_b \end{Bmatrix} \qquad (3.75)$$

式中:$\hat{a}$ 代表有局部转换的接触节点;b 代表无接触(即无转换)的其他节点。对这些进行转换的节点,约束法向位移使 $\delta u_{\hat{a}n}$ 等于刚性体在接触点处的法向位移增量,如图 3.30 所示。

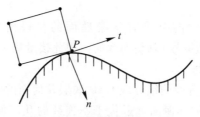

图 3.30　变换的系统(2 - D)

3.4 接触非线性分析

由于刚性体能用分段线性或解析 NURBS 曲面表示,因此有两种处理方法。对于分段线性表示法,在节点 P 到达两个几何段的拐角之前法线不变,如图 3.31 所示。在迭代过程中,有以下情况之一出现。

1) 若角 α 较小($-\alpha_{\text{smooth}} < \alpha < \alpha_{\text{smooth}}$),则节点滑到另一几何段。
2) 若角 α 较大($\alpha > \alpha_{\text{smooth}}$ 或 $\alpha < -\alpha_{\text{smooth}}$),则节点与表面分离(凸拐角)或黏在表面(凹拐角)。

接触极限角 α_{smooth} 的大小对于控制计算成本很重要。较大的 α_{smooth} 降低计算成本但可能导致不精确。接触极限角 α_{smooth} 的默认值为:$\alpha_{\text{smooth}} = 8.625°$(对于 2-D),$\alpha_{\text{smooth}} = 20°$(对于 3-D)。

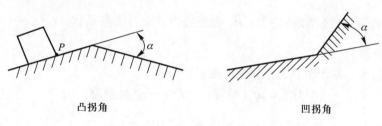

凸拐角   凹拐角

图 3.31 拐角条件(2-D)

在 3-D 中,这些拐角条件更复杂。一个节点 P 在几何片 A 上自由滑动直至其到达两个几何段的相交处。若为凹拐角,则节点先试图沿相交线滑动,然后移到几何段 B(图 3.32)。这是一个自然(较低能量状态)的运动。这些尖角条件也存在于变形体与变形体的接触分析。因为接触体的几何形状是连续变化的,因此拐角条件(凸拐角、平滑、凹拐角)也要连续地重新评价。

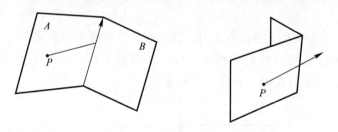

图 3.32 拐角条件(3-D)

当一个刚性接触体用一个解析面表示时,要基于当前位置在每次迭代重新计算法线。这使求解更精确,但计算量增大(因为要重新评价 NURBS 面)。

3.4.6 摩擦模型

摩擦的影响因素较为复杂，涉及表面特性（例如表面粗糙度、温度、正应力及相对速度等）。摩擦的实际物理特性及数值表示一直是研究的主题。目前在金属塑性成形数值模拟中常采用简化的理想摩擦模型，其中库仑摩擦模型应用最多（除了锻造等块体成形）。在锻造等块体成形中用剪切摩擦模型更合适。

1. 库仑摩擦模型

基于应力的库仑摩擦模型为

$$\|\boldsymbol{\sigma}_t\| < \mu \sigma_n (黏着)，\quad \boldsymbol{\sigma}_t = -\mu \sigma_n \boldsymbol{t}(滑动) \tag{3.76}$$

式中：$\boldsymbol{\sigma}_t$ 为切向（摩擦）应力；σ_n 为正应力；μ 为摩擦系数；$\boldsymbol{t} = \dfrac{\boldsymbol{v}_r}{\|\boldsymbol{v}_r\|}$（$\boldsymbol{v}_r$ 为相对滑动速度）。

类似地，基于节点力的库仑摩擦模型为

$$\|\boldsymbol{f}_t\| < \mu f_n (黏着)，\quad \boldsymbol{f}_t = -\mu f_n \boldsymbol{t}(滑动) \tag{3.77}$$

式中：f_t 为切向（摩擦）力；f_n 为法向力；μ 为摩擦系数；$\boldsymbol{t} = \dfrac{\boldsymbol{v}_r}{\|\boldsymbol{v}_r\|}$，其中 $\boldsymbol{v}_r$ 为相对滑动速度。

当采用基于应力的库仑摩擦模型时，先将积分点应力外推到节点，然后转换以使一个直接分量与接触面垂直。若已知该正应力和相对滑动速度，则能计算其切应力和与其一致的节点力。

对于壳单元，必须采用基于节点力的库仑摩擦模型（因假定有一折算应力状态 $\sigma_n = 0$）；对于连续单元，基于应力的库仑模型与基于节点力的库仑模型均可用。

当给定一个正应力或法向力时，摩擦应力或摩擦力的变化有一个依赖于相对滑动速度 v_r 或切向相对位移增量 Δu_t 的阶梯函数，如图 3.33 所示。对于 2-D 情形，相对速度和位移增量是标量值。

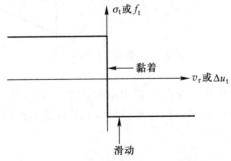

图 3.33 库仑摩擦模型的一个阶梯函数

库仑摩擦值的这种不连续性容易导致数值计算困难,因此采用阶梯函数的不同近似方法,如图 3.34 所示。以下分别讨论这些近似方法。

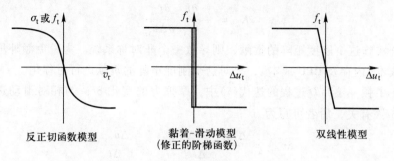

图 3.34　库仑摩擦模型的几种近似方法

(1) 反正切函数模型

第一个近似方法基于连续可微的相对滑动速度的函数。

摩擦应力为

$$\boldsymbol{\sigma}_t = -\mu\sigma_n \frac{2}{\pi} \arctan \frac{\|\boldsymbol{v}_r\|}{\text{RVCNST}} \boldsymbol{t} \tag{3.78}$$

摩擦力为

$$\boldsymbol{f}_t = -\mu f_n \frac{2}{\pi} \arctan \frac{\|\boldsymbol{v}_r\|}{\text{RVCNST}} \boldsymbol{t} \tag{3.79}$$

RVCNST 的物理含义可视为:若相对速度值低于 RVCNST,则产生黏着摩擦。RVCNST 的大小在确定以该数学模型代表阶梯函数的近似度方面具有重要意义。太大的 RVCNST 导致有效摩擦值的减小(图 3.35),而太小的 RVCNST 可能导致收敛性变差。RVCNST 值最好为典型的相对滑动速度 $\|\boldsymbol{v}_r\|$ 的 1% ~ 10%。

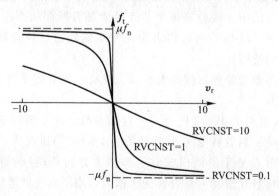

图 3.35　不同 RVCNST 值的阶梯函数近似

摩擦的实施不仅影响外力矢量,而且总体上也影响最终要解的方程组的刚度矩阵。这个刚度矩阵的贡献为

$$K_{ij} = -\frac{\partial f_{t_i}}{\partial v_{r_k}} \frac{\partial v_{r_k}}{\partial \Delta u_{t_j}} \tag{3.80}$$

若完全实施这个刚度矩阵的贡献,则导致一个非对称系统。为避免额外增加的计算成本(内存及 CPU 成本),要对这个刚度矩阵的贡献进行对称化。

在牛顿 – 拉弗森过程的迭代(i)中,摩擦力的变化 $\delta f_t^{(i)}$ 与相对滑动速度的变化 $\delta v_r^{(i)}$ 有关,后者可写为

$$\delta v_r^{(i)} = \frac{\Delta u_t^{(i)} - \Delta u_t^{(i-1)}}{\Delta t} = \frac{\Delta u_t^{(i)}}{\Delta t}$$

因此最终的方程仍能用位移自由度表示。

在增量步的第一次迭代中,其收敛性可以通过下式得到显著改善:

$$\delta v_r^{(1)} = \frac{\Delta u_t^{(1)}}{\Delta t} - \frac{\Delta u_t^{(\text{previous·increment})}}{\Delta t^{(\text{previous·increment})}} = \frac{\delta u_t^{(1)}}{\Delta t} - v_r^{(\text{previous·increment})} \tag{3.81}$$

其中,$v_r^{(\text{previous·increment})}$ 导致一个对总体方程组右边的贡献。

由于平滑处理,接触的一个节点总有些滑动。除了数值计算原因,这个"总滑节点"模型有一个物理基础。Oden 和 Pires 指出,金属接触面存在微观凸体的塑性变形(称做"冷焊")。这导致非局部、非线性摩擦接触行为。用反正切函数表示摩擦模型是这一非线性摩擦接触行为的数学理想化。

反正切函数模型的复杂方面在于事前难以估算典型的相对滑动速度 $\|\boldsymbol{v}_r\|$,尤其是在准静态变形接触分析中(其中 $\|\boldsymbol{v}_r\|$ 不是输入量),而且在许多情况下相对滑动速度在分析中剧烈变化。

(2) 黏着 – 滑动模型(修正的阶梯函数)

第二个近似方法基于一个少量修正的阶梯函数,从而用于模拟真实的黏着 – 滑动行为。在此方法中,接触的每个节点处于黏着摩擦状态或滑动摩擦状态。依据其不同的状态,施加不同的约束而在每次迭代之后检查摩擦状态的正确性,必要时采用自适应。

所用的典型参数为摩擦系数的乘数 α、滑动 – 黏着转变区 β、摩擦力容限 e,如图 3.36 所示。

乘数 α(默认值为 1.05)可视为一个过调参数,用于模拟静态和动态摩擦之间的差别。滑动 – 黏着转变区 β(默认值为 1×10^{-6})可视为一个摩擦(力)解的容限。若一个节点处于滑动模式并沿摩擦力方向移动(物理学上不正确),但相应的相对位移量在滑动 – 黏着转变区以内,则不会使增量以修正的摩擦条件重新启动。

与参数 β 相关联,采用减缩因子 $\varepsilon = 1.0 \times 10^{-6}$。这个减缩因子的固定值

3.4 接触非线性分析

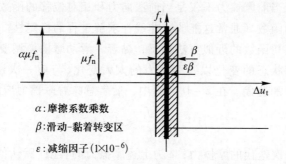

α:摩擦系数乘数
β:滑动-黏着转变区
ε:减缩因子(1×10^{-6})

图 3.36 黏着 – 滑动摩擦模型(修正的阶梯函数)中的参数

使得 ε 和 β 的乘积很小，因此其可作为一个节点起初是处于滑动模式还是处于黏着模式的评判准则。

这个初始的假定用做上述摩擦状态的检查及自适应的开始点。对于 2 – D 分析，$\Delta u_t = 0$ 意味着 $\|\Delta u_t\| < \varepsilon\beta$，如图 3.37 所示。

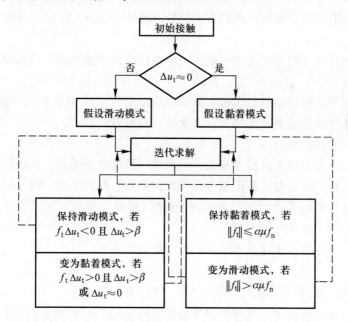

图 3.37 黏着 – 滑动摩擦模型(修正的阶梯函数)的求解流程

当一个节点处于滑动模式时，刚度矩阵的贡献为

$$K_{ij} = -\frac{\partial f_{t_i}}{\partial \Delta u_{t_j}} \tag{3.82}$$

当一个节点处于黏着模式时，施加约束强制相对切向位移恰好为零。要注意:

在滑动模式时，当前摩擦力不仅是当前法向力和相对位移的函数，而且是前一次迭代摩擦力的函数。通常这能改善非线性求解过程的稳定性。

与基于反正切函数的近似方法相反，黏着-滑动摩擦模型要求附加基于摩擦的检验。摩擦状态的变化以及摩擦力的太大变化（与前一次迭代相比）会使程序进行一次附加迭代。在2-D分析中，后者意味着摩擦力应满足

$$1 - e \leqslant \frac{f_\mathrm{t}}{f_\mathrm{t}^\mathrm{p}} \leqslant 1 + e \tag{3.83}$$

式中：f_t^p 为前一次迭代的摩擦力；e 为上述摩擦力的容限（默认值为 0.05）。

在3-D分析中，除了对摩擦力的大小有此要求外，还要检查摩擦力矢量的方向变化：

$$1 - e \leqslant \cos \varphi_\mathrm{f} \leqslant 1 + e \tag{3.84}$$

式中：φ_f 为当前的摩擦力矢量与前一次迭代的摩擦力矢量之间的角度。

为了限制与摩擦相关的迭代量，若未达到摩擦要求的节点数与接触的节点总数相比很小，则上述要求将不导致附加的迭代。用摩擦力容限表示为：未达到摩擦力容限的节点数与接触的节点总数之比小于 e。这适用于模型中的所有接触体。

若达到所定义的最大迭代次数，将不执行附加摩擦迭代，而将继续下一个增量的分析。

黏着-滑动模型总是基于节点力。该模型最好不要用于 3-D 分析中的二次单元，其原因是这类单元的节点力大小及符号是变动的。

(3) 双线性模型

第三个近似方法是双线性模型。与黏着-滑动模型类似，双线性模型基于相对切向位移。双线性模型不是定义特殊约束强行黏着条件，而是假定黏着和滑动条件分别对应可逆（弹性）和永久（塑性）相对位移。这与弹塑性理论的完全相似性可用于推导控制方程。

首先，库仑摩擦定律的表示借助一个滑动面 ϕ：

$$\phi = \|f_\mathrm{t}\| - \mu f_\mathrm{n} \tag{3.85}$$

若 $\phi < 0$，则为黏着或弹性区；若 $\phi > 0$，则物理上不可能。

其次，相对切向位移矢量的速率分解为弹性（黏着）和塑性（滑动）贡献：

$$\dot{u}_\mathrm{t} = \dot{u}_\mathrm{t}^\mathrm{e} + \dot{u}_\mathrm{t}^\mathrm{p} \tag{3.86}$$

摩擦力矢量的变化率与弹性切向位移有关：

$$\dot{f}_\mathrm{t} = D \dot{u}_\mathrm{t}^\mathrm{e} \tag{3.87}$$

式中：矩阵 D 为

3.4 接触非线性分析

$$D = \begin{bmatrix} \dfrac{\mu f_n}{\delta} & 0 \\ 0 & \dfrac{\mu f_n}{\delta} \end{bmatrix}$$

其中，δ 为滑动阈值（slip threshold）或者是模拟黏着的最大相对滑动位移（图 3.38）。δ 默认值为 0.002 5 倍的变形接触体有限单元的平均边长。

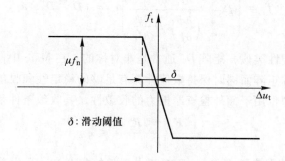

图 3.38 双线性模型

要注意，当给定一个切向位移矢量时，f_t 的变化将导致物理学上不可能的情形，所以 $\phi > 0$。这意味着必须确定塑性或滑动的贡献。

由方程(3.86)和(3.87)得出

$$\dot{f}_t = D(\dot{u}_t - \dot{u}_t^p) \tag{3.88}$$

假定滑动位移速率的方向由滑动流动势 ψ 的法矢量给定，ψ 由下式确定：

$$\psi = \|f_t\| \tag{3.89}$$

对于滑动面 ϕ，其不同于滑动流动势 ψ，从中可见一种与非关联塑性的相似性。

于是，通过指定滑动位移速率的大小为 $\dot{\lambda}$，得到

$$\dot{u}_t^p = \dot{\lambda} \dfrac{\partial \psi}{\partial f_t} \tag{3.90}$$

因为一个"力点"永远不能脱离滑动面，这就要求

$$\dot{\phi} = \left(\dfrac{\partial \phi}{\partial f_t}\right)^T \dot{f}_t \tag{3.91}$$

这样即可确定滑动速率的大小。总之上述方程能合并为

$$\left(\dfrac{\partial \phi}{\partial f_t}\right)^T D\left(\dot{u}_t - \dot{\lambda} \dfrac{\partial \psi}{\partial f_t}\right) = 0 \tag{3.92}$$

或

$$\dot{\lambda} = \frac{\left(\dfrac{\partial \phi}{\partial f_t}\right)^T D \dot{u}_t}{\left(\dfrac{\partial \phi}{\partial f_t}\right)^T D \dfrac{\partial \psi}{\partial f_t}} \tag{3.93}$$

利用上述结果，最终的速率方程组写为

$$\dot{f}_t = \left(D - \frac{D \dfrac{\partial \psi}{\partial f_t}\left(\dfrac{\partial \phi}{\partial f_t}\right)^T D}{\left(\dfrac{\partial \phi}{\partial f_t}\right)^T D \dfrac{\partial \psi}{\partial f_t}}\right)\dot{u}_t = (D - D^*)\dot{u}_t \tag{3.94}$$

与非关联塑性类似，矩阵 D^* 通常是非对称的。在 Marc 中使用一个特殊的方法，形成对称矩阵而同时保持数值计算有足够的稳定性和收敛速度。

双线性模型也用于额外检查摩擦力的收敛性，其收敛条件是

$$\frac{|\|F_t\| - \|F_t^p\||}{\|F_t\|} \leqslant e \tag{3.95}$$

式中：F_t 为当前总摩擦力矢量（所有节点贡献的集合）；F_t^p 为前一次迭代的总摩擦力矢量；e 为摩擦力容限（默认值 0.05）。

若一个节点开始接触而结构仍然无应力，则摩擦刚度矩阵按上面推导将仍为零。这在下一次求解总方程组期间将导致病态系统。为避免此问题，初始摩擦刚度将基于平均接触体刚度（从定义材料行为矩阵的迹得出），平均接触体刚度在分析的 0 增量步确定。

（4）库仑摩擦模型的局限

当法向力或正应力变得很大时，库仑摩擦模型可能与试验观测不太一致（图3.39）。其原因是库仑摩擦模型预测的摩擦剪应力能够增大到超过材料的流变应力或断裂应力水平。这在物理上是不可能的，因此要么采用非线性的摩擦系数，要么在双线性模型中引入摩擦应力极限或者采用剪切摩擦模型。

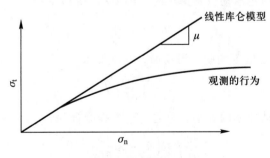

图 3.39 线性库仑模型与观测的行为

可以通过用户子程序或表格输入定义非线性摩擦系数。双线性模型的摩擦

应力极限 σ_t^{limit} 可通过接触表输入以便限定最大摩擦应力。其假设是：一个节点的外推及平均剪（摩擦）应力与施加的剪（摩擦）力成正比，如图 3.40 所示。若剪应力达到极限值，则减小施加的摩擦力，从 $\min(\mu\sigma_n, \sigma_t^{\text{limit}})$ 得出其最大剪应力。

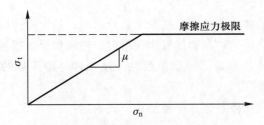

图 3.40 双线性模型中的摩擦应力极限

除了采用自适应的库仑摩擦模型，还有剪切摩擦模型供使用。

2. 剪切摩擦模型

剪切摩擦模型认为摩擦应力是材料等效应力 $\bar{\sigma}$ 的几分之一：

$$|\sigma_t| < m\frac{\bar{\sigma}}{\sqrt{3}}(\text{黏着}) \quad \text{及} \quad \boldsymbol{\sigma}_t = -m\frac{\bar{\sigma}}{\sqrt{3}}\boldsymbol{t}(\text{滑动}) \tag{3.96}$$

式中：m 是摩擦因子。

与库仑摩擦模型类似，剪切摩擦模型的实施采用两个理论阶梯函数的近似方法。

1) 采用平滑阶梯函数的反正切函数：

$$\boldsymbol{\sigma}_t = -m\frac{\bar{\sigma}}{\sqrt{3}}\frac{2}{\pi}\arctan\frac{v_r}{\text{RVCNST}}\boldsymbol{t} \tag{3.97}$$

该模型适用于所有采用分布载荷法的单元。

2) 基于一个节点的剪（摩擦）应力与施加的剪（摩擦）成正比的假设修正双线性模型。与摩擦应力极限类似，摩擦剪应力被限定为

$$\sigma_t = \min\left(m\sigma_n, m\frac{\bar{\sigma}}{\sqrt{3}}\right) \tag{3.98}$$

3. 自定义摩擦系数与摩擦因子

当一个节点接触刚性体时，采用与刚性体关联的摩擦系数。当一个节点接触一个变形体时，采用这两个接触体摩擦系数的平均值。

针对更为复杂的接触情况，摩擦系数与摩擦因子可分别自定义为

$$\mu = \mu(x, f_n, T, v_r, \bar{\sigma}) \tag{3.99}$$

$$m = m(x, f_n, T, v_r, \bar{\sigma}) \tag{3.100}$$

式中：x 为摩擦计算的位置点；f_n 为摩擦计算点的法向力；T 为摩擦计算点的温度；v_r 为摩擦计算点与表面之间的相对滑动速度；$\bar{\sigma}$ 为摩擦计算点的等效应力。

3.4.7 耦合接触分析

在对多个变形体之间的耦合接触进行分析时，每个物体因受机械及热载荷作用发生变形及热传导。当物体发生接触时，热通量穿过接触面，为此需要给出接触面之间的传热系数。传热系数对于热工件与冷工具的接触分析有重要影响。

另外，若存在摩擦系数，摩擦热由下式确定：

$$q = f_{fr} v_r M_{eq} \tag{3.101}$$

式中：M_{eq} 为热功当量。摩擦热平均分配给每个接触体。若刚性体与变形体接触，则有以下两种情况。

1）将刚性体视为恒温物体，热通量在两接触体（刚性体与变形体）之间交换。

2）要对刚性体进行传热分析，这时刚性体必须用传热类型的有限单元创建。其不发生变形，但要进行传热分析。其计算效率显然高于所有接触体均为变形体的耦合分析。

如图 3.41 所示，d 为两物体间的距离，$d_{contact}$ 为两物体相互接触的临界距离，d_{near} 为近接触距离（代表接触体之间的小间隙而且不应大于最小单元尺寸）。可将变形体边界上的热通量分为以下 3 类。

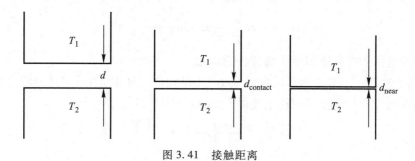

图 3.41 接触距离

1）第一类热通量。若 $d < d_{contact}$，则物体接触并且接触体之间发生热传递。热通量为

$$q = H_{TC}(T_2 - T_1) \tag{3.102}$$

式中：T_1 为表面温度；H_{TC} 为两个表面之间的换热系数；T_2 为相同接触位置的温度，可从被接触物体的节点温度用插值法得到。

2）第二类热通量。$d_{contact} < d < d_{near}$，物体之间存在一个小间隙，通过此间隙的热通量可分解为几个物理过程：对流、自然对流、辐射以及与距离 d 有关的项：

$$q = H_{CV}(T_2 - T_1) + H_{NC}(T_2 - T_1)^{B_{NC}} + \sigma\varepsilon f(T_{A2}^4 - T_{A1}^4) \\ + \left[H_{TC}\left(1 - \frac{d}{d_{near}}\right) + H_{BL}\frac{d}{d_{near}}\right](T_2 - T_1) \quad (3.103)$$

式中：H_{CV} 为近区特性的对流换热系数；H_{NC} 为近区特性的自然对流换热系数；B_{NC} 为与自然对流有关的指数；σ 为斯特藩-玻尔兹曼常量；ε 为发射率；f 为视角因数；H_{BL} 为依赖于间距的换热系数；T_{A2}、T_{A1} 为绝对温度。

3）第三类热通量。若 $d > d_{near}$ 或者未定义 d_{near} 且 $d > d_{contact}$，则物体未接触，存在对环境的热通量

$$q = H_{CTVE}(T_2 - T_{SINK}) + \sigma\varepsilon f(T_{A2}^4 - T_{A1}^4) \quad (3.104)$$

式中：H_{CTVE} 为对环境的换热系数；T_{SINK} 为环境温度。

当一个变形体与一个刚性体接触时，要用与刚性体相关的换热系数。当两个变形体接触时，要用两个接触体规定的膜系数的平均值，这只适用于第一、第三类热通量。对于其他所有的耦合问题，能计算变形热并作为体积通量，摩擦热也能计算变形热而作为表面通量。

3.4.8 接触分析的网格自适应

一个变形体与一个刚性体之间的接触要确保节点不穿透刚性面。一个单元的边有可能穿透一个刚性面，特别是在高曲率处，因网格离散出现穿透。可采用自适应网格生成方法降低接触穿透的可能性。除了传统的误差准则（例如 Zienkiewicz - Zhu 或最大应力等），还可采用基于接触的网格自适应细化，即当一个节点前来接触时，与此节点相关的单元均被细化。由此导致在发生接触的外部区域单元及节点的数目较大（图 3.42），这能显著改善求解精度。

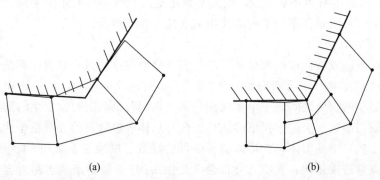

图 3.42 接触闭合的条件。（a）单元边的穿透；（b）自适应网格划分结果

3.4.9 接触问题的若干数值方法

1. 拉格朗日乘子法

在进行接触分析时,要求解带约束的最小化问题,其约束条件是"不能穿透"。拉格朗日乘子法是将数学约束施加到系统上的最为巧妙的方法。采用该方法,若正确写出约束,则不会发生超闭合或穿透。然而,由于其在非正定数学系统中的包含解,拉格朗日乘子法导致数值计算的困难。这要求附加计算以确保获得一个精确、稳定的解,但这使计算成本提高。

拉格朗日乘子法的另一个问题是没有任何与拉格朗日乘子自由度相关联的质量,这导致一个不可逆的总质量矩阵。因此拉格朗日乘子法不能用于经常用在模拟碰撞的显式动力学计算。拉格朗日乘子法常采用特殊的界面单元(例如 Gap 单元),这虽然有助于正确的数值计算,但限制了接触体之间可能出现的相对运动量。采用特殊的界面单元要求事前了解接触位置,这在许多实际问题(例如碰撞、制造)模拟中是办不到的。

在拉格朗日乘子法中,约束增强了变分法。虚功原理导致经典系统方程:

$$Ku = f$$

约束条件能表示为

$$Cu = 0$$

通过最小化增广泛函

$$\psi = \frac{1}{2}u^{\mathrm{T}}Ku - u^{\mathrm{T}}f + \lambda^{\mathrm{T}}Cu$$

得到

$$\begin{bmatrix} K & C^{\mathrm{T}} \\ C & 0 \end{bmatrix} \begin{Bmatrix} u \\ \lambda \end{Bmatrix} = \begin{Bmatrix} f \\ 0 \end{Bmatrix} \quad (3.105)$$

从方程(3.105)能同时求出位移(u)和拉格朗日乘子(λ)。引入拉格朗日乘子(λ)导致有一个对角元素为零,因此甚至适定问题也不再有正定系统。这常常导致数值计算困难并限制了所能使用的线性方程求解器的类型。

2. 罚函数法

罚函数法或增广拉格朗日乘子法是实现接触约束的另一数值计算法。罚函数法通过对发生的穿透量施加一个"惩罚"有效地约束运动。可将该罚函数法看做类似于两物体之间的一个非线性弹簧。采用罚函数法时,发生的穿透量由罚常数或罚函数所决定。罚值的选择也会对总体求解过程的数值稳定性有不利影响。虽然对于变形体与变形体的接触可能导致过度刚性系统(因假定接触压力与逐点穿透成正比,其压力分布通常是振荡的),但罚函数法相对容易实现并且广泛应用于显式动力学分析。

3.4 接触非线性分析

3. 杂交和混合法

在杂交法中,通过把接触面上的连续性作为约束并把接触力作为补充元素,接触单元从余能原理得到。基于摄动拉格朗日公式,混合法通常包括低于位移场一个数量级的压力分布插值,它也用于减少纯粹拉格朗日法的困难。

4. 直接约束法

另一种求解接触问题的方法是直接约束法。在这种方法中,物体的运动被追踪,当发生接触时,采用边界条件对运动施加直接约束——平移自由度的运动学约束和节点力。若能预测何时发生接触,则该计算方法精度很高。该方法无需特殊的界面单元且能模拟复杂变化的接触条件,原因是不必先验预知接触发生在何处。

可将接触定义为求出点 A 与点 B 的位移,使得

$$(\boldsymbol{u}_A - \boldsymbol{u}_B)n < TOL \tag{3.106}$$

式中:点 A 与点 B 分别在两个不同的物体上(图 3.43); n 是这两个点之间矢量的方向余弦; TOL 是闭合距离。

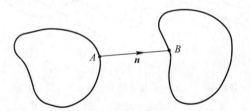

图 3.43 两个潜在接触体之间的法向间隙

接触问题可分为两类:其一是变形体与刚性面接触,其二是变形体与另一变形体或自身相接触。二维和三维物体的处理方式在概念上是一样的。

(1)变形体-刚性面接触

在变形体-刚性面接触的问题中,变形体上的一个目标点在未发生接触时无约束。一旦接触被探测,自由度转换到局部系统并施加一约束使得

$$\Delta u_{\text{normal}} = vn \tag{3.107}$$

式中: v 是刚性面规定的速度。这个局部转换连续更新以反映点 A 沿刚性面的滑动(图 3.44)。若选择黏结(glue),则形成一个附加的位移约束

$$\Delta u_{\text{tangential}} = vt \tag{3.108}$$

确定何时发生接触以及计算法矢量对数值模拟至关重要。有若干方法可用于探测穿透和施加接触。如图 3.45a 所示,在增量步 n 开始,节点 A 没有接触刚性体;在时间步 Δt 后,若在增量步 $n+1$ 未施加约束,则节点 A 穿透刚性面(图 3.45b)。这显然是不能接受的解。

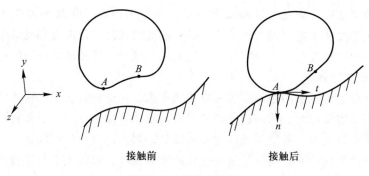

接触前　　　　　　　　　　　接触后

图3.44　接触坐标系

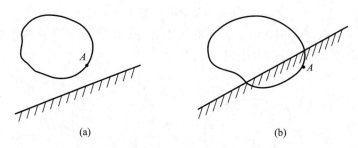

(a)　　　　　　　　　　　　(b)

图3.45　接触约束要求。(a) 第 n 步：未接触；(b) 第 $n+1$ 步：节点 A 穿透刚性面(若无约束)

1) 探测穿透和施加接触的方法。以下介绍的前两种探测穿透和施加接触的方法适用于时间步长 Δt 固定的情形。

① 第一种方法，时间步长 Δt 被细分为两个时段(periods)或小增量(subincrements)，如图3.46所示。在第一个小增量，节点 A 无约束，其运动无阻碍；在第二个小增量，运动受约束。要用该数值法求得刚发生接触的时段。这是一个非线性数学问题，其时间步是通过线性化位移增量来选择的。这就导致可能穿透或只是近似到达接触面。在该方法中，在每一个小增量中，节点 A 在时段 Δt^{α} 无约束，但在时段 Δt^{β} 有约束。

② 第二种方法称为迭代穿透检查，其在牛顿-拉弗森迭代循环中处理接触条件的变化。在该方法中，缩放增量位移使接触发生，这有效地使节点 A 回到刚性面上。然后计算残差并更新边界条件使节点 A 受约束，继续迭代过程直到满足平衡及边界条件。

③ 第三种方法称为自适应时间步长，即在某个增量缩短时间步长使节点刚好接触。在下一个增量，对该节点给予合适的接触约束并基于收敛准则求出

3.4 接触非线性分析

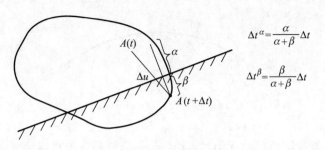

图 3.46 增量分割策略

一个新的时间步长。

2) 刚性面的解析表示。使用刚性面的解析表示从以下几个方面影响数值计算。

① 刚性面的表示采用非均匀有理 B 样条曲面(NURBS),其给出的精确数学式能表示普通的分析形状——圆、锥线、自由形式曲线、旋转面和复杂曲面。表面可用简单的数学式表示并对复杂多面建立模型,其优点是一阶和二阶导数连续。解析式在四维齐次坐标空间中表示为

$$P(u,v) = \frac{\sum_{i=1}^{n+1}\sum_{j=1}^{m+1} B_{i,j} h_{i,j} N_{i,k}(u) M_{j,l}(v)}{\sum_{i=1}^{n+1}\sum_{j=1}^{m+1} h_{i,j} N_{i,k}(u) M_{j,l}(v)} \qquad (3.109)$$

对曲线,可简化为

$$P(u) = \frac{\sum_{i=1}^{n+1} B_i h_i N_{i,k}(u)}{\sum_{i=1}^{n+1} h_i N_{i,k}(u)} \qquad (3.110)$$

式中:B 为 4-D 齐次定义的多边形顶点;$N_{i,k}$ 和 $M_{j,l}$ 为非有理 B 样条基函数;$h_{i,j}$ 为齐次坐标。对于局部系统中给定的参数 u 和 v,三维空间中的位置(x,y,z)、一阶导数、二阶导数(若要求)均能求出。若给定一个点的笛卡儿坐标 x、y、z,没有任何显式数学式可以求出局部空间中的参数 u 和 v,于是只能迭代求解之。

② 求出对应于节点 A 的接触面上最近点的位置(图 3.47)。这个过程[当用平坦的面片(flat patches)解析求解时]需要对 NURBS 刚性体模型采用迭代法。

③ 一旦知道点 P,就基于 NURBS 计算法线,此法线的使用方式符合 PWL 法。

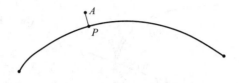

图 3.47　最近点投影算法

④ 因法线会随迭代而变化,运动学边界条件的施加是连续变化的。

在 PWL 法中,
$$(\Delta u_n)^0 = vn, \quad (\delta u_n)^i = 0 \tag{3.111}$$

在解析法中
$$(\Delta u_n)^0 = vn_0, \quad (\delta u_n)^i = vn_1 - vn_0 \tag{3.112}$$

其中,下标表示迭代次数。

⑤ 在 PWL 法中,当一个节点从一部分滑向另一部分时,角点条件逻辑被激活。解析曲面的优点是不必使用该逻辑除非达到了样条的尽头,这能减少所需的迭代量。

⑥ 摩擦计算依赖于表面法线与切线。当用解析法时,摩擦计算包括法矢量方向随迭代而变化的影响。这能改善精度和收敛性。

⑦ 因法线是连续的,节点力的计算更精确。这便于判定从第二次迭代开始是否发生节点分离,与此相比,用 PWL 法要等到平衡收敛满足。

3) 刚性接触的求解策略。

第 1 步,在一个增量的开始,要探测所有边界节点以判定是否与表面接触,若是,则标记。

第 2 步,对每一个接触节点进行转换和施加位移。有了时间增量和表面速度,能求出增量结束时的表面构形。然后,求出节点开始位置到当前表面部分的距离并施加可能的法向位移。若存在位移增量的之前解,其用于计算切向位移增量(图 3.48)。若此计算仍把增量结束时的该节点置于相同的表面部分,则其用于确定局部和总体坐标之间的转换矩阵,而其法向位移可接受;否则,对于附近的表面部分重复该计算过程。若碰到凹角,则固定该边界节点在此凹角;若节点离开一个尖锐的凸角,则其即刻脱离表面。

第 3 步,迭代求解一个增量的问题并计算位移增量的值。对于表面部分的可能变化在每次迭代重复第 2 步。

第 4 步,一旦达到收敛,检查节点力。只要探测到一个正法向力(或应力)大于容限,一个节点就从与此力(或应力)对应的表面部分脱离并重复第 3 步。

3.4 接触非线性分析

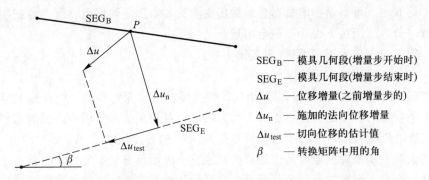

SEG$_B$ ——模具几何段(增量步开始时)
SEG$_E$ ——模具几何段(增量步结束时)
Δu ——位移增量(之前增量步的)
Δu_n ——施加的法向位移增量
Δu_{test} ——切向位移的估计值
β ——转换矩阵中用的角

图 3.48 节点 P 已经接触(2-D)

第 5 步,探测所有的自由边界节点以确定新计算的位移增量是否将这些节点置于任何表面以内(图 3.49、图 3.50)。若是,则使用固定时间步长法,减小增量使第一个节点刚刚接触。每当缩小增量,就重启第 3 步。

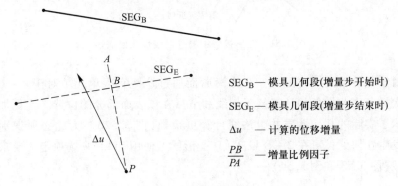

SEG$_B$ ——模具几何段(增量步开始时)
SEG$_E$ ——模具几何段(增量步结束时)
Δu ——计算的位移增量
$\dfrac{PB}{PA}$ ——增量比例因子

图 3.49 接触的新节点 P

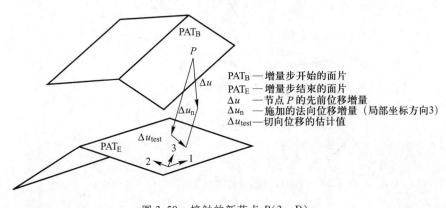

PAT$_B$ ——增量步开始的面片
PAT$_E$ ——增量步结束的面片
Δu ——节点 P 的先前位移增量
Δu_n ——施加的法向位移增量(局部坐标方向3)
Δu_{test} ——切向位移的估计值

图 3.50 接触的新节点 P(3-D)

第6步，每当缩小增量而且加载历史参数要求固定的增量，就考虑把当前增量一分为二而接下去计算剩余增量。

第7步，进入下一增量（重复第1步）。

(2) 变形体-变形体接触

1) 变形接触的几何描述。当一个节点接触一个变形体时，就在接触节点与其他物体的节点之间建立了一个约束关系。此约束关系使用该表面的法线信息。若用低阶单元，该法线的计算基于单元面的分段线性表示（图3.51）。这使约束关系不准确，原因是该约束关系在整个表面部分是不变的。随着一个节点从一个单元面滑向另一个单元面，出现的法线不连续性可能导致数值计算的困难。若使用高阶单元，则基于真实的二次曲面生成一条法线。

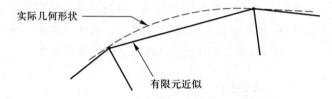

图3.51 变形接触中的分段线性几何描述

对于低阶单元，可配置一个光滑曲面通过这些有限单元。对于2-D，采用三次样条。此样条的计算基于切线和节点在该表面部分的位置。这更加准确地表示了实际的几何性质并且法线计算更精确（图3.52）。为此必须识别不连续性发生在何处，可在2-D或3-D变形体上使用SPLINE选项定义要求光滑的区域（图3.53和图3.54）。

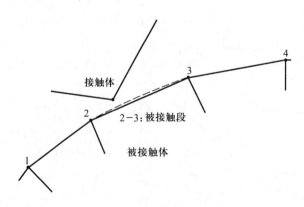

图3.52 改善被接触变形体的几何描述（2-D情形）

3.4 接触非线性分析

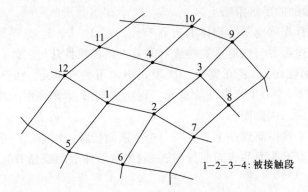

1-2-3-4:被接触段

图 3.53 被接触的变形体

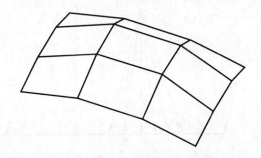

图 3.54 选取的若干单元面

对于 3-D 问题,在计算法线时可用孔斯曲面(Coons surface)改善几何描述,如图 3.55 所示。

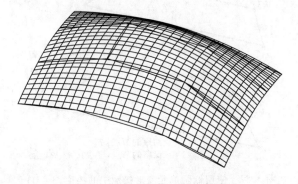

图 3.55 基于孔斯曲面的内部表示

2）变形接触的求解策略。

第 1 步，首先确定每个物体的边界节点。对 2 – D，这些节点按逆时针顺序排列以便描述边界。然后从这些成对的节点创建线性几何实体，用以定义表面轮廓（如同刚性面）。若在完全二次模式中采用高阶单元，由 3 个节点创建二次实体。对于 3 – D，若用低阶单元，则生成四节点单元片；若用高阶六面体单元，则生成二次曲面。

第 2 步，一旦探测到一个节点与一个变形面接触，则激活约束。该约束矩阵使得接触节点沿曲面的表面而行（按一般接触条件滑动或黏着），如图 3.56、图 3.57 所示。

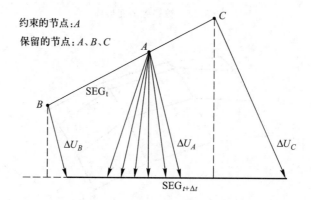

图 3.56　使用低阶单元变形接触中的约束（2 – D）

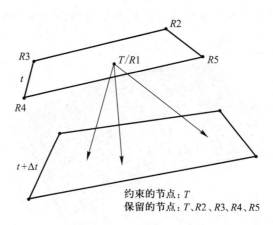

图 3.57　使用低阶单元变形接触中的约束（3 – D）

第 3 步，除非使用接触表选项，否则接触可发生在所有变形体之间。在变形接触中，物体没有主副之分，每一个物体对其他任何物体的接触关系均被探测。

第4步，在求一个增量解的迭代过程中，一个节点会从一个表面部分滑到另一个表面部分，使其约束的残留节点变化。因此要对每一次迭代重新计算带宽(bandwidth)。从一个增量(或小增量)到另一增量，发生接触的节点数可能变化。在这种情况下，可用带宽自动优化处理由于一个新的约束可能产生的带宽激烈变化。当两个变形体之间使用黏结(glue)选项时，则形成无相对运动的简单约束关系。

3) 迭代穿透的探测。当接触发生时，除了增量分割和缩短增量时间步长的方法以外，还有一种选择是迭代穿透法。在迭代穿透法中，采用牛顿-拉弗森法进行迭代，使接触约束和总体平衡同时满足。该方法精确而稳定，但可能需要更多次的迭代。在静态分析或出现梁-梁接触时若用 AUTO STEP 方法，迭代穿透法自动激活。

在通常的迭代过程，有限元系统每次迭代计算

$$\boldsymbol{K}^\mathrm{T} \delta u_i = R_{i-1} \tag{3.113}$$

式中：$\boldsymbol{K}^\mathrm{T}$ 为切线刚度矩阵；R_{i-1} 为基于前一次迭代位移的残差。

采用迭代穿透法时，从约束和摩擦考虑，$\boldsymbol{K}^\mathrm{T}$ 都基于该次迭代的接触状态。此外，在求出 δu_i 后，接触方法要用于确定是否发生新的穿透。若至少一个节点穿透接触面，要对位移变化施加比例因子，使得穿透的节点被移回到接触面。该方法称做线搜索(line search)。

假定 s 为 δu_i 的分数并使新的穿透不发生，则其位移增量变为

$$\Delta U_i = \Delta U_{i-1} + s\delta u_i \tag{3.114}$$

其总位移为

$$U^n = \Delta U^{n-1} + \Delta U_i \tag{3.115}$$

应变、应力和残差都基于这些量，而分离基于这些值。当达到总体平衡时，基于用户定义的准则，进入下一个增量的求解。该方法由于能减小位移的变化，可能需要较多的迭代以便完成一个增量。因此重要的是要确保完成一个增量的最大允许迭代次数设置得足够大。

4) 不稳定性。在有些分析中，因屈曲或丧失接触等的不稳定性，可能发生大位移增量。在此情形下，可规定一个最大 δu_i 满足条件：

$$s\delta u_i > \delta u^{\mathrm{allowed}} \tag{3.116}$$

上式针对任何缩小比例的节点。

最后，若求解仍不能收敛而采用缩减(cutback)特性，则时间步长缩短并重复该增量。

第3章 金属塑性成形非线性有限元分析

思考题

1. 金属塑性成形过程中通常涉及哪几种非线性来源？
2. 分别解释弹塑性有限元法、刚塑性有限元法和黏塑性有限元法的概念及其应用范围。
3. 简述金属塑性成形模拟中常用的塑性力学基本方程。
4. 与 Tresca 屈服准则相比，von Mises 屈服准则更适用于金属塑性成形数值模拟的主要原因是什么？
5. 简述完全拉格朗日法与更新拉格朗日法的主要区别。
6. 简述拉格朗日法与欧拉法的主要区别及其应用范围。
7. 简述常用的几种摩擦模型的特点及其应用范围。

第4章
金属塑性成形有限元模拟的若干关键技术

4.1 自动网格优化技术

4.1.1 单元密度与单元几何形态

有限元分析的精度和效率与单元密度及单元几何形态有密切关系。当单元密集，又没有大的伸长、歪斜和翘曲时，由有限元计算得到的结果就趋于准确。图4.1中所示的单元形状畸变通常会降低求解精度。

单元畸变降低精度的量值还由单元类型、网格划分和物理问题来决定。这些畸变的联合作用可能特别有害。通常畸变对于应力梯度场的降低远大于对位移、固有频率、模式形状或温度的影响。畸变更会降低应力场的梯度特性。畸变的平面和空间单元可能显示出恒定场或线性变化场，但不大可能表示出更复杂场的变化情况。如果那些单元除了角节点外还有边节点，那么它们对形状畸变的敏感性通常就比较弱。有一个或更多内部节点自由度的单元也不太敏感。

第4章 金属塑性成形有限元模拟的若干关键技术

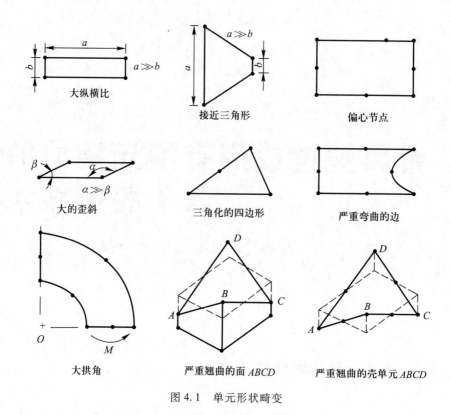

图 4.1 单元形状畸变

4.1.2 自适应网格划分

自适应网格技术,能够按照用户需要的误差准则,自动定义有限元分析网格的疏密程度,使得数值计算在网格疏密相对优化的有限元模型上完成。自适应网格生成技术是以建立的某种误差准则为判据的。一旦该误差准则在指定的单元中被违反,则针对这些单元用修正网格来获得所希望的精度。这些单元会按给定的单元细化级别在指定的载荷增量步内被细化。

1. 若干常用的误差准则

下面介绍几种常用的误差准则。

(1) 平均应变能准则

当单元的应变能大于所选定单元集平均应变能的指定倍数时,则细化该单元。

对第 i 个单元,如果下式成立,则表明网格自适应的误差准则不满足,第 i 个单元细化:

$$E_{el} > \frac{E_{total}}{N_{adapt}} f_1 \qquad (4.1)$$

式中：E_{el}为第i个单元的应变能；E_{total}为选定单元集的总应变能，即被应变能准则激活的单元应变能之和；N_{adapt}为被应变能网格自适应准则细分网格的那些单元；f_1是用户根据问题的需要自定义的应变能系数，f_1的典型取值为$1.5 < f_1 < 2$。如果所有单元的应变能相同，所对应的有限元网格为最优。这意味着常应力区域的单元永远达不到需要细化网格的应变能误差准则。

（2）Zienkiewicz–Zhu 应力准则

应力误差准则定义为

$$\pi^2 = \frac{\int (\sigma^* - \sigma)^2 dV}{\int \sigma^2 dV + \int (\sigma^* - \sigma)^2 dV} \qquad (4.2)$$

式中：σ^*为光滑化的应力；σ为计算的应力。

应力误差为

$$X = \int (\sigma^* - \sigma)^2 dV$$

如果第i个单元满足以下条件：

$$\pi > f_1 \quad \text{和} \quad X_{el} > f_2 \frac{X}{N_{adapt}} + f_3 \cdot X \frac{f_1}{\pi \cdot N_{adapt}}$$

则细化该单元。式中：f_1、f_2、f_3为用户定义的应力误差准则的系数。f_1的典型取值为$0.05 < f_1 < 0.20$，f_2的默认值为1，f_3的默认值为0。如果所有单元对总体误差的贡献都相同，则认为网格最优。系数f_3可用来加强总体误差，其中f_1/π是一个度量（典型地，$f_2 + f_3 \approx 1$）。

（3）Zienkiewicz–Zhu 应变能准则

应变能误差准则定义为

$$\gamma^2 = \frac{\int (E^* - E)^2 dV}{\int E^2 dV + \int (E^* - E)^2 dV} \qquad (4.3)$$

式中：E^*为光滑化的应变能；E为计算的应变能。

应变能误差为

$$Y = \int (E^* - E)^2 dV$$

对第i个单元，如果满足下式：

$$\gamma > f_1 \quad \text{和} \quad Y_{el} > f_4 \frac{Y}{N_{adapt}} + f_5 \cdot Y \frac{f_1}{\gamma \cdot N_{adapt}}$$

则细化该单元。式中：f_1、f_4、f_5 为用户定义的应变能误差准则的系数。

（4）Zienkiewicz – Zhu 塑性应变准则

塑性应变误差准则定义为

$$\alpha^2 = \frac{\int (\varepsilon^{p*} - \varepsilon^p)^2 dV}{\int \varepsilon^{p2} dV + \int (\varepsilon^{p*} - \varepsilon^p)^2 dV} \tag{4.4}$$

式中：ε^{p*} 为光滑化的塑性应变；ε^p 为计算的塑性应变。

塑性应变误差为

$$A = \int (\varepsilon^{p*} - \varepsilon^p)^2 dV$$

容许的单元塑性应变误差为

$$\text{AEPS} = f_2 \frac{A}{N_{\text{adapt}}} + f_3 \cdot A \frac{f_1}{\alpha \cdot N_{\text{adapt}}}$$

如果第 i 个单元满足下列条件，则细化该单元：

$$\alpha > f_1 \quad \text{和} \quad A_{\text{el}} > \text{AEPS}$$

式中：f_1、f_2、f_3 为用户定义的塑性应变误差准则的系数，$0.05 < f_1 < 0.2$。

（5）Zienkiewicz – Zhu 蠕变应变准则

蠕变应变误差准则定义为

$$\beta^2 = \frac{\int (\varepsilon^{c*} - \varepsilon^c)^2 dV}{\int \varepsilon^{c2} dV + \int (\varepsilon^{c*} - \varepsilon^c)^2 dV} \tag{4.5}$$

式中：ε^{c*} 为光滑化的蠕变应变；ε^c 为计算的蠕变应变。

蠕变应变误差为

$$B = \int (\varepsilon^{c*} - \varepsilon^c)^2 dV$$

容许的单元蠕变应变误差为

$$\text{AECS} = f_2 \frac{B}{N_{\text{adapt}}} + f_3 \cdot B \frac{f_1}{\beta \cdot N_{\text{adapt}}}$$

如果第 i 个单元满足下列条件，则细化该单元：

$$\beta > f_1 \quad \text{和} \quad B_{\text{el}} > \text{AECS}$$

式中：f_1、f_2、f_3 为用户定义的蠕变应变误差准则的系数，$0.05 < f_1 < 0.2$。

（6）等效应力/应变准则

该方法基于等效 von Mises 应力或等效应变的相对值或绝对值。用相对值原则先要决定结构的最大等效应力 $\sigma_{\text{vm}}^{\max}$/应变 $\varepsilon_{\text{vm}}^{\max}$。对第 i 个单元，若满足以下某一条件，则细化该单元：

等效应力相对值原则： $\sigma_{vm} > f_1 \sigma_{vm}^{max}$

等效应力绝对值原则： $\sigma_{vm} > f_2$

等效应变相对值原则： $\varepsilon_{vm} > f_3 \varepsilon_{vm}^{max}$

等效应变绝对值原则： $\varepsilon_{vm} > f_4$

式中：$f_1 \sim f_4$ 为用户定义的系数并依赖于具体问题。对这种误差判据来说，不存在最优网格。该准则可用于具有单一应力/应变集中的问题。

（7）接触节点准则

若第 i 个单元的某一个节点与一个新的接触条件相关，则细化该单元。对于变形体-刚性体接触情况，这意味着该节点碰到了一个刚性面；对于变形体-变形体接触情况，该节点可能是一个约束节点或保留节点。要注意：若出现振荡（chattering）则可能生成过量的单元，可用级别选项（level option）处理此问题。

（8）箱盒准则

对第 i 个单元，如果其变形后的任一节点落在用户指定的箱盒范围之内，则认为不满足箱盒误差准则，需细分网格。用户定义的箱盒，按总体直角坐标 x、y、z 值给定。

对箱盒准则而言，不存在最优网格。可采用该自适应准则在所需的结构局部设置箱盒从而人工细化局部有限元网格。

（9）求解梯度准则（用于传热分析）

先决定结构中温度 T 的最大梯度 gr_{max}：

$$gr_{max} = \max\left(\left[\frac{\partial T}{\partial X}\right]_i, \left[\frac{\partial T}{\partial Y}\right]_i, \left[\frac{\partial T}{\partial Z}\right]_i \mid i = 1, N_{adapt}\right)$$

对第 i 个单元，如果下列不等式成立，则误差准则不满足，需细化该单元：

相对值原则：

$$\left[\frac{\partial T}{\partial X}\right]_i > f_1 \cdot gr_{max} \quad \text{或} \quad \left[\frac{\partial T}{\partial Y}\right]_i > f_1 \cdot gr_{max} \quad \text{或} \quad \left[\frac{\partial T}{\partial Z}\right]_i > f_1 \cdot gr_{max}$$

绝对值原则：

$$\left[\frac{\partial T}{\partial X}\right]_i > f_2 \quad \text{或} \quad \left[\frac{\partial T}{\partial Y}\right]_i > f_2 \quad \text{或} \quad \left[\frac{\partial T}{\partial Z}\right]_i > f_2$$

式中：f_1、f_2 为用户定义的系数。f_1 的典型取值为 0.75。最优网格仅存在于温度梯度（近似）均匀的问题中。

（10）用户自定义误差准则

用户通过子程序 UADAP 可自定义自适应网格误差准则。用户需选择变量

第4章　金属塑性成形有限元模拟的若干关键技术

V^{user}，其最大值 V^{user}_{max} 为

$$V^{user}_{max} = \max(V^{user}_i | i = 1, N_{adapt})$$

对第 i 个单元，如果下列不等式成立，则误差准则不满足，该单元需细化：

相对值原则：$V^{user}_i > f_1 V^{user}_{max}$

绝对值原则：$V^{user}_i > f_2$

式中：f_1、f_2 为用户定义的系数。

2. 网格细化的常用方法

（1）网格细化策略

如果用户指定的误差准则不能满足，便可以按下述方法实现有限元网格自适应（细化），如图 4.2 所示。

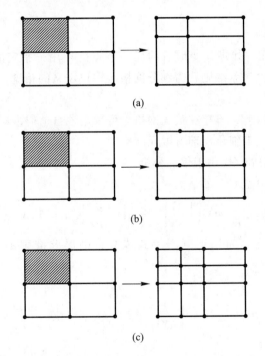

图 4.2　网格细化的常用方法。(a) r 法：改变单元节点位置；(b) p 法：改变单元形函数阶次；(c) h 法：增加边中节点，改变单元尺寸（总体细化或局部细化）

（2）对局部单元可能采用的细化份数

单元局部细化方法一，如图 4.3 所示。优点：不破坏与相邻单元的连接；缺点：如果自适应前的单元形态很差，网格自适应后可能加剧这种状况。

单元局部细化方法二,如图 4.4 所示。优点:不改变单元的方向比,也就是说单元在相互独立的方向上的相对尺寸不变。

对于不同级别单元细化后单元边界出现的边中点,需采用多点约束(TYING)方程保证相邻单元边界的变形一致。

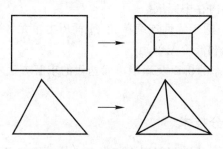

图 4.3 单元局部细化方法一

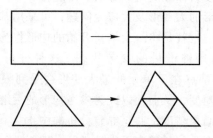

图 4.4 单元局部细化方法二

为了使自适应细化后网格的有限元解更平滑,应尽量减少相邻单元网格细化级别的差别,最好使其相差一个级别,如图 4.5 所示,

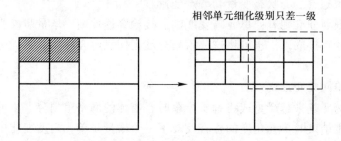

图 4.5 单元局部细化的级别

这种网格疏密只差一个级别的网格划分,用户也可在建立有限元模型时采用,但是如果不加多点约束,对结果会有影响。

应慎重选择最大单元细化级别,以防止增加太多单元和节点。

采用 Marc 完成自适应分析时应注意：

1）估计自适应细化后的节点数、单元数和边界条件数。

2）选择适当误差准则及所需的由用户给定的系数，确定网格细化级别。

3）选择合理的 SIZING（网格细分）参数，以保证预留出足够的内存空间，使分析尽量在规定的内存中完成。

4）网格自适应只适于线性连续单元（平面应力单元、平面应变单元、轴对称单元、三维体单元和低阶壳单元）。

5）J-积分和模态分析以及逐个单元迭代的求解方法不适用于网格自适应分析。

4.1.3　网格重划分技术

网格重划分技术，能够纠正因大变形产生的网格畸变，重新生成形态良好的网格，提高计算精度，保证后续计算的正常进行。

针对金属塑性成形的大变形及大应变问题，可采用基于更新的拉格朗日参考系描述的分析方法，也就是将一个增量开始的构形作为度量变形、应力的参考状态，并不断更新后继增量的参考状态。这种分析方法有很多优点（如 3.3.3 节所述），但其缺点在于单元的最大变形会受到限制。因为过度的大变形可能造成单元严重畸变，从而使以此为参考构形的后继增量分析在质量低劣的网格上完成，影响结果精度，甚至导致分析的中止。

为了使上述分析在足够的精度下继续进行，需要更新网格并将原来旧网格中的状态变量映射到新划分的网格上。这种在分析过程中重新调整网格的技术叫做 REZONE（网格重划）。网格重划 REZONE 有 3 个基本步骤：① 用连续函数定义旧网格上所有变量；② 定义一个覆盖旧网格全域的新网格；③ 确定新网格单元积分点上的状态变量和节点变量。

网格重划分准则有：单元畸变准则、接触穿透准则、增量步准则、内角偏差准则以及直接准则。也可将这些重划分准则任意组合使用。下面分别介绍这些准则。

（1）单元畸变准则

单元畸变越来越严重或将趋于严重时，物体的网格重划分。单元畸形准则基于增量步结束时单元角度的检查及对下一个增量步单元角度变化的预测，如图 4.6 所示。

设 X_n 为增量步开始时的坐标，ΔU_n 为该增量步的位移，则有

$$X_{n+1} = X_n + \Delta U_n \quad \text{和} \quad X_{n+2}^{\text{est}} = X_{n+1} + \Delta U_n$$

若 $\cos \alpha > 0.8$ 和 $\cos \beta > 0.9$，则重划分；若 $\cos \alpha > 0.9$ 和 $\cos \beta > \cos \alpha$，则重划分。

4.2 隐式求解法与显式求解法

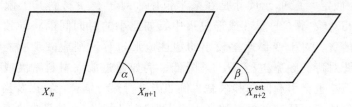

图 4.6　单元角度的变化

（2）接触穿透准则

当接触体（工具）的曲率达到当前网格不能准确探测穿透时，物体的网格重划分。接触穿透准则基于检查单元边和其他接触体（工具）表面的距离。穿透极限由用户确定，默认为接触容差的两倍。注意接触穿透准则对自身接触不起作用。

（3）增量步准则

按指定的增量步间隔进行网格重划分。

（4）内角偏差准则

当单元内角与理想角度的偏差大于某一定值时，物体的网格重划分。对四边形或六面体的理想角度是 90°，对三角形或四面体的理想角度是 60°，默认允许的偏差为 40°。

（5）直接准则

在进行任何分析之前对物体的网格重划分。

4.2　隐式求解法与显式求解法

传统上应用最多的模拟方法可归入隐式静态求解法一类。采用这种方法模拟时，首先将塑性成形过程划分为离散的时间步，并对建立的材料方程进行求解，使得在每个时间步结束时工件处于静力平衡状态。由于塑性成形问题涉及许多非线性因素，该平衡只能采用迭代法确定。其中，每一步迭代都需要建立和分解所谓的总体刚度矩阵，其包含所有的材料特性和过程的边界条件。

作为隐式求解法的替代，在过去 30 年显式求解法得到快速发展。源于爆炸和碰撞领域的显式模拟方法当今主要用于板料成形。显式求解法在每个时间步内不计算静力平衡状态，而是将塑性成形过程视为一个动态问题。在一个时间步结束时的目标函数在此是通过一个中心差分图得到的，该中心差分图是根据之前的数值显式地确定增量位移。在显式方法中为了稳定地求解积分方程，对于时间步长有限制，该时间步长主要依赖于系统中出现的最高特征频率（振动方程)。假定一般单元尺寸是在毫米范围,对于金属材料其上限位于微秒级,但在相对较"慢"的塑性成形过程中,如此小的时间间隔将导致不合理的高昂计算消费。对于变形速率较小的塑性成形过程,则应减少所需的时间步数。因此要对特征频率进行"人工"降低,例如通过放大材料密度或者缩短过程时间,但这也会引起问题和限制,例如当进行热力耦合计算以及当选择大多仅在小变形速率下已知的材料数据用于模拟时。同时应力计算也会有问题。解决这些问题是当前研究工作的主题。显式求解法的巨大优点在于对一个过程时间增量及其可能细的过程空间离散化,能够显著缩短计算时间。随着对于求解稳定性影响因素了解的增多(即最终关于模拟结果的解释),该方法在塑性成形问题尤其是块体成形中有广阔的应用范围。

4.3 热力耦合分析方法

4.3.1 热力耦合概念

许多金属塑性成形过程是在高温状态进行并且材料行为受温度影响较大,因此数值模拟时经常需要考虑热过程。另外在金属塑性成形过程中,工件在产生变形的同时往往伴随着温度的变化,准确分析塑性成形过程中的温度和应力变化通常不应把温度场的求解和应力场的分析分解开来,因为除了温度变化对结构变形和材料性质产生影响外,结构变形也会反过来改变热边界条件,进而影响温度的变化,也就是温度与位移两种不同场变量之间存在很强的相互作用。一般来说,在金属塑性成形中有以下 3 种主要的热力耦合原因。

(1) 变形引起相关传热条件的变化

经历大变形后物体几何形状发生变化,单元体积或边界面积也随之改变。施加在这些有限单元上的热边界条件也因此变化。例如,加工过程中相互接触的物体在接触面之间可以传热,但接触关系改变后,彼此分离的接触面又与其他环境介质交换热量,这是十分典型的变形改变热边界条件的情形。

(2) 非弹性变形功耗散转换成变形热

塑性流动的不可逆性引起物体熵值的增加,其表示式为

$$T\dot{S} = f\dot{W}^{p}$$

式中:$f\dot{W}^{p}$ 为塑性功耗散率的分数。Farren 和 Taylor 测得大多数金属 $f \approx 0.9$。

若采用热功当量 M,则比体积热流率为

$$R = Mf\dot{W}^{p}/\rho$$

(3) 摩擦热

当接触面以相对速度 v_{rel} 滑动,必要时还要考虑在工件与工具接触区中摩

擦功产生的热源。摩擦热引起的热流密度为

$$\dot{q}_R = |\tau_R| v_{rel} \quad (4.6)$$

必要时对流入工件和工具的热流密度 $\dot{q}_R$ 的份额进行假设。若无法获得该问题的信息，可采用等分处理的方法。

若工件与一刚性接触面接触，则传递到刚性体的摩擦热完全被（工件）吸收，因为刚性体的温度不变。

当然材料的所有机械性能与热性能可能与温度有关，其控制矩阵方程可表示为

$$M\ddot{u} + D\dot{u} + K(T,u,t)u = F$$
$$C^T(T)\dot{T} + K^T(T)T = Q + Q^I + Q^F$$

式中：Q^I 表示塑性功产生的变形热；Q^F 表示摩擦热。比热矩阵 C^T 和传导率矩阵 K^T 能在当前构形上求解（若采用更新拉格朗日法）。

4.3.2 热力耦合求解方法

对于上述温度与位移存在强耦合作用的问题，采用先计算温度、后分析热应力的解耦方法分析会产生较大误差。比较精确的分析是按照热-力耦合场的求解方法，同时处理热传导和力平衡两类不同场的方程。

为此需要将用于热计算的 FEM 模块与力计算的 FEM 模块结合。主要有两种方法，即同时耦合以及非同时耦合。在第一种情况下，两个泛函被线性化逼近并建立一个完整的耦合方程组，而非同时耦合是从一个纯力的表示式开始的。这里温度是作为确定材料特征量（流变曲线）的参数。在力计算中求出的摩擦热、变形热以及与环境的热交换要作为后续热计算的输入量。这可能发生在每一个迭代步（迭代耦合）或者每个时间增量仅发生一次（增量耦合）。

4.3.3 热边界条件

热接触实际上指两个产生接触的物体表面在传递机械载荷的同时还有接触表面之间的热量生成和交换，所以热接触是边界上热-力耦合的一种形式。

沿着接触体边界的热传导用对流边界条件定义成

$$q = h_1(T_{boundary1} - T_\infty) \quad (4.7)$$

上式表明，如果边界 1 和边界 2 并没有接触，边界 1 的对流热交换与其所在环境中温度为 T_∞ 的介质进行。

$$q = h_2(T_{boundary1} - T_{boundary2}) \quad (4.8)$$

上式表明，如果边界 1 和边界 2 接触，对流热交换就在这两个接触面之间进行。由此可见，定义热接触时需输入边界与环境的对流换热系数 h_1、环境温

度 T_∞ 和边界之间接触时的对流换热系数 h_2。至于程序何时按与环境换热计算或是与接触面换热分析,这完全由程序何时判断出接触已经发生而定。

对刚性接触体,如果只用边界定义轮廓几何形状,表明用户无意追究刚体内热量传导的细节,则可只定义刚体边界轮廓上的给定温度。相反,假如刚性接触体也用节点自由度为温度的离散有限单元表示,表明只计温度不计变形,则刚性接触体边界的温度由程序的温度场分析自动计算确定,用户不需也无法给定这种允许传热分析的刚性接触体接触边界的温度。另外需说明的是,接触面之间进行热接触传热的对流换热系数往往并不是一个常数就能准确描述的,而是与表面特性、接触压力、表面温度等因素相关。如果用户能够给出这一复杂的接触对流换热系数的函数表达式,通过 Marc 的相应子程序界面 UHTCON 可以方便地引入这些因素对热接触的影响。

4.4 模拟结果的主要影响因素

4.4.1 有限元模拟的误差源

为了使有限元数值模拟能获得准确的结果,一方面要求有成熟的有限元程序,另一方面要给出准确的边界条件和材料值。目前已有很多有限元程序可供使用,如 Marc、LARSTRAN、ABAQUS 等。首先需要根据金属塑性成形的特点,选择适合的有限元程序;其次,由于有限元法发展的历史原因,这些程序的发展重点主要放在改进塑性力学定律和求解的算法上,并已取得了很大成绩,但往往忽略了变形过程中材料特有的行为。但是,只有考虑变形过程中以及多道次变形间隙中发生的材料行为变化(例如加工硬化和动态、静态软化等),才能进行可靠的模拟。这就需要使在变形中和多道次变形间隙中发生的材料行为变化成为可描述的,并把这种描述集成到塑性力学模型中,也就是说,往往需要对商业有限元程序进一步开发。

此外,在使用成熟软件的条件下,由不准确的边界条件和材料参数引起的误差,可能会大大超过由于塑性力学问题的数值法产生的误差,因此,应特别注意准确描述有限元模拟所需的边界条件和材料参数。

影响塑性成形有限元模拟精度的主要误差源如下。

1) 物理误差源。与塑性力学相关的简化假设(如材料定律、屈服条件、变分原理等)、物理边界条件(如摩擦定律、摩擦系数、热交换系数等)及材料特征值(密度、比热、流变曲线等)。

2) 数值法误差源。单元类型、插值函数、空间离散、时间离散、单元退化、数值积分等。

3）计算机误差源。进位等。
4）其他误差源。建模中的假设等。

在选定可用的有限元程序后，塑性成形研究者作为用户的主要任务是给定输入数据、进行结果的解释和检验。此时既要考虑上述各误差源对模拟结果的影响，也要考虑计算时间和费用。

以下根据亚琛工业大学 IBF 的研究成果，对塑性成形有限元模拟过程中上述误差源的具体影响进行扼要分析。

（1）单元类型的影响

有限元程序提供了适合求解各种问题的单元库。一方面对不同问题应选择不同的单元；另一方面对同一问题在保证精度的条件下可能存在几种可用的单元。以轴对称环形件压缩为例，模拟时分别采用罚函数法和拉格朗日乘子法，单元是 4-节点等参单元和 8-节点等参单元。结果除采用罚函数法的 8-节点单元外，所研究的其他 3 种情况的结果几乎相同，有限元计算得到试样的外轮廓形状和压缩力与实测结果很一致。而采用罚函数法的 8-节点单元在试样的角部得出不真实的材料流动。拉格朗日乘子法与罚函数法相比，需要更多的计算时间。采用罚函数法的 8-节点单元与 4-节点单元相比，计算时间约增加 25%。罚因子对模拟结果也有影响，这里罚因子超过 10^6 时计算结果稳定。与单元类型一样，数值积分方法对计算时间和精度也有很大影响。为了尽量减小数值积分引起的误差，要求较高级别（阶）的数值积分，但同时计算量与积分点数成比例地增加。有时低级别（阶）的数值积分常给出好的结果，因为离散化和数值积分产生的误差在一定程度上可相互抵消。

（2）空间离散

单元类型选定之后，接着是对所研究的区域进行适当的划分。此时单元数及其在区域内的分布对模拟精度和时间有很大影响。一般来说，网格越细，解越精确，但计算费用也越高；另外，网格细分到一定程度后，对求解精度不再有显著影响。用刚塑性有限元的罚函数法 4-节点单元模拟圆柱压缩变形，研究单元数目（分别为 4、36、144、432 个单元）对模拟结果影响的结果表明：对于材料流动，使用 36 个单元粗离散与更多单元的细划分结果相当；对于压缩力，使用 2×2 网格的粗离散已经足以近似估计压缩力，在相对压下量超过 30% 后，细离散才表现出优点。图 4.7 为单元数目对应力计算的影响。可见应力对单元数目更敏感，这里需要 12×12 单元离散才能得到应力的收敛解；另一方面，计算时间随单元数呈超比例地增加，当单元数为 4、36、144、432 时，计算时间的比值分别为 1、6、40、200。与此同时，模拟结果的质量并不以相同的程度改善。由于复杂的几何边界条件和局部应力集中等不同原因，往往需要网格的局部细化。

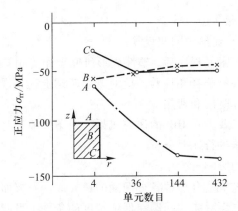

图 4.7　在圆柱压缩中空间离散对正应力 σ_{rr} 的影响

（3）时间离散

在模拟非稳态变形过程时，时间步长对模拟结果有很大的影响。研究了棒材拉拔（用横截面上垂直线的弯曲作为比较量）和平板压缩变形时，时间离散（用每一增量时的高度变化表示）对各目标量和计算时间的影响。结果表明，力、长度变化等总体量与应变速率、应力等分布量相比，前者对时间离散的敏感速度比后者弱，如图 4.8 所示。

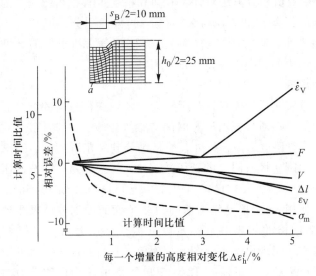

图 4.8　时间离散对各目标量模拟结果的影响［带黏着摩擦的平板压缩，不同局部量在单元 a 处。$\varepsilon_h = 15\%$，钢号：Ck15，$K_{f0} = 240.0 \text{ MPa}(\varepsilon_V \leqslant 0.015)$，$K_f = (-641.36 + 1\,341.36\,\varepsilon_V^{0.1})\text{ MPa}$］

(4) 摩擦边界条件

摩擦定律和摩擦系数对有限元模拟结果有重要影响。下面以环形试样压缩变形为例,说明摩擦边界条件的意义,以及通过试验和计算的结合获得准确摩擦条件的可能性。用这样获得的局部摩擦系数以及用 $\tau = \mu p$ 或 $\tau = m\tau_{max}$ 摩擦定律进行有限元计算的结果与试验结果进行了对比,对比的标准是试验中测得的鼓形最大直径、力和位移。从试样最大外径的变化来看,用测量接触面上的位移值算出的局部摩擦系数和用平均摩擦系数 $\mu \geqslant 0.2$、摩擦因子 $m \geqslant 0.4$ 的结果,都与试验结果相符。但从分布量的对比(图 4.9)来看,却存在很大差别,这说明在整个接触面上用恒定的摩擦系数不能正确描述接触面上的物理关系。由上述分析可以得出结论:用平均摩擦系数的摩擦定律,如果能正确地给定摩擦系数,原则上可用于模拟总体量;如果要正确模拟分布量,则需准确给出接触面上的摩擦边界条件,如由测量接触面上的位移计算出"局部摩擦系数",从而得出 $\mu = \mu(\sigma, \Delta u)$,以此模拟分布量可得到更好的结果。

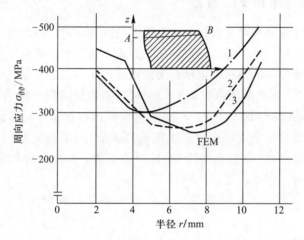

图 4.9 不同摩擦条件下沿 AB 周向应力分布的模拟结果
(1—用测量位移得出的摩擦系数;2—$\mu = 0.2$;3—$m = 0.5$)

(5) 材料特征值和热边界条件

材料特征值和热边界条件也是影响有限元模拟精度的重要因素,而热边界条件的描述存在许多困难。正确地描述工具与工件间的热交换很重要。图 4.10 表示采用两种不同的接触热传导系数模型对工件内部温度模拟结果的影响。工件内部温度的差别又会导致计算材料变形抗力的错误结果,从而进一步影响整个模拟结果。如果完全忽视工件向工具的散热,其导致的变形抗力的误差对模拟结果的影响则更明显。

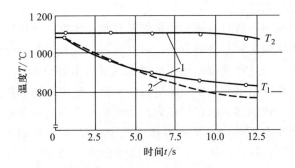

图 4.10 热传导系数对温度模拟结果的影响

[T_1—靠端部温度；T_2—靠中部温度；

1—FEM 计算：$\alpha_W = 1\,000 t^{-0.25}$；2—FEM 计算：$\alpha_W = 3\,000\ \text{W}/(\text{m}^2 \cdot \text{K})$]

4.4.2 提高模拟精度的措施

在金属塑性成形有限元模拟中，由于影响因素众多，因此很难对模拟结果做出客观评价，特别是各误差源以未知的方式互相影响，甚至抵消，使得分析困难。下面用轴对称的棒材拉拔模拟为例说明：从与以上类似的试验得出，当时间步长 $\Delta t = 0.1$ s 和摩擦系数 $\mu = 0.08$ 时可准确地模拟出材料流动（横线的弯曲），但如果用 $\Delta t = 0.25$、$\mu = 0.20$ 也可模拟出与试验一致的结果。这意味着在模拟一定的目标量时，由一个不正确的参数（时间离散）产生的误差可由另一个不准确的参数（摩擦系数）产生的误差抵消，但用这样的参数组合来模拟其他目标量时，即显出差别。

根据以上分析，为了保证模拟结果的可靠性，有限元模拟的合理流程如下。

1）根据模拟任务，选择适合的有限元程序。

2）借助收敛性检验得出数值参数，如单元类型、空间离散、时间离散等。

3）通过基础试验（位移测量、温度、流变曲线测定等）确定可靠的边界条件和材料参数 α、μ、K_f 等。

4）进行有限元模拟和计算。

5）模拟结果解释和检验，如可信性检验、结果的图形显示等。

思考题

1. 简述自适应网格划分的概念以及常用的误差准则。
2. 简述隐式求解法与显式求解法的区别。

3. 简述热力耦合的基本概念及主要求解方法。
4. 金属塑性成形数值模拟的主要误差源有哪些？
5. 提高金属塑性成形数值模拟精度的主要措施有哪些？

第 5 章
材料参数及边界条件的确定方法

5.1 确定材料参数及边界条件的基本流程

在金属塑性成形数值模拟过程中,因不准确的边界条件和材料参数导致的误差可能会大大超过由于塑性力学问题的数值法产生的误差,因此采用有限元模拟技术求解金属塑性成形问题时,必须准确描述和测定塑性成形过程的边界条件以及材料的各类重要物性参数。

5.1.1 材料参数的分类

按材料参数是否受塑性成形工艺过程的影响,可将材料参数分为不依赖于工艺过程的量和依赖于工艺过程的量。

1)不依赖于工艺过程的量(非过程量)。非过程量主要取决于材料本身以及温度,例如密度 ρ、比热容 c_p、热导率 λ 和弹性模量 E。

2)依赖于工艺过程的量(过程量)。过程量除了取决于材料本身以及温度以外,还受其他工艺参数影响,例如(辐射)发射率 ε、传热系数 α、摩擦系数 μ、流变应力 k_f 和初始晶粒大小 d_0。

对于常用的工程材料,不依赖于工艺过程的量 ρ、c_p、λ 和 E

存入数据库中能随时使用。相反,依赖于工艺过程的量 ε、α 和 μ 应尽可能按其所应用的具体塑性成形工艺条件去测定,其中最重要的边界量包括:材料、表面状态、工件和工具的强度及硬度;工件和工具的表面温度;接触区的润滑剂、相对速度和压力。

5.1.2 确定材料参数和边界量的基本流程

材料参数和边界量的测定顺序也是重要的,这是因为需要从测量值和计算值的比较得出边界量。在计算中常采用有限元法(FEM)或有限差分法(FDM)。因此按照目标量情况,必须已知一个或多个边界量,采用逐步测定法确定各边界量。从已知的非过程量 λ、c_p、ρ 和 E 开始,逐步确定各个过程量 ε、α、μ、k_f 和 d_0 的顺序如图 5.1 所示。

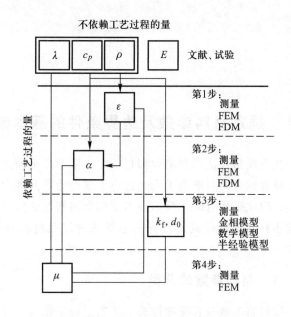

图 5.1 材料参数和边界量的确定流程

测定材料参数和边界量的基本流程为:第 1 步,根据不依赖于工艺过程的量 λ、c_p、ρ 首先测定依赖于工艺过程的量中的发射率 ε;第 2 步,测定传热系数 α;第 3 步,测定流变应力 k_f 和初始晶粒大小 d_0;第 4 步,测定摩擦系数 μ。每一步(除了第 3 步)的参量测定都必须已知之前测定的量。

5.2　流变应力、流变曲线的测定方法

5.2.1　流变应力、流变曲线

在金属塑性成形模拟中，流变应力是最重要的材料特征量。流变应力是单向应力状态下产生塑性流动的应力绝对值。用绝对值表示流变应力是因为应力也可能是压应力而为负值。

在单向拉应力下

$$k_f = \sigma_1 \tag{5.1}$$

在单向压应力下

$$k_f = |\sigma_1| \tag{5.2}$$

流变应力除了取决于材料本身(合金成分和组织结构)外，还取决于已发生的应变(ε)、当前的应变速率($\dot{\varepsilon}$)和变形温度(ϑ)。应当注意，不仅 ε、$\dot{\varepsilon}$、ϑ 的瞬时值影响当时的流变应力，而且此前所经历的温度和变形历史也影响该瞬时的流变应力，同时瞬时的微观组织也受其经历的温度和变形历史的影响。

在流变曲线中，k_f 表示为材料、已发生的应变、当前应变速率和变形温度这4个量的函数。

5.2.2　流变曲线测定的不确定性

流变曲线有许多不确定性，其原因有：不同的试验方法；应力状态和应变状态的不均匀性；试验过程中试验参数(温度、变形速率)的变化，测量值的误差；试验机的弹性变形以及试验环境对于路径测量信号产生的某种未知影响。

另外还要分析试验参数与塑性成形工艺参数不同的情况，其中包括：对所用材料进行的分析情况；所用材料的组织状态(之前经历的历史)；所用材料的均匀性和各向异性；塑性成形过程中温度和/或变形历史的不同。

针对名义上相同的材料，采用不同方法确定的流变曲线因上述原因有时可能相差30%～50%。因此，根据应用情况的不同，在测定流变曲线时，要用相应的仔细程度及复杂程度合适的测试技术。

5.2.3　流变曲线的描述

流变应力与变形历史之间复杂的相互作用关系使得要将流变应力描述为所有影响参量的函数极其困难。大多数情况下可将流变应力简化描述为依赖于当

时温度、应变和应变速率的状态变量。这样处理常能满足用初等解析法粗略计算变形力、变形功和变形功率的需要。但是若想更为精确地模拟塑性成形过程，例如要计算局部目标量（局部应力、应变、温度等），则需要应用相应的更为准确的流变曲线，该流变曲线必须与局部"变形历史"相一致。

按照目标量和要求的不同级别，可将流变曲线的描述划分为3种精度等级的量，如表5.1所示。

表 5.1　不同精度等级的目标量和流变曲线描述

	目标量	流变曲线的描述
总体量（Ⅰ）	积分的过程量	$k_{fm}(\varphi, \dot{\varphi}, \vartheta_m)$
局部量（Ⅱ）（连续介质力学观察）	σ_{ij}、$\dot{\varepsilon}_{ij}$、ε_{ij}、ϑ	$k_f(\varepsilon, \dot{\varepsilon}(t), \vartheta(t))$
微观量（Ⅲ）（金属物理、显微观察）	σ_{ij}、$\dot{\varepsilon}_{ij}$、ε_{ij}、ϑ、晶粒大小、晶粒取向	$k_f(\varepsilon, \dot{\varepsilon}(t), \vartheta(t), d_0$，织构），$d_0$ = 原始晶粒大小

5.2.4　流变曲线的表达式

1. 冷变形流变曲线

$$k_f = a\varphi^n \tag{5.3}$$

式中，$a = k_f(\varphi = 1)$，同时 n 是加工硬化指数（$n \approx \varphi_g$）。在双对数表达式中 $\log k_f = \log a + n\log \varphi$ 是一条斜率为 n 的直线。在这里假定加工硬化指数不随 φ 变化，这仅是近似情况。因此若将试验确定的流变曲线外推到一个特定的变形程度，例如把在拉伸试验中测得的该曲线借助于该公式外推到较大应变区，也是有问题的。在应用该公式时，还必须包括初始流变应力的描述 $k_{f0} = k_f(\varphi = 0)$。

由于在很小变形程度范围（$0 \leqslant \varphi \leqslant 0.02$）存在较大误差，流变曲线表达式有时被修正为

$$k_f = k_{f_0} + a_1\varphi^{n_1} \tag{5.4}$$

或

$$k_f = a_2(b + \varphi)^{n_2} \tag{5.5}$$

应变速率的影响经常未做考虑，其原因是在接近室温条件下应变速率的影响很小。应变速率的影响可以表述为一个幂函数

$$k_f \sim A_\varphi \dot{\varphi}^m \tag{5.6}$$

5.2 流变应力、流变曲线的测定方法

速率指数的大小为 $0.001 \leqslant m \leqslant 0.07$，其值远小于热塑性成形和超塑性成形时的速率指数。结合方程(5.3)得到流变应力的完整表达式为

$$k_f = A_\varphi \varphi^n A_{\dot\varphi} \dot\varphi^m \quad 或 \quad k_f = A\varphi^n \dot\varphi^m \tag{5.7}$$

公式(5.6)和公式(5.7)中的系数和指数要求 $\dot\varphi$ 用单位 s^{-1} 代入。

2. 热变形流变曲线

由于 $k_f(\varphi)$ 与幂函数相似，因此也可采用下式描述硬化行为：

$$k_f \sim A_\varphi \varphi^n$$

对于动态回复和动态再结晶引起的软化，大多采用下式：

$$k_f \sim \exp(-m_\varphi \varphi) \quad 或 \quad k_f \sim \exp(m_\varphi/\varphi)$$

应变的全部影响可以包含在下面的关系式中：

$$k_f = A_\varphi \varphi^n \exp(-m_\varphi \varphi)$$

对于应变速率影响也采用一个幂函数

$$k_f \sim A_{\dot\varphi} \dot\varphi^{m_{\dot\varphi}}$$

其中，速率指数也看做常数。实际上，速率指数一般随 $\dot\varphi$ 增加而变大，另外它还依赖于温度。

根据在通常热塑性成形温度范围内所观察的温度对流变应力的影响，可将其表示为指数函数

$$k_f \sim A_\vartheta \exp(-m_\vartheta \vartheta)$$

根据上述各影响关系得到一个关于热变形流变曲线可能的函数表示式为

$$k_f = K A_\varphi \varphi^n \exp(-m_\varphi \varphi) A_{\dot\varphi} \dot\varphi^{m_{\dot\varphi}} A_\vartheta \exp(-m_\vartheta \vartheta) \tag{5.8}$$

通过回归实验数据，能确定公式(5.8)中的各个待定系数（K、A_φ、n、m_φ、$A_{\dot\varphi}$、$m_{\dot\varphi}$、A_ϑ、m_ϑ）。这样做得到可靠结果的前提是要通过实验测得足够多的实测点 $[k_f(\varphi, \dot\varphi, \vartheta)]$。对于在 $0 \leqslant \varphi \leqslant 0.8$、$1\ s^{-1} \leqslant \dot\varphi \leqslant 10\ s^{-1}$ 和 $1\,000\ ℃ \leqslant \vartheta \leqslant 1\,200\ ℃$ 范围内的热变形流变曲线，这意味着要在至少 3 个温度上且每个温度至少有 3 个变形速率，将变形程度一直变化到 $\varphi = 0.8$ 去测定流变曲线。这 9 条流变曲线中的每一条上有 20~50 对数值 $k_f = f(\varphi)$ 供回归程序用。

尽管这种经常采用的方法确实基本考虑了材料中最重要的物理过程，但是在特定范围仍有较大误差出现。例如，用这种方法不能重现许多材料在大应变时流变应力典型的恒定不变的区域。

值得注意的是，在一定情况下精确测定的流变曲线会被流变曲线的数学描述所曲解（图 5.2）。因此应慎重选用流变曲线函数，而且有必要在使用之前进行误差分析。

第 5 章　材料参数及边界条件的确定方法

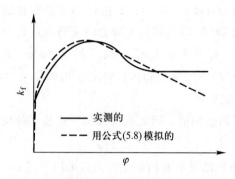

图 5.2　实测的流变曲线与数学描述的流变曲线

5.2.5　流变应力的测定方法

目前测定流变应力最重要的方法是压缩试验、拉伸试验和扭转试验。除此之外，还有其他针对特定塑性成形工艺过程或边界条件的专门试验，例如弯曲试验、管材扩张试验等。

采用不同方法测定的流变应力在一定情况下可能相差很大（最大可达 30% 甚至以上），其原因为：

1) 不是所有试验方法中的应力和应变状态都是均匀的。

2) 在不是单向应力状态的试验方法中，为了确定流变应力和变形程度，要使用计算等效量的假设，这些假设的不可靠性已给测得的流变曲线带来影响。

3) 不同测定方法的应力状态有不同的静水应力部分，流变应力的定义没有考虑该情况，其原因是它并不区分单向拉伸和单向压缩。

4) 不能保证试验条件 $(\vartheta, \dot{\varphi})$ 在所有方法中都保持同样的精度。

因此应当优先选择采用单向应力状态的方法，因为该种方法确实考虑到了流变应力的定义。

何种试验方法最佳应该视具体问题而定。例如根据金属塑性成形过程的应力和应变状态有以下适用的方法。

1) 对于轧制：圆柱体压缩试验（还可能有多层压缩试验和平面应变压缩试验）。

2) 对于拉拔：圆柱体压缩试验和拉伸试验。

3) 对于深冲：用平面拉伸试样进行拉伸试验。

4) 对于挤压：扭转试验（由于大应变）。

下面以无摩擦圆柱体压缩试验为例说明流变应力的测定方法，并与有摩擦圆柱体压缩试验进行对比。

1. 无摩擦的圆柱体压缩试验

由于在压缩过程中工件与模具接触面上出现径向相对流动,因此只有在足够好的润滑条件下才能避免摩擦。迄今,只有用 Rastegaev 方法才能成功(图 5.3)。这样才能保证单向应力状态同时保证应变状态也均匀,而且试样保持圆柱体形状(除了填充润滑剂的凹槽边部在压缩过程中向外侧翻边)。

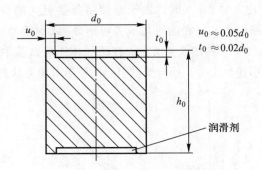

图 5.3　Rastegaev 型压缩试样尺寸

对润滑剂的选择,在冷压缩试验中推荐使用石蜡;在热压缩试验中依据试验温度的不同有下列适用的润滑材料:

1) 特氟纶(聚四氟乙烯纤维),温度高达约 300 ℃。
2) 糊状石墨基润滑材料,温度高达约 400 ℃。
3) 糊状氮化硼基润滑材料,温度高达约 800 ℃。
4) 玻璃基润滑材料,温度范围为 800~1 300 ℃。

当达到很高变形程度($\varphi \approx 1.5$)时,润滑剂的凹槽边部能够确保有足够好的润滑效果,从而使得假定的无摩擦条件成立。

从压缩力 F 和相应的圆柱体试样高度减小量 Δh 的测量值可以得出

$$k_f = \frac{F}{A} = \frac{F}{A_0} \frac{h}{h_0} = \frac{4F}{\pi d_0^2}\left(1 - \frac{\Delta h}{h_0}\right)$$

$$\varphi = |\varphi| = \ln\frac{h_0}{h} = \ln\left(\frac{1}{1 - \Delta h/h_0}\right)$$

$$\dot{\varphi} = \frac{|v_W|}{h}$$

采用上述 Rastegaev 方法因压缩试样体积内的均匀应变,还能够单值地确定组织状态与已发生的应变的关系。

但是,在确定热变形流变应力时,这种润滑方法有时失去作用。其原因是在加热过程中薄的凹槽边部可能烧损(氧化),而且在高温状态时呈液态的润滑剂可能在试验前从下凹槽逸出。

2. 有摩擦的圆柱体压缩试验

由于制备 Rastegaev 型压缩试样的工作量较大且压缩试验较困难,故采用两端为平面的圆柱试样的传统压缩试验仍未失去意义。其中,采用适用于特定温度的润滑剂并将其置于端面及压板上。尽管采用了润滑剂,但是摩擦仍很高以至于试样内部发生畸变以及试样出现鼓形。

当试样的细长比 $h/d < 0.5$ 时,由于摩擦将需要更大的变形力。当 $h/d > 0.5$ 时,无摩擦压缩的力-路径曲线与最大可能摩擦(黏着摩擦)压缩的力-路径曲线相差仅 3%~5%,如图 5.4 所示。在圆柱体压缩试验中的这种现象与材料、变形温度和变形速率无关,而与摩擦引起的鼓形对应力状态的影响有关。

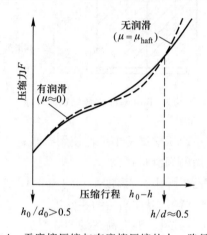

图 5.4　无摩擦压缩与有摩擦压缩的力-路径曲线

若对上述给出的 3%~5% 误差可以接受,则可用由无摩擦圆柱体压缩试验推导出的方程式来处理有摩擦圆柱体压缩试验的流变曲线。进行这样的试验要注意:与流变曲线所要求的变形程度相对应,试样的初始细长比 h_0/d_0 应当足够大。但若 $h_0/d_0 \approx 2$ 或更大,则会出现试样塑性失稳的危险。由于应变的不均匀性,因此在有摩擦的压缩试验中不可能确定组织与应变的单值对应关系。

对于试样细长比较小($h/d < 0.5$)的情况,变形抗力可用 Siebel 建议的公式估算:

$$k_w = k_f \left(1 + \frac{1}{3}\mu \frac{d}{h} \right) \tag{5.9}$$

相反,对于试样细长比较大($h/d > 0.5$)的试样,近似公式 $k_w = k_f$ 能够得到较精确的结果。如果试样材料为薄板或薄带形状,则圆柱压缩试验可用所谓多层压缩试验进行。如果圆柱体试样的细长比为 $h/d = 1 \sim 1.5$,则试验由一定数目且叠放在一起的金属圆片组成。另一种所谓多层环件压缩试验或空心多层压缩试验是将试样中心钻孔并由一芯棒叠套在工具中。

如同拉伸试验一样,即使以恒定的试验速度 v_W 进行,在压缩变形过程中变形速率 $\dot{\varphi}$ 也是变化的,这是因为试样长度在减小。

在拉伸试验中比值 $\dot{\varphi} = v_W/l$ 随长度 l 的增加而减小;在压缩过程中比值 $\dot{\varphi} = v_W/h$ 则随高度 h 的减小而增加,并且经过变形时间 $t = h_0/v_W$ 达到 $h = 0$ 时,该比值在理论上趋向无穷大(图 5.5)。

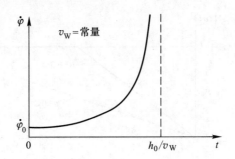

图 5.5 压缩试验中比值 $\dot{\varphi} = v_W/h$ 随时间的变化

如果压缩试验是以恒定变形速率进行的,则试验速度可按以下关系式控制:

$$v_W(t) = h_0 |\dot{\varphi}| e^{-|\dot{\varphi}|t} \qquad (5.10)$$

应用现代液压伺服试验机能够按照公式(5.10)预设定一个要求值。

5.3 摩擦边界条件的处理方法

5.3.1 摩擦

在金属塑性成形过程中,摩擦不仅影响接触区域中发生的情况,而且影响整个变形区的应力状态和应变状态,因此也影响所需的变形力和变形功,从而影响所有金属塑性成形的目标量。由此可见,所建立的摩擦模型愈能很好地描述实际塑性成形过程,并且为计算所需的参数愈准确,则愈能准确地计算金属塑性成形的所有目标量。

5.3.2 摩擦定律

在金属塑性成形模拟中经常用到两个简单的摩擦定律,以下简要介绍。

第 5 章　材料参数及边界条件的确定方法

1. 库仑摩擦定律

按照库仑摩擦定律，摩擦力与正压力成线性比例关系：

$$|F_R| = \mu |F_N| \tag{5.11}$$

公式(5.11)的比例因子是摩擦系数 μ。

由于摩擦力的作用面与正压力的作用面相同，因此有以下关系式：

$$|\tau_R| = \mu |\sigma_N| \tag{5.12}$$

图 5.6 说明了当摩擦系数 μ 取两个不同值时，摩擦剪应力与正应力之间的线性比例关系。

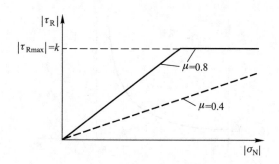

图 5.6　摩擦剪应力与正应力的线性关系

如果两个接触体(工件和工具)的接触面之间存在相对运动并且假定其摩擦系数恒定，则摩擦剪应力首先是与正应力成线性比例关系。但是如果摩擦剪应力达到了较软物体(工件)的剪切屈服应力 k，则软物体将对接触面下的剪切做出反应，并且两个物体将在接触面上黏着在一起。即使正应力增大，摩擦剪应力也将保持为 $|\tau_{Rmax}| = k$。当然在加工硬化材料中，k 是应变量的函数，在这种情况下，库仑摩擦定律就不适用了。

最大可能摩擦系数 $\mu_{max} = k / |\sigma_N|$ 的概念是塑性成形过程摩擦系数可能达到的最大值，这时摩擦剪应力达到值 $|\tau_{Rmax}| = k$ 并且两个接触体之间出现黏着状态。如果将 $|\sigma_N|$ 取为流变应力 k_f，则得到 $\mu_{max} = k/k_f = 0.5$(按 Tresca 准则)或者 $\mu_{max} = 0.577$(按 von Mises 准则)。在此说黏着刚开始的边界摩擦系数 $\mu_{boundary}$ 更有意义。

但是关于接触区的正应力取值至少为流变应力的假设是不正确的。在拉拔、无芯棒管材轧制或者当压紧力较小的深冲时，正应力只是流变应力的一部分，以至于即使没有出现黏着，摩擦系数也可能超过 0.5(0.577)。例如 $|\sigma_N| = 0.3 k_f$，则

$$\mu_{boundary} = \frac{k}{|\sigma_N|} = \frac{k}{0.3 k_f} = 1.67 \quad (\text{按 Tresca 准则})$$

$\mu_{\text{boundary}} = 1.67$ 意味着在接触区发生黏着之前摩擦系数可能高达 1.67。

在静水压力较高的塑性成形方法(挤压)中,正应力可能会显著地高于流变应力。这时得出的边界摩擦系数可能会明显小于 0.5(0.577)。例如 $|\sigma_N| = 3k_f$,则

$$\mu_{\text{boundary}} = \frac{k}{|\sigma_N|} = \frac{k}{3k_f} = 0.17 \quad (\text{按 Tresca 准则})$$

因此不可能将边界摩擦系数取为一个固定数值。在各种情形下摩擦系数究竟有多大要取决于接触条件(表面粗糙度、润滑剂、压力等)。在塑性成形过程中常常难以建立接触面的运动状态(滑动、黏着)和作用于此的摩擦剪应力之间的单值因果关系。一方面,如果有 $\mu|\sigma_N| = |\tau_{R\max}| = k$ 则会发生黏着;另一方面,在中性面上 $v_{\text{rel}} = 0$,即中性面处根本不存在相对运动趋势。两种情况区别如下。

1) 在所观察的接触区有相对运动,因此,在 $\mu \neq 0$ 时也有摩擦剪应力 $|\tau_R| = \mu|\sigma_N| < k$(按库仑摩擦定律)。

2) 在所观察的接触区无相对运动。有下列 3 种原因。

① 有强烈的相对运动趋势,但乘积 $\mu|\sigma_N| \geq k$。在这种情形下,较软的材料在 $|\tau_R| = k$ 作用下在接触面以下发生剪切(在接触面上黏着)。

② 有轻微的相对运动趋势。由于这一趋势产生的摩擦剪应力 $|\tau_R|$ 小于乘积 $\mu|\sigma_N|$,同时也小于较软材料的剪切屈服应力 k,这种轻微的相对运动趋势既不足以产生相对运动,也不会使得较软材料在接触面以下发生剪断。但是由于存在剪应力,较软材料会发生剪应变。

③ 在所观察的接触区没有相对运动趋势,因此也就没有摩擦剪应力存在,尽管 $\mu \neq 0$、$\sigma_N \neq 0$(例如在中性面上)。

对于工程师来说,常常无法估计所研究的问题究竟是 2)中列出的哪一种情况,即使是 1)的情况也不总是能够可靠地预知。在这样的情形下,有时采用所谓的摩擦因子模型估算摩擦剪应力。

2. 摩擦因子模型

摩擦因子模型特别针对大数值 $|\sigma_N|/k$(其与大摩擦系数相关联)、摩擦偶相互黏着在一起,$|\tau_{R\max}| = k$ 是摩擦剪应力的界限。摩擦因子模型为

$$|\tau_R| = mk \qquad (5.13)$$

式中:m 是摩擦因子。

$m = 1$ 则满足黏着条件,而 $m = 0$ 则表示无摩擦状态。对于摩擦因子 $0 < m < 1$,摩擦因子模型只是一个近似公式,因为客观上没有估算 m 数值的方法。如果在所研究的面积区域内摩擦因子 m 是不变的,则得出的摩擦剪应力显然就只依赖于流变应力($k = k_f/2$),而不依赖于想象的正压力。在以数值计算方

第5章 材料参数及边界条件的确定方法

法确定摩擦因子 m 时，可变换摩擦因子直至相关目标量（例如变形力或者变形体的几何形状）的模拟值与实测值相一致为止。

如果模型正确地描述了过程的物理关系，则各个依赖于摩擦的目标量的实测值与模拟值应在摩擦因子 m 的取值相同时达到一致。但是摩擦因子模型却不是这样的情况，这就清楚地表明其对摩擦现象只是粗略的描述。这个论述基本上也同样适用于摩擦系数 μ，尽管它对目标量的影响有较小的差别，这是因为库仑摩擦定律能够更好地描述物理现实。

在摩擦系数 μ 与摩擦因子 m 之间也不存在确定的关系。其原因之一是 m 被看做不依赖于 σ_N（图 5.7）。

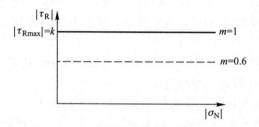

图 5.7　摩擦因子 m 被看做不依赖于 σ_N

以上讨论的两个摩擦模型都只能被看做是在摩擦区中复杂的物理和化学变化过程的粗略模型。表 5.2 给出了若干冷塑性成形和热塑性成形方法中摩擦系数 μ 的参考值。对于更高精度的计算，建议按照材料配对、温度以及所用的润滑剂校正摩擦系数的确定方法（见 5.3.3 节）。

表 5.2　若干冷塑性成形和热塑性成形方法中摩擦系数 μ 的参考值（按 Schey 理论）

塑性成形方法	应变量	材料				
		钢	镍基不锈钢	钛、钛合金	铜、铜合金	铝、铝合金
冷轧		0.03～0.07	0.07～0.1	0.1	0.03～0.07	0.03
冷冲压	低	0.1	0.1	0.05	0.1	0.05
	高	0.05	0.05		0.05	
冷锻	低	0.1	0.1	0.05	0.05	0.05
	高	0.05	0.05～0.1			
线材拉拔	低	0.1	0.1	0.05	0.1	0.03
	高	0.05			0.05～0.1	0.05～0.1

续表

塑性成形方法	应变量	材料				
		钢	镍基不锈钢	钛、钛合金	铜、铜合金	铝、铝合金
棒材拉拔		0.1	0.1	0.05	0.05~0.1	0.05~0.1
管材拉拔		0.05~0.1	0.05	0.05	0.05~0.1	0.05~0.1
深冲	低 高	0.05 0.05~0.1	0.1	0.07	0.1 0.05~0.07	0.05
拉伸		0.05~0.1	0.05	0.05~0.1	0.1	0.05
热轧		0.2	0.2	0.2	0.2	0.2
挤压		0.02~0.2	0.02	0.02	0.02~0.2	0.02~0.2
热锻		0.2	0.2	0.05~0.1	0.1~0.2	0.1~0.2

5.3.3 摩擦系数和摩擦因子的测定方法

为了确定受弹性载荷作用的物体之间的摩擦系数,可使用测量正压力和摩擦力的方法。这样测得的摩擦系数 $\mu = |F_R|/|F_N|$。若使用条件与测试试验在以下各方面相似时,则可较好地推广:材料配对情况,表面状态,润滑材料,正应力(或正压力),相对速度和温度。有时对 μ 需要根据影响参数进行测量。

在金属塑性成形研究中,测定摩擦系数 μ 或摩擦因子 m 的方法基本上有以下 3 种。

1) 在该试验方法中,使参与的物体之一处于塑性状态,测量正压力和摩擦力并用库仑摩擦定律计算摩擦系数。在试验中工具和工件之间接触区的条件必须保持不变,这些条件是:工具和工件的材料及表面状态,润滑材料,温度,相对速度(经常不可能做到)。

在这组方法中最为重要的方法是用各种变换方案的窄带拉拔试验、棒材拉拔试验和楔形件拉拔试验(图 5.8 和图 5.9)。

2) 在该试验方法中,测量摩擦对变形力或者一个几何量的影响,并将实测值与根据相应的摩擦定律进行计算的结果加以比较。这组方法中最有名的是圆环压缩试验,其中一个空心圆柱试样在水平压缩平板之间轴向压缩变形。根据某个求解方法(在这种情形下采用上界法)和某个摩擦定律,计算对摩擦力反应灵敏的量(在此情形下可以是内直径)的变化,然后用图形表示其对于摩擦系数(摩擦因子)的依赖程度。

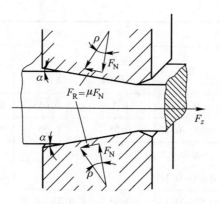

图 5.8 棒材拉拔试验(根据 Pawelski)

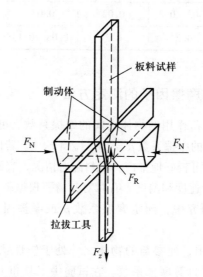

图 5.9 楔形件拉拔试验(根据 Reihle)

对于摩擦系数(摩擦因子)未知的圆环压缩试验，能够通过测量内直径用图表确定摩擦系数(摩擦因子)，如图 5.10 和图 5.11 所示。

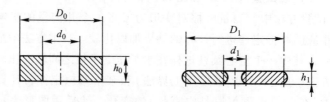

图 5.10 圆环压缩试验中的几何示意图

5.3 摩擦边界条件的处理方法

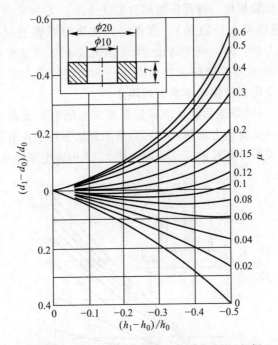

图 5.11 在圆环压缩试验中确定摩擦系数的曲线图(根据 Burgdorf)

用该方法确定的摩擦系数不能纯粹从物理方面进行解释,其原因是所选择的求解方法有时进行了必要简化。因此,若将该方法确定的摩擦系数用于具有另外的局部相对速度和应力状态(需用另外的求解方法)的其他塑性成形过程则并非没有问题。在块体热塑性成形过程中,应考虑相对较大的摩擦系数。

另外的困难是在大摩擦区域圆环试样的内直径与摩擦很少相关。最后圆环的端面与工具完全黏着,则不可能确定其摩擦系数[原因是 $|\tau_R| = k \ne f(\mu)$]。

圆环压缩试验进一步发展产生了利用管形试样(图 5.12)进行的锥形压缩试验。其中在锥形压缩板上,试样内、外直径的变化均依赖于接触区的摩擦条件。

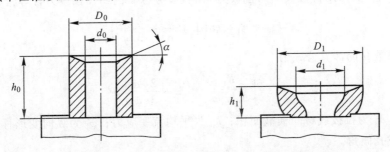

图 5.12 锥形压缩试验中管形试样几何量变化

与圆环压缩试验相比，锥形压缩试验的优点是：① 如果合理选择倾斜角 α（在较大摩擦时选择较大倾斜角），则直径的变化对摩擦变化的反应更灵敏，这样即使当摩擦力较大时，也能防止管形试样端部与工具黏着从而能够进行摩擦系数的测定；② 希望的摩擦条件仅需在一端的接触面上实现，在另外一端接触面上的直径变化因被镶嵌固定而被阻止。

图 5.13 是在不同摩擦系数 μ 下锥形压缩试验的有限元模拟结果。这些结果在这种情况下可从物理方面解释，因为有限元法基本上没有做简化假设。用一个在试验中测得的外直径的变化，能从图 5.13 中读出摩擦系数 μ。

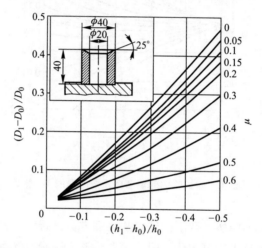

图 5.13　管形试样进行锥形压缩试验时确定摩擦系数的曲线图（根据 Philipp）

用该方法测定的摩擦系数（摩擦因子）既不是局部量也不是瞬时量，它们既是直到当时的 ε_h 的整个压缩过程的平均值，也是整个接触区内的平均值。

3）在该试验方法中，需要测定摩擦系数 μ 的塑性成形过程也可通过测定其目标量（例如线材拉拔中的拉拔力）而直接考虑。例如，拉拔力计算公式为

$$F_1 = A_1 k_{fm} \varphi_1 \left(1 + \frac{\mu}{\alpha} + \frac{2}{3}\frac{\alpha}{\varphi_1}\right)$$

摩擦系数 μ 的计算公式为

$$\mu = \left[\frac{F_1}{A_1 k_{fm} \varphi_1} - \left(1 + \frac{2}{3}\frac{\alpha}{\varphi_1}\right)\right]\alpha$$

式中：A_1 为拉拔线材的横截面积；k_{fm} 为平均流变应力；φ_1 为纵向变形程度；α 为拉拔孔倾角。

通过一系列试验可以确定摩擦系数 μ 与其他拉拔参数（k_{fm}、φ_1、α 和润滑

剂)的关系并用相应的曲线图表示,然后将其应用于特定的情形。

用该方法确定的摩擦系数不可以应用于其他塑性成形方法。该摩擦系数是与计算目标量的公式相联系的,在用于其他公式(例如拉拔力公式)时则可能导致错误结果。

在此,所谓的"摩擦系数"μ必须被视为这样一个系数,即尽管其包含了摩擦的影响,但也附带地承接了所用公式的缺点。

如果采用 FEM 等数值计算方法去比较有关目标量的计算值和实测值,则需在多次模拟中不断变化摩擦系数,直到模拟值和实测结果充分吻合为止。

所有这些方法只能测定总体摩擦系数(摩擦因子)。另外,在选用不同的目标量(力、几何尺寸等)时,通常摩擦系数(摩擦因子)也会得出不同的数值,特别是在采用初等解析法公式时,其中的摩擦量不能从纯粹的物理方面进行解释。

5.4 传热边界条件的建立方法

5.4.1 热传递

由于所有金属塑性成形的变量都受温度影响,因此在计算塑性成形目标量时考虑热效应是很重要的。

等温塑性成形过程是极少见的。即使在工件中初始温度均匀分布,在塑性成形过程中也会形成温度梯度,其原因既包括摩擦及不均匀变形热源,也包括工件表面与环境之间的热交换。

热传递现象发生于所有的金属塑性成形过程中。在块体热塑性成形中,热传递很重要。与此相反,在板料成形数值模拟中通常忽略热传递。

在所有塑性成形过程中,导热、辐射和对流都是同时发生的。开始计算可能会是非常复杂的问题之前,应当估计一下这 3 种机理中究竟哪一种起主要作用。这需要在该领域中具备许多经验,应当考虑的基本方面有:① 导热是基本的;② 特别在高温时的热辐射;③ 低温时的对流。

5.4.2 热传递定律

对于各个独立的热传递机理,已知的定律如下。

1. 热传导定律

傅里叶方程为

$$\rho c_p \frac{\partial \vartheta}{\partial t} = \frac{\partial}{\partial x}\left(\lambda \frac{\partial \vartheta}{\partial x}\right) + \frac{\partial}{\partial y}\left(\lambda \frac{\partial \vartheta}{\partial y}\right) + \frac{\partial}{\partial z}\left(\lambda \frac{\partial \vartheta}{\partial z}\right) + \dot{\Phi} \quad (5.14)$$

第5章 材料参数及边界条件的确定方法

式中：ρ 为密度；c_p 为比热容；ϑ 为温度；t 为时间；x、y、z 为位置坐标；λ 为热导率；$\dot{\Phi}$ 为热源（例如变形热）。

2. 对流定律

牛顿冷却定律为

$$\dot{Q} = \alpha A_1 (\vartheta_1 - \vartheta_2) \tag{5.15}$$

式中：$\dot{Q}$ 为热流；α 为传热系数；A_1 为对流面积；ϑ_1 为表面温度；ϑ_2 为周围介质的温度。

3. 辐射定律

斯特藩–玻尔兹曼定律为

$$\dot{Q}_{12} = C_{12} A_1 (T_1^4 - T_2^4) \tag{5.16}$$

式中：$\dot{Q}_{12}$ 为辐射热流；C_{12} 为辐射系数；A_1 为辐射表面积；T_1、T_2 为进行辐射换热的两个物体的表面温度（K）。

4. 统一的热传递公式

由于在计算金属塑性成形问题的热效应时主要采用有限元法（FEM）或有限差分法（FDM），因此考虑到为此开发程序使用一个基于牛顿冷却定律的关于热传导和传热现象的统一描述。这样，热流密度 $\dot{q}$ [单位 $J/(m^2 \cdot s) = W/m^2$] 就与工件表面温度 ϑ_{su} 和环境温度 ϑ_{en} 的差值成正比：

$$\dot{q} = \alpha (\vartheta_{su} - \vartheta_{en}) \tag{5.17}$$

在工件与工具发生传热时，公式（5.17）中各量的含义分别为：α 为传热系数或有中间层（氧化皮、润滑剂、夹附气体）存在时的热传导系数；ϑ_{su} 为工件表面温度；ϑ_{en} 为工具表面温度。

将极其复杂的热传导过程简化成为很简单的公式（5.17）会导致这样一种情况，即这里的 α 不仅取决于 2 个或 3 个接触体的材料性质，还取决于它们的表面粗糙度、接触压力、中间层厚度、温度和接触时间。严格地说，对于每种情况均须采用合适的试验确定 α，但这可能也满足不了高精度的要求。

在对流情况下，公式（5.17）中各符号的含义为：α 为传热系数；ϑ_{su} 为工件的表面温度；ϑ_{en} 为周围介质（空气、水）的温度（该值通常看做常量）。

在自然对流中，α 主要取决于温度差；在强制对流中，α 主要取决于流速。

对于辐射情况，公式（5.17）中的传热系数是通过将斯特藩–玻尔兹曼定律（5.16）与公式（5.17）相等而得到

$$\dot{q} = \alpha (T_{su} - T_{en}) = C_{12} (T_{su}^4 - T_{en}^4) \tag{5.18}$$

式中：T_{su}、T_{en} 为辐射交换的物体 1（表面）和物体 2（环境）的温度（K）；$C_{12} =$

$\dfrac{C_s}{\dfrac{1}{\varepsilon_1}+\dfrac{A_1}{A_2}\left(\dfrac{1}{\varepsilon_2}-1\right)}$ 为辐射系数,并且当 $A_2 \gg A_1$(小辐射体1在大环境2里)时,$C_{12} = \varepsilon_1 C_s = \varepsilon C_s$,$A_1$、$A_2$ 为物体1和物体2的表面积,C_s 为玻尔兹曼常量[$C_s = 5.67 \times 10^{-8}$ W/($m^2 \cdot K^4$)],ε_1、ε_2、ε 为发射率(对于相同温度的黑体辐射器强度的减弱系数)。

从公式(5.18)得到

$$\alpha = C_{12} \dfrac{T_{su}^4 - T_{en}^4}{T_{su} - T_{en}}$$

对于 $A_2 \gg A_1$,有

$$\alpha = \varepsilon C_s \dfrac{T_{su}^4 - T_{en}^4}{T_{su} - T_{en}} \qquad [单位:W/(m^2 \cdot K)]$$

统一的热传递公式(5.17)有一特别的优点:使各个热传递现象可比。

发射率 ε 和传热系数 α 的确定方法是:在有限元模拟中,在几何形状非常简单的物体(例如一个圆柱体)的若干确定位置计算冷却曲线,在计算中不断变换目标量(ε,α)直到计算的曲线与实测曲线非常吻合为止。

表5.3给出了传热系数 α 的取值范围。表5.4给出了密度 ρ、比热容 c_p 和热导率 λ 的参考取值。

表5.3 传热系数 α 的取值范围

单位:W/($m^2 \cdot K$)

自然对流	≈10
强制对流(空气)	20~100
强制对流(水)	≈5 000
辐射(钢对环境)	
在1 000 ℃	≈150
在500 ℃	≈40
在100 ℃	≈10
接触	
金属-金属	200~20 000
(在极有利条件下)	到100 000
钢-钢	2 000~8 000

表 5.4　密度 ρ、比热容 c_p 和热导率 λ 的参考取值

材料（温度）	密度 ρ/（kg·dm^{-3}）	比热容 c_p/[J·kg^{-1}·K^{-1}]	导热率 λ/[W·m^{-1}·K^{-1}]
低合金钢			
20 ℃	7.84	460	39
900 ℃	7.57	600	27
1 300 ℃	7.38	715	32
Al – Si – 合金			
20 ℃	2.7	900	240
300 ℃	2.6	1 000	230
400 ℃	2.6	1 100	230
Cu – 合金			取决于合金
20 ℃	8.9	360	25 ~ 400
700 ℃	8.6	490	60 ~ 360
1 000 ℃	8.4	490	70 ~ 340

5.4.3　变形热与摩擦热的确定方法

1. 变形热

变形热是变形能转变的热量。与弹性应变功相反，塑性应变功在卸载后会保留在工件中。塑性应变功的大部分（85% ~ 95%）会转变为热能（变形热）。这使得工件的温度在塑性成形过程中升高，并且塑性应变也同时发生（在一定情况下，时间很短暂）。假如前提条件是能量 100% 转换并且是绝热关系，则由变形热引起的温升可按方程 $W_U = W_Q$ 计算，即

$$W_U = V k_{fm} \mid \varphi \mid_{max} = m c_p \Delta \vartheta = W_Q = V \rho c_p \Delta \vartheta$$

式中：m 为质量；ρ 为密度；c_p 为比热容。则温升为

$$\Delta \vartheta = \frac{k_{fm} \mid \varphi \mid_{max}}{\rho c_p} \tag{5.19}$$

温升取决于变形速率，正如平均流变应力受应变速率 $\dot{\varphi}$ 影响一样，这在热塑性成形过程中尤其如此。

在金属塑性成形过程中，由于向工具和环境导出的热量会使工件的温升减小（在多变关系中）。应变速率愈小，则导出的这部分热量愈大（冷却时间更

长），以至于由公式(5.19)给出的温升只是部分成立或根本不成立(等温过程)。在热塑性成形过程中工件温度甚至会更低。塑性成形过程是以绝热、多变还是等温方式发生，除了取决于变形速率外，还取决于热传导条件和变形区的表面积与体积之比。大多数情况下，如果 $\dot{\varphi} > 1\ \text{s}^{-1}$，则可认为塑性成形过程是绝热过程。

表 5.5 列举了若干基体金属及其合金的材料数据和温升，其结果是在绝热的塑性成形并且变形程度为 $\varphi = 1$（这相当于将压缩试样压缩到其原始高度的 1/3）的冷塑性成形过程中得到的，其中既没有考虑与工具接触面的摩擦热，也没有考虑传到工具上的热量。

表 5.5 若干金属及合金的材料数据和温升

	$\rho/$ (kg·dm^{-3})	$c_p/$ [J·kg^{-1}·K^{-1}]	$k_{\text{fm}}/$ (N·mm^{-2})	φ —	$\Delta\vartheta/$ ℃
钢	≈7.8	≈500	400~1 200	1	100~300
Al-合金	≈2.7	≈1 000	100~300	1	35~100
Cu-合金	≈8.7	≈400	200~400	1	50~100
Ti-合金	≈4.5	≈600	750~1 500	1	250~500

2. 摩擦热

除了变形热以外，当接触面以相对速度 v_{rel} 滑动时，必要时还要考虑将摩擦功作为在工具与工件接触区的另外热源。

摩擦热引起的热流密度见公式(4.6)。摩擦热的具体处理方法参见 4.3.1 节。

思考题

1. 简述确定材料参数及边界条件的基本流程。
2. 简述流变应力的概念以及常用流变应力模型和应用范围。
3. 简述测定流变曲线的常用试验方法。
4. 简述常用的摩擦模型以及摩擦系数的测定方法。
5. 简述传热模型的基本类型及传热系数的测定方法。

第6章 金属塑性成形数值模拟应用举例

6.1 概述

本章以金属塑性加工中常用的有限元模拟软件 Marc 为例,系统介绍数值模拟技术在轧制、锻造、冲压、挤压、拉拔等典型塑性加工中的应用,尤其是塑性成形过程应力场、应变场、温度场等力学参数的数值模拟方法。

6.1.1 Marc 有限元软件简介

Marc 是工程数值模拟通用有限元软件,其创始人是非线性有限元分析的先驱者之一 Pedro Marcal 教授(美国布朗大学应用力学系)。经过几十年的开发历程,Marc 软件具有强大的几何非线性、材料非线性和接触非线性问题的处理以及三维热力耦合数值分析功能,还能有效处理多物理场耦合的复杂非线性分析问题。在求解金属塑性成形数值模拟问题时,Marc 提供了弹塑性、刚塑性等材料本构模型和多种非线性求解算法以及网格自适应和重划分功能等。

Marc 求解器通过其前后处理器 Mentat 可自动写出 Marc 计算所需的数据文件(∗.mud 或 ∗.mfd 文件),计算结果文件可由 Mentat 读入(∗.t19 或 ∗.t16 文件)并用图形显示,如图 6.1 所示。

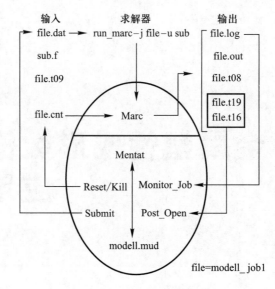

图 6.1　Marc 与 Mentat 之间的数据交换文件

6.1.2　Marc 有限元分析的基本步骤

Marc 有限元模拟分析过程包括 5 个步骤：① 概念化（conceptualization）；② 建模（modeling）；③ 分析（analysis）；④ 结果解释（interpretation）；⑤ 接受结果（acceptance）。如图 6.2 所示。

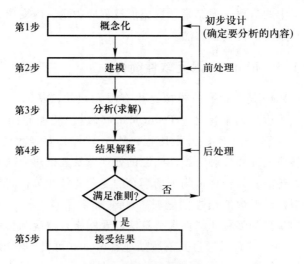

图 6.2　Marc 分析的基本流程

6.1 概述

以下通过简单的线弹性静力分析算例,扼要介绍 Marc 的基本使用步骤。

1. 问题提出

现有一个中心带圆孔的正方形板(图 6.3),其尺寸为 $20 \text{ mm} \times 20 \text{ mm}$,厚度为 1 mm,圆孔半径为 1 mm。材料行为假定为线弹性,杨氏模量为 $E = 2 \times 10^5 \text{ N/mm}^2$,泊松比为 $\nu = 0.3$。作用在方板顶部和底部的拉伸载荷大小为 $p = 10 \text{ N/mm}^2$。要求计算该结构的变形以及沿方板横截面在圆孔附近 y 轴方向的应力。

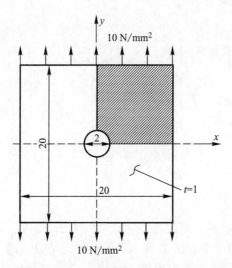

图 6.3 带圆孔的方板受拉伸载荷作用示意图

根据问题的对称性,建立 1/4 模型分析,并将对称边界条件加在 x 轴和 y 轴上(图 6.4)。

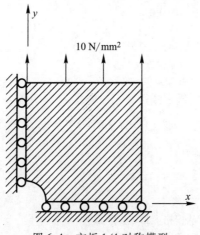

图 6.4 方板 1/4 对称模型

第6章 金属塑性成形数值模拟应用举例

2. 模拟步骤

（1）网格生成（MESH GENERATION）

首先选择坐标系并设置坐标栅格（GRID）沿水平方向和垂直方向的范围（DOMAIN）及间距（SPACING）。建立方板 1/4 几何模型的边界线及其表面，在该表面上生成网格（MESH）。

设置栅格参数的按钮次序为：

```
MAIN MENU
  MESH GENERATION
    SET    （设置坐标栅格）
      U DOMAIN
      0 10
      U SPACING
      1
      V DOMAIN
      0 10
      V SPACING
      1
      GRID  (on)
      FILL
```

下面用两种几何实体（圆弧和多段线）描述方板 1/4 部分的边界线（图 6.5）。首先将曲线类型选择为圆弧并生成一段圆弧（中心点、起始点、终止点），其按钮次序如下：

```
MAIN MENU
    MESH GENERATION
        CURVE TYPE
            CENTER/POINT/POINT
            RETURN
        CRVS ADD    （从栅格上拾取以下 3 点）
            0 0 0  （中心点）
            1 0 0  （起始点）
            0 1 0  （终止点）
```

将曲线类型转变为多段线（POLY LINE）并生成多段线：

```
MESH GENERATION
    CURVE TYPE
        POLY LINE
        RETURN
    CRVS ADD    （可从栅格上拾取以下点）
        point(10, 0, 0)  ［也可键入 point(x, y, z)用坐标生成关键点］
```

```
point(10, 10, 0)
point(0, 10, 0)
END LIST ( #)
FILL
```

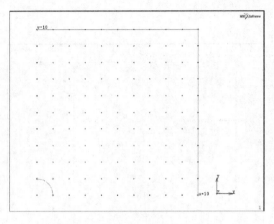

图 6.5 方板 1/4 部分的边界线

将曲面类型设定为直纹面(RULED SURFACE)并用上面生成的圆弧和直线段生成直纹面(图 6.6):

```
MESH GENERATION
    SURFACE TYPE
        RULED
        RETURN
    SRFS ADD
        1 (拾取圆弧)
        2 (拾取多段线)
```

用 CONVERT 指令将生成的平面转换为有限单元。在菜单 CONVERT 中默认的网格分割数为 10×10 个单元。BIAS FACTOR(偏离因子)用于圆孔方向的网格细化。平面的第一方向沿圆弧,第二方向从圆弧指向多段线。这里取 BIAS FACTOR 为负值使圆弧附近的网格更加细化。下面将平面转化为有限元网格(图 6.7):

```
MAIN
  MESH GENERATION
    CONVERT
      BIAS FACTORS
        0 -0.5
      SURFACES TO ELEMENTS
```

第6章 金属塑性成形数值模拟应用举例

```
    CONVERT
      1  (选择该平面)
      END LIST (#)
    RETURN
DEACTIVATE GRID (off)
FILL
```

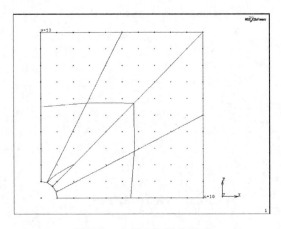

图 6.6 方板 1/4 部分平面

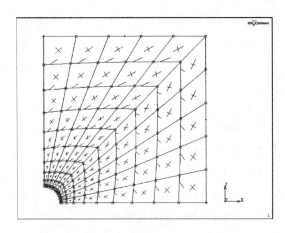

图 6.7 生成的有限元网格（按顺时针方向编号）

如图 6.7 所示，靠近单元边界的箭头表示单元按顺时针方向编号。由于 Marc 要求平面单元按逆时针方向编号，因此需要重新编号。这可用菜单 CHECK(检查)中的按钮 UPSIDE DOWN(反向)和按钮 FLIP ELEMENTS(翻转单元)完成。

6.1 概述

在用 CHECK 检查时,所有编号不正确的单元将被放入一个临时缓冲区中,通过图形颜色变化显示。因此可用按钮 ALL:SELECTED 很容易地指定需要重新编号的单元。重复此检查将显示不再有需要重新编号的单元,此时临时缓冲区被清空。生成的有限元网格(按顺时针方向编号)如图 6.8 所示。

```
MAIN
  MESH GENERATION
    CHECK
      UPSIDE DOWN    (程序将自动选择"upside down"单元)
      FLIP ELEMENTS
        ALL:SELECTED
      UPSIDE DOWN    (无需选择单元——单元编号均得到修正)
      RETURN
```

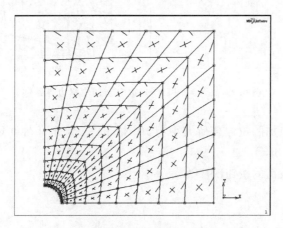

图 6.8 生成的有限元网格(按逆时针方向编号)

(2) 边界条件(BOUNDARY CONDITIONS)

对称条件的施加采用下列按钮操作次序:

```
MAIN
  BOUNDARY CONDITIONS
    NEW
      STRUCTURAL
        FIXED DISPLACEMENT    (图 6.9)
          DISPLACEMENT X  (on)
          OK    (图 6.9)
        NODES ADD    (框选 x = 0 边上的所有节点)
          END LIST (#)
    NEW
      STRUCTURAL
```

第6章 金属塑性成形数值模拟应用举例

```
FIXED DISPLACEMENT    (图6.9)
  DISPLACEMENT Y    (on)
  OK
NODES ADD    (框选 y = 0 边上的所有节点)
  END LIST (#)
  FILL
```

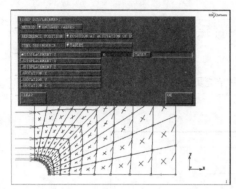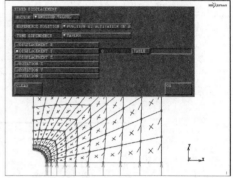

图6.9　在 $x=0$ 和 $y=0$ 边上施加位移边界条件

在边界上施加的拉伸载荷大小为 10 N/mm^2，为此可在单元边界上给定分布压力(PRESSURE)。

施加预定载荷的按钮次序为：

```
MAIN
  BOUNDARY CONDITIONS
    NEW
    STRUCTURAL
      EDGE LOAD    (定义边界载荷)
        PRESSURE
          -10    (给定拉伸载荷为 -10 N/mm², 负号表示拉力)
        OK
        EDGES ADD    (框选 y = 10 边上的单元边界)
          END LIST (#)
```

施加的边界载荷(EDGE LOAD)如图 6.10 所示。

(3) 材料行为(MATERIAL BEHAVIOR)

本例假定所有单元具有同样的材料行为(线弹性)，其材料特性参数(杨氏模量、泊松比等)需要给定。注意在输入杨氏模量后，程序自动要求输入泊松比，之后要求输入密度。通过按回车键，结束输入。通过指定所有单元，结束材料特性的定义(图6.11)。

6.1 概述

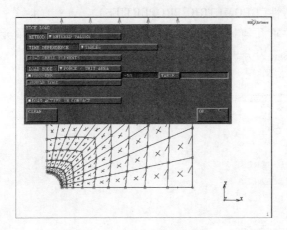

图 6.10 施加的边界载荷

按钮次序为:

```
MAIN MENU
  MATERIAL PROPERTIES
    MATERIAL PROPERTIES  (二级菜单选项)
    NEW
      STANDARD
        STRUCTURAL
          YOUNG'S MODULUS: 2e5
          POISSON'S RATION: 0.3
        OK
      ELEMENTS ADD
      ALL: EXIST.
```

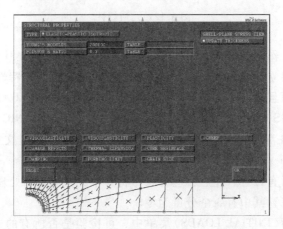

图 6.11 材料特性

(4) 几何特性(GEOMETRIC PROPERTIES)

许多单元要求几何特性，例如梁单元的横截面积、板单元和壳单元的厚度。对于本例的应力分析要给出所有单元的厚度(图 6.12)。

```
MAIN
  GEOMETRIC PROPERTIES
    NEW
    STRUCTURAL
    PLANAR
      PLANE STRESS
        THICKNESS
          1
        OK
      ELEMENTS ADD
        ALL: EXIST.
```

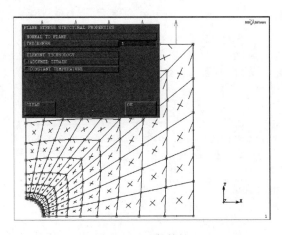

图 6.12 几何特性

(5) 定义工作特性(JOB DEFINITION)

针对上面建立的线弹性静力分析问题模型，要定义工作特性。由于本例不需设定增量步而且载荷单一恒定，因此无需定义载荷工况(LOADCASES)。

在工作 JOBS 菜单中，首先将分析类型设置为 MECHANICAL 以便进行结构应力分析。在菜单 JOB RESULTS 中选择要写入后处理文件的单元变量(element quantities)。为简单化，选择完全应力张量(full stress tensor)，也可选择应力张量的所有分量。注意：应力张量将 6 个分量写入后处理文件，对于平面应力单元而言，其中有 3 个分量为零。

在初始载荷(INITIAL LOADS)菜单中，可检验是否所有的边界条件(对称

6.1 概述

条件、边界载荷)已被激活作为初始条件(图6.13)。对于线弹性静力分析,初始载荷是全部载荷。若描述载荷历程或不同载荷步需要用载荷工况(LOADCASES)选项。

实现上述过程的按钮次序为:

```
MAIN
  JOBS
    NEW
      STRUCTURAL
        PROPERTIES
          JOB RESULTS
            AVAILABLE ELEMENT TENSORS
              Stress  (选择应力 Stress)
            OK
          INITIAL LOADS
            OK
          ANALYSIS DIMENSION
            PLANE STRESS  (选择平面应力)
```

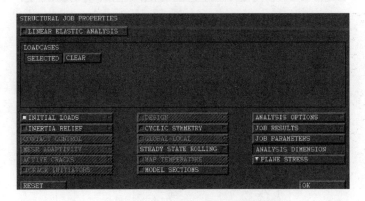

图6.13　结构分析的工作特性

下面设置单元类型。本例针对所有单元采用平面应力全积分四节点四边形单元(单元类型3):

```
MAIN
  JOBS
    ELEMENT TYPES
      ANALYSIS CLASS
        STRUCTURAL
      ANALYSIS DIMENSION
        PLANAR
```

第6章 金属塑性成形数值模拟应用举例

    SOLID
     3 （选择单元类型3，如图6.14所示）
    OK
  ALL：EXIST.
  SAVE MODEL

  通过图6.15可观察方板上的所有单元均已设置为单元类型3。

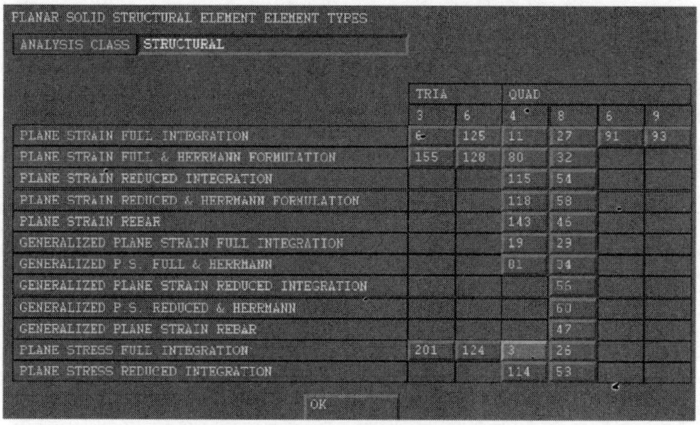

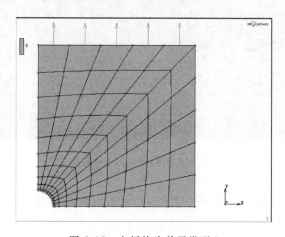

图6.14 选择单元类型3

图6.15 方板均为单元类型3

  至此工作特性定义完毕。下面准备提交运算：运行指令（RUN）控制工作的提交，鼠标左键单击指令SUBMIT开始求解过程，可用MONITOR选项实时观察当前的运行状态。若计算成功则出现代码（EXIT NUMBER）3004，如图6.16所示。

6.1 概述

```
JOBS
    RUN
        SUBMIT (1) (程序将自动显示当前运行状态)
```

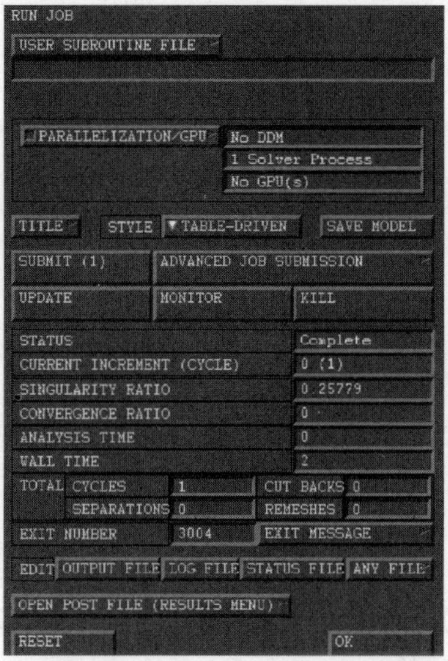

图 6.16 计算完毕的界面

(6) 后处理（POSTPROCESSING）

上述求解过程完成后要进行后处理。注意：后处理过程是针对 Marc 的后处理文件进行的，而改动后处理文件并未包括 Mentat 数据库的全部信息。因此在进行任何后处理工作之前，应当保存该数据库（模型文件 *.mud 或 *.mfd）。

Marc 的后处理文件包括分析标题（包含网格拓扑信息）以及不同增量步的计算结果。因此打开后处理文件后，要用按钮 NEXT INC 观察第一步的结果（通常为 Increment 0）。此外由于位移量太小难以分辨，若只点击按钮 DEF & ORIG，屏幕上似乎看不到什么变形。程序的默认设置为：位移乘以放大系数 1 添加到原坐标系从而显示变形的结构。可以采用自动放大功能（AUTOMATIC SCALING）显示发生的变形（图 6.17）。

```
MAIN
    RESULTS
        OPEN DEFAULT
            MODEL PLOT
                DEFORMED SHAPE
```

第6章 金属塑性成形数值模拟应用举例

```
STYLE: DEFORMED & ORIGINAL
SETTINGS: AUTOMATIC
FILL
```

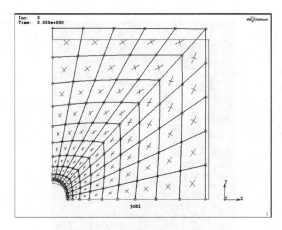

图6.17 结构的变形图

应力或位移分量的等值线图可用连续等值线(CONTOUR)或带状云图(CONTOUR BANDS)选项绘出:

```
MAIN
 RESULTS
  SCALAR
   Comp 22 of Stress
   OK
  CONTOUR BANDS  (图6.18)
```

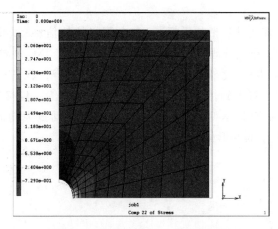

图6.18 y 轴方向应力的等值线图

采用 PATH PLOT 选项可绘制圆孔附近 y 轴方向的应力分量。方法是：首先选定一个节点路径，然后指定要画的（分量）曲线，最后用 SHOW MODEL 选项可重新显示模型。

该操作过程如下：

```
MAIN
  RESULTS
    PATH PLOT
      NODE PATH    (拾取 y = 0 边上的第一个节点和最后一个节点)
      END LIST (#)
      ADD CURVES
        ADD CURVE
          Arc Length
          Comp 22 of Stress
        FIT
      SHOW PATH PLOT
        SHOW MODEL    (选择 SHOW MODEL 重新显示模型)
      RETURN
```

y 方向应力分量沿 $y = 0$ 边的路径图如图 6.19 所示。

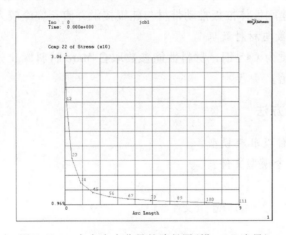

图 6.19　y 方向应力分量的路径图（沿 $y = 0$ 边界）

3. 结果分析

上述分析结果表明圆孔附近的应力集中系数约为 3，结构变形与预估的一致，这说明所建模型的正确性。至此分析完毕，关闭后处理文件退出 Mentat。

第6章 金属塑性成形数值模拟应用举例

6.2 轧制过程数值模拟

6.2.1 问题提出

1. 问题提出及分析目的

轧制(rolling)是轧件(工件)在两个或多个旋转的轧辊(工具)之间进行塑性变形,最后使轧件具有一定机械性能、一定形状和尺寸。深入了解轧制过程的摩擦、轧制力以及轧后的残余应力对于合理制订工艺、提高质量具有重要意义。下面以平辊热轧带材为例说明轧制过程的建模和分析方法。

2. 模型理想化处理

已知板带轧前长度(l_0)为200 mm,轧前厚度(h_0)为50 mm,轧后厚度(h_1)为30 mm,轧辊直径(D)为850 mm,轧制速度(v_w)为300 mm/s,轧辊温度(T_w)为65 ℃,开轧温度(T_0)为1 100 ℃,环境温度(T_a)为25 ℃。采用库仑摩擦模型,摩擦系数μ取0.3。

首先采用平面应变假设进行二维模拟分析。在两个轧辊之间假定有1/2对称性。另外创建刚性体推板推动带材与轧辊接触并直至完全咬入。

3. 几何参数与材料数据

带材的材质为C45钢,材料性能参数取自Marc材料库。分析中采用四节点平面应变单元。

6.2.2 模拟方法

1. 建造轧件及轧辊模型

1) 命名一个模型文件:

```
FILES
SAVE AS flat_rolling   (文件名)
RETURN
```

2) 建立轧件的矩形面(图6.20):

```
MESH GENERATION
coordinate system SET
GRID (on)
U DOMAIN
0   200
U SPACING
10
```

```
V DOMAIN
0  25
V SPACING
10
FILL
RETURN
SRFS: ADD
point(0, 0, 0)
point(0, 200, 0)
point(0, 200, 25)
point(0, 0, 25)
```

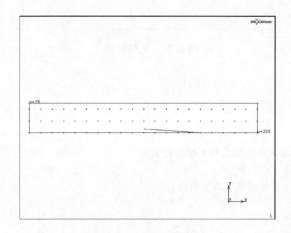

图 6.20　轧件的矩形面

3）对矩形划分网格（图 6.21）：

```
CONVERT
SURFACES TO ELEMENTS
DIVISIONS
40  5
CONVERT
all: EXIST.
PLOT
draw SURFACES  (off: 关闭 SURFACES 面)
REGEN
RETURN
```

4）建造轧辊的轮廓线（图 6.22）：

```
MAIN
MESH GENERATION
```

第6章 金属塑性成形数值模拟应用举例

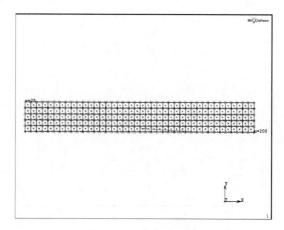

图 6.21 轧件网格

```
CURVE TYPE
CENTER/RADIUS/ANGLE/ANGLE
RETURN
crvs ADD
0,0,0 (输入坐标原点作为中心点)
425 (半径)
180  270 (初始角度,终止角度)
FILL
PLOT
CURVES SETTINGS
HIGH (将曲线采用高分辨设置显示,如图 6.22 所示)
DRAW
```

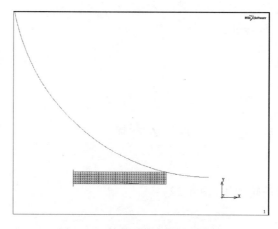

图 6.22 轧件网格与轧辊轮廓线

6.2 轧制过程数值模拟

5）将轧辊平移至与轧件合适的位置（图 6.22）：

```
MAIN
MESH GENERATION
MOVE
TRANSLATIONS
292  440  0
CURVES
1  （拾取圆弧）
END LIST (#)
```

6）建立一个刚性推板模型：

```
MAIN
MESH GENERATION
CURVE TYPE
LINE
crvs ADD
point (0, -5, 0)  point (0, 30, 0)
```

7）建造轧件对称线：

```
MAIN
MESH GENERATION
CURVE TYPE
LINE
crvs ADD
point (600, 0, 0)  point (-5, 0, 0)
```

2. 定义接触体

1）选择定义接触体的菜单：

```
MAIN
CONTACT
CONTACT BODIES
```

2）定义轧件：

```
NEW
NAME: workpiece
DEFORMABLE
DEFORMABLE BODY
THERMAL PROPERTIES
HEAT TRANSFER COEFFICIENT: 0.17
SINK TEMPERATURE: 25
elements ADD
all: EXIST
```

第 6 章　金属塑性成形数值模拟应用举例

3）定义轧辊：

```
NAME
roll
RIGID BODY
  MECHANICAL PROPERTIES
    VELOCITY PARAMTERS
    VELOCITY(CENTER OF ROTATION)
    ROTATINAL (RAD/TIME): 0.706
    ROTATION AXIS
    Z=1
    OK
    FRICTION COEFFICIENT: 0.3
    BOUNDARY DISCRIPTION
    ANALYTICAL
    CURVE DIVISION: 100
  THERMAL PROPERTIES
    TEMPERATURE
    65
    CONTACT HEAT TRANSFER COEFFICIENT
    20
  OK
  CENTER OF ROTATION
  X=292, Y=440, Z=0
  curves ADD
  1　（选择圆弧）
  END LIST (#)
```

4）定义推板：首先定义推板的速度-时间表（TIMETABLE）。时间表控制推板在 0.5 s 后降速并在 1 s 后停止（图 6.23）。

建立时间表的按钮次序为：

```
MAIN
CONTACT
CONTACT TABLES
TABLES
NEW
NAME
pusher_time
TABLE TYPE
time
ADD POINT:
0, 1.0
0.5, 1.0
```

```
1.0,0.0
FILLED
FILL
```

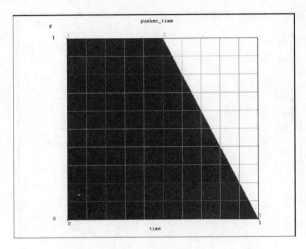

图 6.23 推板速度 – 时间表(TIMETABLE)

根据建立的时间表定义推板的速度：

```
NEW
NAME
pusher
RIGID
VELOCITY PARAMTERS
VELOCITY(CENTER OF ROTATION)
VELOCITY
X:180   (在 TABLE 中选择 pusher_time)
Y:0
ROT(RAD/TIME):0
OK
OK
curves ADD
2   (选择靠近轧件左端部的推板线段)
END LIST(#)
```

5) 定义轧件的对称线(图 6.24)：

```
NAME
sym_y
SYMMETRY BODY(ANALYTICAL)
CURVES DIVISION:100
```

第6章 金属塑性成形数值模拟应用举例

```
curves ADD
3  （选择轧件的对称线）
END LIST (#)
```

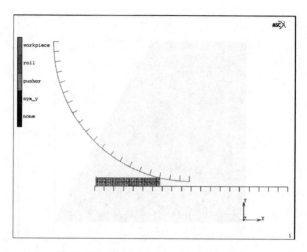

图 6.24 轧件、轧辊、推板和对称线

6）定义接触表（CONTACT TABLES）：

```
MAIN
CONTACT
CONTACT TABLES
NEW（文件名：ctable1）
PROPERTIES
TOUCHING
RETURN
```

3. 定义初始条件

初始条件包括轧件的初始温度：

```
MAIN
INITIAL CONDITIONS
THERMAL
TEMPERATURE
1100  （轧件的初始温度，单位℃）
OK
nodes ADD
all:EXIST
```

4. 定义几何特性

```
MAIN
GEOMETRIC PROPERTIES
PLANAR
PLAIN STRAIN  （平面应变）
THICKNESS
1  （厚度）
OK
elements ADD
all: EXIST
```

5. 定义材料属性

```
MAIN
MATERIAL PROPERTIES
READ C45  （从 Marc 材料库读入钢号）
OK
elements ADD
all: EXIST
```

6. 定义网格重划分准则

```
MAIN
MESH ADAPTIVITY
GLOBAL REMESHING CRITERIA
ADVANCING FRONT QUAD| |
ELEMENT EDGE LENGTH
2
ADVANCED REMESHING CRITERIA
MAXIMUM STRAIN CHANGE = 0.4
REMESHING BODY
workpiece
RETURN
```

7. 定义载荷工况

采用准静态(QUASI-STATIC)载荷工况以便应用时间表及相关接触体的速度。采用固定时间步长设置以避免自动步长预期的较大时间步长。

载荷工况的定义次序：

```
MAIN
LOADCASES
COUPLED
QUASI-STATIC
CONTACT TABLE
```

```
ctable1  （接触表文件名）
OK
GLOBAL REMESHING
adapg1  （On）
OK
TOTAL LOADCASE TIME
1.2
CONSTANT TIME STEPS
PARAMETERS
# STEPS
500
OK
```

8. 递交工作并求解

```
MAIN
JOBS
NEW  （生成文件名：job1）
COUPLED
SELECTED LOADCASE
lcase1  （在 SELECTED 下面选择 lcase1）
INITIAL CONDITIONS
icond1：nodal_temperature
apply1：fixed_displacement
ADVANCED
CONTACT CONTROL
COULOMB（ARCTANGENT）
RELATIVE SLIDING VELOCITY
 3.0
OK
JOB PARAMETERS
  HEAT GENERATION（MECHANICAL）
  CONVERSION FACTOR(MECHANICAL, FRICTIONAL)
   0.9
  OK
ANALYSIS DIMENSION
PLAIN STRAIN
JOB RESULTS
SELECTED ELEMENT QUANTITIES:
Element tensors:
stress, plastic strain, total strain
Element scalars:
Equivalent von Mises stress, Total Equivalent Plastic Strain,
  Temperature
```

6.2 轧制过程数值模拟

```
OK
ELEMENT TYPES(COUPLE)
11
elements ADD
all: EXIST
RUN
SUBMIT1
```

9. 观察二维模拟结果

```
MAIN
RESULTS
OPEN DEFAULT
FILL
MONITOR
```

图 6.25 和图 6.26 分别为轧后温度分布和等效应力分布。图 6.27 为 x 方向的残余应力，从中可见轧材表面为拉应力状态、内部有压应力状态。

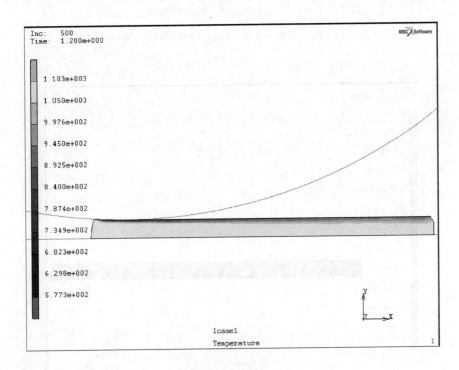

图 6.25 轧后温度分布

第6章 金属塑性成形数值模拟应用举例

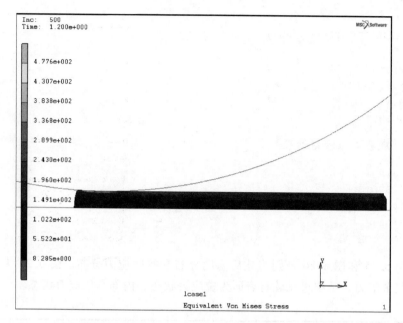

图 6.26 轧后等效 von Mises 应力分布（单位：N/mm^2）

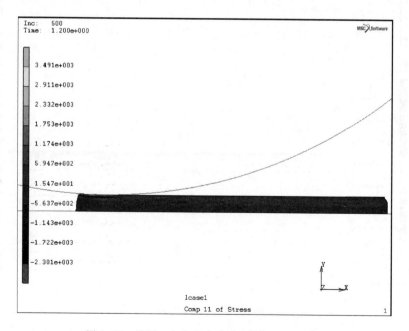

图 6.27 轧后 x 方向残余应力（单位：N/mm^2）

6.3 锻造过程数值模拟

6.3.1 问题提出

1. 问题提出及分析目的

锻造(forging)是一种利用锻压机械对金属坯料施加压力,使其产生塑性变形以获得具有一定机械性能、一定形状和尺寸锻件的加工方法。通过锻造能消除金属在冶炼过程中产生的铸态疏松等缺陷,优化微观组织结构,同时由于保存了完整的金属流线,锻件的机械性能一般优于同样材料的铸件。以下以闭模锻造过程为例,介绍合金钢圆柱坯料在1 100 ℃锻造成形为齿轮毛坯的建模分析过程(图 6.28 和图 6.29)。将圆柱坯镦锻为齿轮毛坯处理为 2-D 轴对称模型。

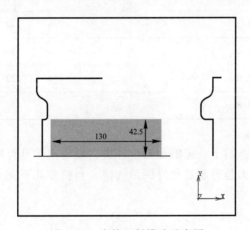

图 6.28 齿轮坯料锻造示意图

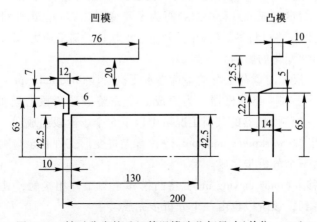

图 6.29 轴对称齿轮毛坯等温锻造几何尺寸(单位:mm)

第6章 金属塑性成形数值模拟应用举例

镦锻成形在水压机上完成，凸模(punch)的运动速度为 50 mm/s，凹模(counter punch)固定不动。凸模的运动要保证在行程结束时形成完全封闭的模腔。接触体之间的摩擦因子定义为 0.2。工件的塑性特征参数如表 6.1 所示。将凸模和凹模建成刚性体模型。凸模的行程为 168.5 mm 并使模腔完全充满。模拟假定为 1 100 ℃ 等温过程。

表 6.1 在 1 100 ℃ 时 C45 钢的流变应力

对数塑性应变	真应力/MPa
0	52
0.05	94
0.1	109
0.2	114
0.4	120
0.6	122
0.8	123

模拟的目的是：对于一定的凸模位移量，确定模腔是否能被变形工件完全充满以及最大凸模力是否超过允许的最大值。当模腔几乎完全充满时，凸模力急剧增加。

2. 模型理想化处理

将该锻造过程表示为轴对称模型。在模拟中忽略坯料与工具(或环境)之间的热交换。假定在成形过程中材料行为不受变形热影响。因此可将该锻造成形视为等温过程并将材料参数(如杨氏模量、泊松比、流变应力)定义在 1 100 ℃ 并且不考虑温度变化的影响。

在用 Marc 模拟时载荷工况类型选择水压机阶段(hydraulic press stage)。水压机属于"力－控制"类的机器。为完成一个完整锻造阶段的模拟，"力－控制"或"行程－控制"机器的载荷工况可由以下 5 个子阶段组成。

1) 工件定位(workpiece positioning)：首先将变形工件移至与刚性模座相接触，该阶段由一个分析步完成。

2) 工具移入(tools moving in)：将凸模移至与工件相接触，其所需时间通过自动计算得到，该阶段也由一个分析步完成。

3) 工件变形(workpiece deformation)：工件变形阶段所用的载荷步数可由

Marc 自动确定或预先设定。

4）工具移出(tools moving out)：将工具移出脱离工件并计算残余应力。

5）工件松开(workpiece release)：最后松开相接触的工件与刚性模座并且确定工件最终形状与内部应力分布。

3. 几何参数与材料数据

坯料的材质为 C45 钢并将材料行为定义为有加工硬化的弹－塑性。弹性特性有：杨氏模量 $E = 100\ 000\ \text{N/mm}^2$；泊松比 $\nu = 0.3$。作为对数塑性应变(logarithmic plastic strain)函数的真应力(true flow stress)给定加工硬化特性。C45 钢在加工温度 1 100 ℃ 时的加工硬化特性如表 6.1 所示。

另外假定变形过程的条件为等温过程；凸模以恒定速度 50 mm/s 运动；采用剪切摩擦模型，摩擦因子为 0.2。

6.3.2 模拟方法

1. 建造凹模、凸模和工件模型(2-D 轴对称)

首先生成组成凹模的几何点和基本线段(图 6.30)，其按钮次序为：

```
MAIN
MESH GENERATION
pts ADD    (键盘输入各点坐标)
0    0     0
0    42.5  0
6    42.5  0
6    63    0
-6   70    0
-6   90    0
70   90    0
FILL
PLOT
label POINTS  (On)
DRAW
RETURN
crvs ADD   (鼠标选择各点)
1  2
2  3
3  4
4  5
5  6
6  7
```

第6章　金属塑性成形数值模拟应用举例

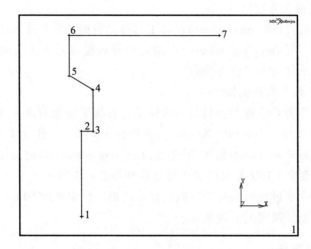

图 6.30　生成凹模的基本线段

下面建立凸模的几何模型(图 6.31),这里可将凸模的最大直径(90 mm)设定为 90.5 mm,使得凸模移向凹模时发生相交,从而避免变形过程节点通过凸模与凸模的间隙滑动。

建立凸模几何线段的按钮次序为:

```
MAIN
MESH GENERATION
pts ADD   (键盘输入各点坐标)
200    0      0
200    42.5   0
186    42.5   0
186    65     0
200    70     0
200    95.5   0
210    95.5   0
FILL
crvs ADD   (鼠标选择各点)
8    9
9    10
10   11
11   12
12   13
13   14
PLOT
label POINTS  (Off)
label CURVES  (On)
```

```
DRAW
RETURN
```

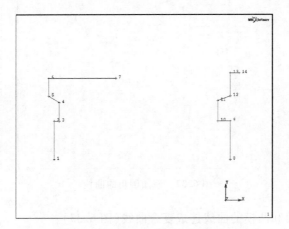

图 6.31　凹模与凸模的基本线段

下面对凹模与凸模的角部添加倒角(fillet)(图 6.32):

```
MAIN
MESH GENERATION
CURVE TYPE
FILLET
RETURN
crvs ADD
2   3   （选择线段）
4   （倒角半径）
16   4   （选择线段）
8   （倒角半径）
20   5   （选择线段）
10   （倒角半径）
8   9   （选择线段）
6   （倒角半径）
28   10   （选择线段）
10   （倒角半径）
32   11   （选择线段）
10   （倒角半径）
```

下面分别将凹模和凸模的曲线连成一段复合曲线(composite curve),这将有助于检查每一个刚性工具的方向性。刚性工具的方向性显示哪一边是与工件相接触的外边(outer side)。刚性工具的方向不正确会导致初始穿透和分析失败。若发现刚性工具的方向不正确,则对刚性工具进行曲线翻转(flip curves)。

第6章 金属塑性成形数值模拟应用举例

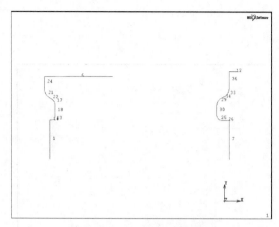

图 6.32 添加倒角的曲线

分别将凹模和凸模的曲线连成复合曲线(图 6.33):

```
MAIN
MESH GENERATION
CURVE TYPE
COMPOSITE
RETURN
crvs ADD
1  6  13  14  17  18  21  22  24   (选择凹模的各段曲线)
END LIST (#)
7  12  25  26  29  30  33  34  36  (选择凸模的各段曲线)
END LIST (#)
```

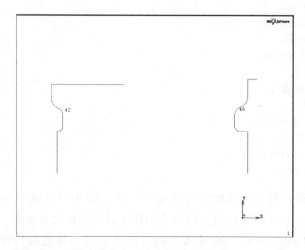

图 6.33 用复合曲线定义的工具(左—凹模；右—凸模)

6.3 锻造过程数值模拟

最后创建一直线段作为对称线(图 6.34)。该对称线应与 x 轴相重合,并且当金属流出线段时该对称线能自动延长。

建立对称线的按钮次序如下:

```
MAIN
MESH GENERATION
SELECT
pts ADD
 -10  0  0  (生成点 134)
 150  0  0  (生成点 135)
CURVE TYPE
LINE
RETURN
crvs ADD
 134  135  (选择点 134 和点 135 生成线段 49)
```

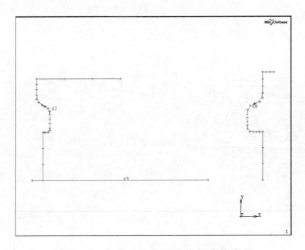

图 6.34 完成工具和对称线的曲线定义

下面建立圆柱形工件模型,具体方法是:首先生成 4 个节点,以此建立一个单元 QUAD 4,再将此单元细分为 30×10 个单元(图 6.35)。

建立工件模型:

```
MAIN
MESH GENERATION
nodes ADD  (输入节点坐标)
10   0      0
10   42.499  0   [圆柱形工件的初始半径(42.5 mm)建模时取值为 42.499 mm]
140  42.499  0
140  0      0
```

第6章 金属塑性成形数值模拟应用举例

```
PLOT
Label NODES (On)
DRAW
RETURN
elems ADD
1 4 3 2 (逆时针方向选择节点)
SUBDIVIDE
DIVISIONS
30 10 1
ELEMENTS
1 (选择单元)
END LIST (#)
RETURN
SWEEP
ALL
RETURN
RENUMBER
ALL
RETURN
PLOT
label CURVES (Off)
draw POINTS (Off)
draw SURFACES (Off)
draw NODES (Off)
draw elements FACES (Off)
DRAW
RETURN
```

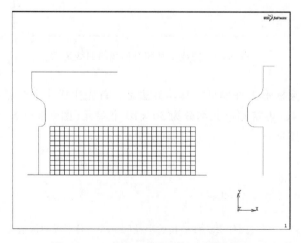

图 6.35 工件与工具(凹模、凸模)模型

6.3 锻造过程数值模拟

2. 定义工件的材料属性

在菜单 MATERIAL PROPERTIES 中定义工件的材料属性,其中包括建立加工硬化曲线(图 6.36)的数据表(table),其按钮次序为:

```
MAIN
MATERIAL PROPERTIES
NEW
NAME
steel   (输入工件材料的名称)
TABLES
NEW
NAME
hardening   (输入加工硬化曲线的名称)
TABLE TYPE
plastic_strain
OK
ADD POINT
0.00    52
0.05    94
0.10    109
0.20    114
0.40    120
0.60    122
0.80    123
FIT
RETURN
SHOW MODEL   (转换到模型显示)
```

下面定义杨氏模量、泊松比并选择弹塑性本构模型。将数据表包含的流变应力赋予材料并将材料属性赋予所有单元:

```
MAIN
MATERIAL PROPERTIES
MECHANICAL
YOUNG'S MODULUS
100000
POISSON'S RATIO
0.3
ELASTIC - PLASTIC
INITIAL YIELD STRESS
1
TABLE (PLASTIC STRAIN)
hardening
OK
```

```
OK
OK
elements ADD
all: EXIST.
```

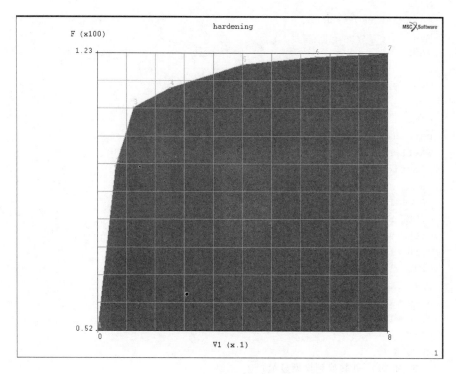

图 6.36 加工硬化曲线

3. 基于工件单元网格和工具(凹模、凸模)几何描述定义接触体

在接触定义中要将之前建立的各类几何体定义为工具接触体,网格实体定义为工件接触体,而且总要首先定义工件接触体(由单元集定义的工件被称为变形体)。

工件接触体定义的按钮次序为:

```
MAIN
CONTACT
NAME
workpiece  (输入工件接触体的名称)
WORKPIECE
OK
elements ADD
```

all: EXIST.

下面定义刚性工具。在 2 - D 或轴对称分析中刚性工具是曲线(curve)。首先定义凹模(固定工具)，其按钮次序为：

```
MAIN
CONTACT
NEW
NAME
support    (输入固定工具的名称)
RIGID TOOL (velocity control)
>
FRICTION COEFFICIENT
0.2
OK
curves ADD
1   (选择左边的凹模曲线)
END LIST (#)
```

定义凸模(移动工具)的按钮次序为：

```
MAIN
CONTACT
NEW
NAME
punch    (输入移动工具的名称)
RIGID BODY (velocity control)
PARAMETER
VELOCITY
X = -50
OK
FRICTION COEFFICIENT
0.2
OK
curves ADD
2   (选择右边的凸模曲线)
END LIST (#)
```

下面将中心线定义为对称线：

```
MAIN
CONTACT
NEW
NAME
symmetry   (输入名称)
```

```
SYMMETRY BODY
OK
curves ADD
3
END LIST(#)
```

这里要检查并修正刚性工具接触体的曲线方向是否正确。用 ID CONTACT BODIES 显示曲线方向，用 FLIP CURVES 修正曲线的方向：

```
MAIN
CONTACT
ID CONTACT BODIES    (On)
FLIP CURVES
2   (选择右边凸模曲线)
3   (选择对称线)
END LIST (#)
RETURN
```

每一个刚性接触体曲线的正确方向如图 6.37 所示。

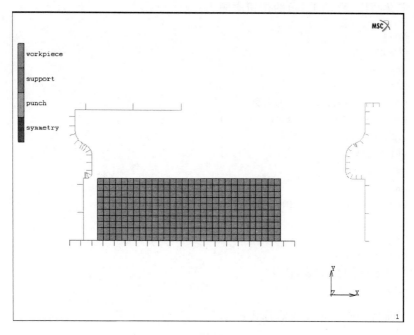

图 6.37　接触体的方向

4. 设定自适应网格重划分的控制参数

在自适应网格重划(MESH ADAPTIVITY)菜单中可采用覆盖的四边形网格

生成器(overlay quadrilateral mesher)或者波前推进的网格生成器(advancing front mesher)。

在网格重划分准则(REMESHING CRITERIA)中选择特殊参数控制网格密度。最大单元边长的目标值设定为 3 mm。

若采用覆盖的四边形网格，按钮次序为：

```
MAIN
REMESHING CRITERIA
OVERLAY QUAD
MAX.ELEMENT EDGE LENGTH
3.0    (输入最大单元长度目标值)
OK
REMESH BODY
workpiece
OK
RETURN
```

以下采用波前推进的网格进行网格重划分：

```
MAIN
REMESHING CRITERIA
ADVANCING FRONT
MAXIMUM STRAIN CHANGE
0.4
ELEMENT EDGE LENGTH
3.0
OK
REMESH BODY
workpiece
OK
RETURN
```

5. 定义载荷工况(凸模运动以及接触终止准则)

整个过程共分为 5 个阶段，采用水压机类型的载荷工况，每个阶段凸模的运动可近似为等速运动。

载荷工况定义如下：

```
MAIN
LOADCASES
NEW
lcase1
STATIC
GLOBAL REMESHING
```

第 6 章　金属塑性成形数值模拟应用举例

```
adapg1 (On)
OK
CONVERGENCE TESTING
DISPLACEMENTS: RELATIVE DISPLACEMENT TOLERANCE: 0.01
OK
TOTAL LOADCASE TIME: 3.37
STEPPING PROCEDURE:
FIXED STEPS: 2000
OK
```

6. 定义工作并递交求解

在 JOBS 菜单中，激活建立的载荷工况：

```
MAIN
JOBS
NEW
job1
MECHANICAL
SELECT LOADCASE
lcase1
ANALYSIS OPTIONS:
PLASTICITY PROCEDURE
SMALL STRAIN - > LARGE STRAIN ADDTIVE
OK
ANALYSIS DIMENSION
AXISYMMETRIC
ELEMENT TYPE (MECHANICAL)
AXISYMMETRIC SOLID
10  （四边形轴对称单元号）
FILES
model SAVE AS
forge  （输入模型文件名）
y
RETURN
RUN
SUBMIT 1  （递交求解）
```

7. 后处理结果

在计算结束后启动后处理，观察模拟结果：

```
MAIN
RESULTS
OPEN DEFAULT
FILL
```

6.3 锻造过程数值模拟

```
PLOT
draw NODES  (off)
RETURN
DEF & ORIG
SCALAR PLOT
CONTOUR BANDS
SCALAR：Total Equivalent Plastic Strain   （选择要观察的物理量）
OK
LAST
```

总等效塑性应变(total equivalent plastic strain)模拟结果如图 6.38 所示。

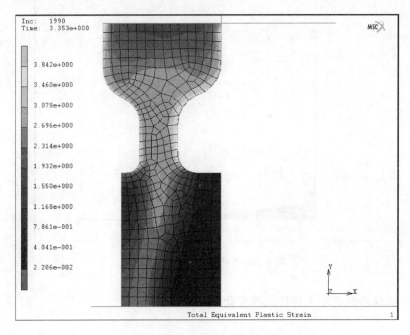

图 6.38　结束时工件的总等效塑性应变

图 6.39 显示凸模力(punch force)是位置的函数：

```
MAIN
RESULTS
HISTORY PLOT
COLLECT DATA
0    （输入增量步起始值）
1990 （输入卸载前最后的增量步）
1    （输入增量间隔数）
NODES/VARIABLES
ADD GLOBAL CURVE
```

第6章 金属塑性成形数值模拟应用举例

```
Pos X Punch    （向下滚动并选择）
Force X Punch  （向下滚动并选择）
FIT
RETURN
SHOW IDS
0    （不显示增量步数）
Label: FILLED
```

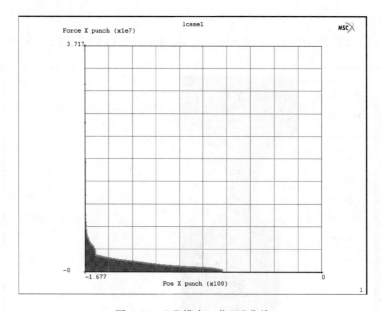

图 6.39 "凸模力 – 位置"曲线

显示模拟分析中工件体积的变化：

```
MAIN
RESULTS
HISTORY PLOT
CLEAR CURVES
NODES/VARIABLES
ADD GLOBAL CURVE   （绘制针对所有增量步的总体积变化曲线）
Increment      （向下滚动并选择）
Total Volume   （向下滚动并选择）
FIT   （工件体积变化曲线如图 6.40 所示）
RETURN
TABLES  >COPY  TO
1   （选择曲线）
TABLES
```

6.3 锻造过程数值模拟

```
FIT
MORE
SHOW IDS
0
Y FORMULA
(y-7.377e5)*100/7.377e5
PREVIOUS
FIT
YMAX
0
YMIN
-1
YSTEP
50
MORE
Y-AXIS
volume change [%]
```

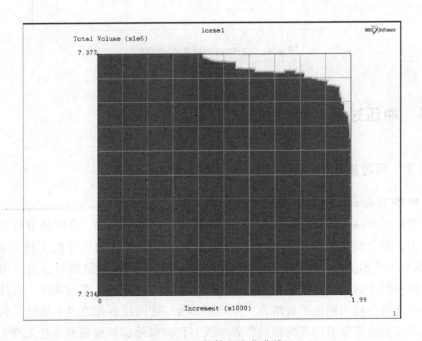

图 6.40 工件体积变化曲线

工件相对体积变化曲线如图 6.41 所示。

第 6 章 金属塑性成形数值模拟应用举例

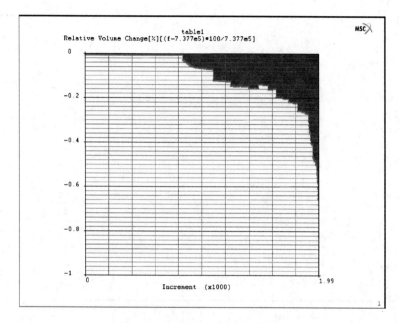

图 6.41 工件相对体积变化曲线

6.4 冲压过程数值模拟

6.4.1 问题提出

1. 问题提出及分析目的

冲压成形(stamping)是指靠压力机和模具对板材、带材、管材和型材等施加外力，使之产生塑性变形或分离，从而获得所需形状和尺寸的工件(冲压件)的加工成形方法。下面以圆形板料为例介绍冲压成形数值模拟方法。用表面带球形凹槽的工具将圆形板料冲压成带球形凹槽的圆盘(图 6.42)。工具顶部为一球形凸模与刚性平板结合；工具底部为一带圆柱形孔腔的平垫板，孔的轴线与工具顶部球形凹槽的轴线位置一致。孔腔以外的垫板表面承托工件。工件的径向位移在外径处受到约束，轴向位移在位于外径与垫板的角部节点处受到约束。

以下采用静态分析的目的是要预测冲压成形结束时工件的残余应力和塑性应变。该问题涉及多个刚性体(工具)和变形体(工件)的接触分析。

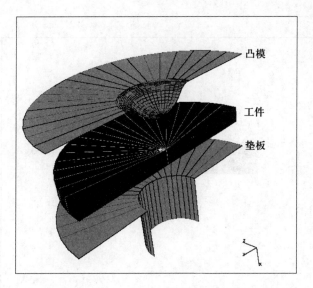

图 6.42　凸模(punch)、工件(workpiece)和垫板(backing plate)

2. 模型理想化处理

由于几何与载荷的轴对称性,可建立理想化的二维轴对称模型。将工件边部夹住以防止工件做刚性运动。在分析过程中,将承托工件的垫板作为刚性体并固定不动,而凸模朝静止的垫板运动并压入工件,从而使工件压入垫板孔腔内。当工具的顶部与底部两部分的表面与工件完全接触时,工具停止运动,其中凸模的运动时间为 0.4 s,其总位移为 0.148 8 in[①],因此工具顶部(即凸模)的速度为 0.372 in/s。当凸模运动到与工件齐平时,松开它以确定残余应力,至此分析结束。在分析中不考虑工具与工件之间的摩擦。

3. 几何参数与材料数据

工件半径为 0.787 4 in,厚度为 0.117 in;凸模的球面半径为 0.24 in,其圆弧角度为 55°并与周边平面相切;垫板的圆柱形孔腔半径为 0.25 in,如图 6.43 所示。

工件为钢质材料,其杨氏模量为 30.0×10^6 psi[②],泊松比 0.3,屈服应力为 39 000 psi,材料变形时有加工硬化(图 6.44)。

---

① 1 in = 0.025 4 m,下同。
② 1 psi = 6.895 kPa,下同。

第 6 章　金属塑性成形数值模拟应用举例

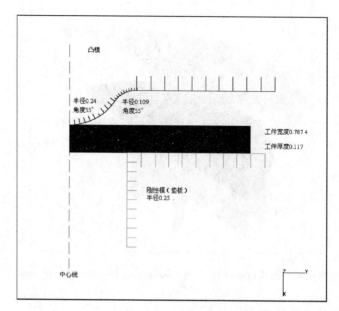

图 6.43　凸模、工件和垫板的尺寸(单位：in)

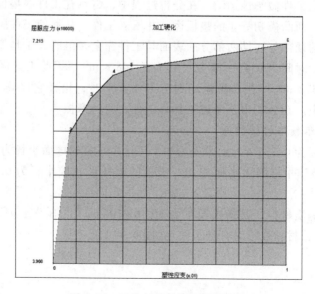

图 6.44　工件材料的加工硬化曲线

6.4.2 模拟方法

1. 建立工件模型

建立工件矩形几何面并转化为有限元。首先生成一个点，此点扩展成一条线，将该线扩展成四边形平面。

生成一个点的按钮次序如下：

```
MAIN
MESH GENERATION
pts ADD
0.24  0  0    （取凸模球面圆心为坐标原点）
```

取位移量 0.117 in 沿 x 方向扩展（EXPAND）该点，将形成的线段取位移量 0.787 4 in 沿 y 方向扩展形成矩形平面，所用按钮次序如下：

```
MAIN
MESH GENERATION
EXPAND
TRANSLATIONS
0.117  0  0
POINTS
all: EXIST.
TRANSLATIONS
0  0.7874  0
CURVES
all: EXIST.
FILL
RZ -    （点击9次按钮 RZ -，将坐标系沿 z 轴顺时针转90°，如图6.45所示）
```

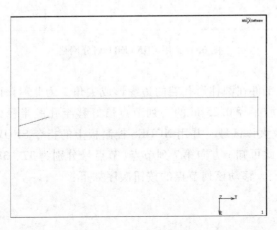

图 6.45 生成矩形平面

第6章 金属塑性成形数值模拟应用举例

下面将生成的矩形平面转化(CONVERT)为有限元网格,沿厚度方向5等分,沿半径20等分(图6.46)。网格划分的按钮次序如下:

```
MAIN
MESH GENERATION
CONVERT
SURFACES TO ELEMENTS
DIVISIONS
5  20
CONVERT
all：EXIST.
PLOT
draw SURFACES    (off：关闭 SURFACES 面)
REGEN
RETURN
```

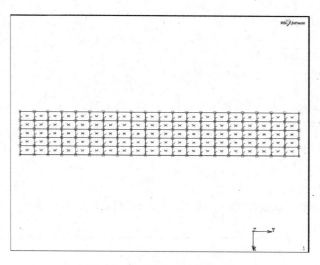

图6.46 用 CONVERT 划分网格

该分析要求工件在圆柱形孔腔的边缘形成尖角。为此对该区域的网格要细化,要将靠近孔腔半径 0.25 in 的一列节点恰好移至孔腔半径处。为此可用按钮 ZOOM BOX 放大该区域,并用 NODES 控制板上的指令 SHOW 显示 y 方向各节点的坐标,由此可知 y 方向第7列节点(节点号分别为 37、38、39、40、41、42)靠近孔腔半径。移动该列节点的按钮次序如下:

```
MAIN
MESH GENERATION
coordinate system SET
```

6.4 冲压过程数值模拟

```
V DOMAIN
0.25
V SPACING
.25
GRID (on)
RETURN
MOVE
FORMULAS
x
0.25
z
NODES
37  38  39  40  41  42  (框选 y 方向的第 7 列节点,如图 6.47 所示)
END LIST (#)
RETURN
```

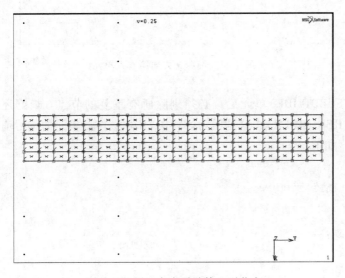

图 6.47 沿 y 方向平移第 7 列节点

下面细分 y 方向第 6 列单元,按钮次序如下:

```
MAIN
MESH GENERATION
SUBDIVIDE
DIVISIONS
1  2  1
ELEMENTS  (框选第 6 列单元,如图 6.48 所示)
26  27  28  29  30
```

第6章 金属塑性成形数值模拟应用举例

```
END LIST (#)
GRID  (off)
```

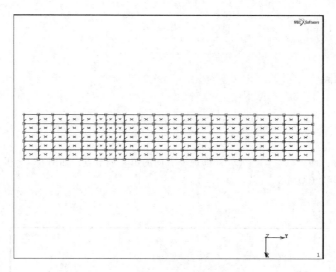

图 6.48 细分 y 方向第 6 列单元

细分(SUBDIVIDE)单元后，必须剔除所有重复的节点。最好还要对单元重新编号(RENUMBER)，这是因为 SUBDIVIDE 操作后单元的编号有间隔。所用按钮次序如下：

```
MAIN
MESH GENERATION
SWEEP
sweep NODES
all：EXIST.
RETURN
RENUMBER
ALL
```

2．建造工具(凸模、垫板)模型

在建立工具的几何实体时，用曲线的集合表示。对于凸模，首先在球面中心生成一个点，并将点扩展(EXPAND)成一段弧。由于不难使刚性体几乎碰到变形体，所以能通过沿 x 轴负方向复制与球面半径等距的工件顶部中心点生成球面中心点。

生成凸模球面中心点和弧线的按钮次序如下：

```
MAIN
MESH GENERATION
```

6.4 冲压过程数值模拟

```
DUPLICATE
TRANSLATIONS
-0.24  0  0
POINTS
1  (拾取工件模型左上角的点)
END LIST (#)
RETURN
CURVE TYPE
CENTER/RADIUS/ANGLE/ANGLE
RETURN
crvs ADD
0  0  0  (拾取刚生成的中心点,作为圆心)
0.24 (半径)
0 55  (起始角,终止角;逆时针方向画弧线,如图 6.49 所示)
```

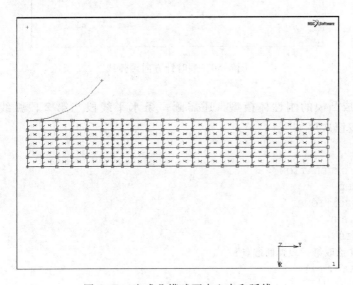

图 6.49　生成凸模球面中心点和弧线

下面做一段弧线(半径 0.109 in、角度 -55°)与上面生成的弧线相切,按钮次序如下:

```
MAIN
MESH GENERATION
CURVE TYPE
TANGENT/RADIUS/ANGLE
RETURN
crvs ADD
11  (拾取已生成弧线的端点作为切点)
```

```
0.109    (半径)
-55      (角度，负号表示顺时针方向画弧，如图 6.50 所示)
```

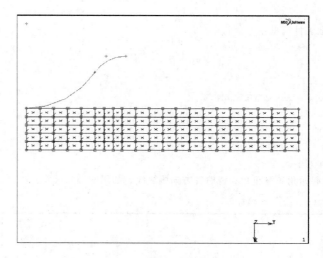

图 6.50　顺时针方向画弧线

为完成凸模的刚性体模型，还需画一条水平线段与第 2 段弧线相切（图 6.51），按钮次序如下：

```
MAIN
MESH GENERATION
EXPAND
TRANSLATIONS
0  0.6 0
POINTS
14    (拾取第 2 段弧的端点)
END LIST (#)
FILL
```

下面建造垫板模型。首先在工件底部生成一个点（y 坐标为 0.25 mm，即孔腔半径），然后将该点分别沿 x 方向、y 方向扩展（EXPAND）成为描述刚性体（垫板）的两条线段（图 6.52）。按钮次序如下：

```
MAIN
MESH GENERATION
pts ADD
0.357  0.25  0    (生成垫板的角点)
EXPAND
POINTS
17    (拾取刚生成的角点)
```

6.4 冲压过程数值模拟

```
END LIST (#)
TRANSLATIONS
0.4  0  0
POINTS
17  (拾取垫板的角点)
END LIST (#)
FILL
```

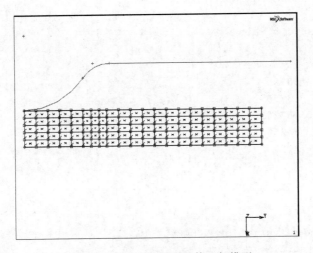

图 6.51 完成凸模的刚性体几何模型

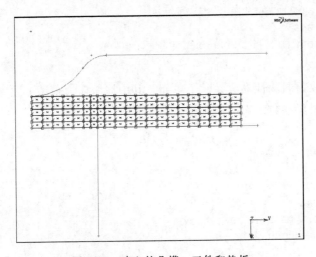

图 6.52 建立的凸模、工件和垫板

第6章 金属塑性成形数值模拟应用举例

3. 定义材料数据、对工件边部施加位移约束

首先生成一个"应力-塑性应变"表格，按钮次序如下：

```
MAIN
MATERIAL PROPERTIES
TABLES
NEW
1 INDEPENDENT VARIABLE
TYPE
eq_plastic_strain
ADD
0         39000
0.7e-3    58500
1.6e-3    63765
2.55e-3   67265
3.3e-3    68250
10e-3     72150
FIT
NAME
Work_hard
MORE
independent variable v1：LABEL
plastic strain
function value F：LABEL
yield stress
FILLED    （见加工硬化图6.53）
SHOW TABLE
SHOW MODEL （选择 SHOW MODEL 重新显示模型）
RETURN
```

下面输入材料物性参数并赋予单元，其中屈服应力采用上述加工硬化曲线的数据表。材料参数定义所用按钮次序如下：

```
MAIN
MATERIAL PROPERTIES
NEW
STANDARD
STRUCTURAL
ELASATIC-PLASTIC ISOTROPIC
YOUNG'S MODULUS
30.0e6
POISSON'S RATIO
0.3
PLASTICITY
```

```
YIELD STRESS
1
yield stress TABLE
work_hard
OK    (点击两次 OK)
elements ADD
all: EXIST.
```

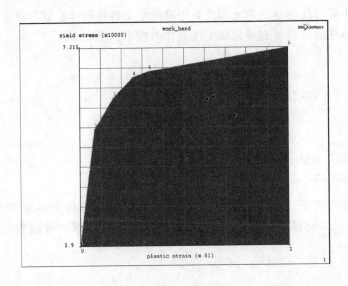

图 6.53 加工硬化图

下一步固定工件的端部。由于模型为轴对称，因此每个节点仅有两个自由度。第一组边界条件将在轴向和径向上固定顶部右边的节点；第二组边界条件将约束对称轴及外径上的节点使其不做径向运动。按钮次序如下：

```
MAIN
BOUNDARY CONDITIONS
NEW
STRUCTURAL
FIXED DISPLACEMENT
PROPERTIES
DISPLACEMENT X  (on)
DISPLACEMENT Y  (on)
OK
nodes ADD
121    (拾取位于顶部右边点位置的节点)
END LIST (#)
```

第6章 金属塑性成形数值模拟应用举例

```
NEW
FIXED DISPLACEMENT
DISPLACEMENT Y  (on)
OK
nodes ADD （拾取工件左边部节点；拾取工件右边部节点）
END LIST (#)
```

4. 确定接触体、定义刚性体工具的运动

这一步要将所创建的单元和曲线正确地赋予各接触体，其顺序是变形体在前、刚性体在后。将所有单元赋予变形体的按钮次序如下：

```
MAIN
CONTACT
CONTACT BODIES
MESHED(DEFORMABLE)
NAME
workpiece
elements ADD
all: EXIST.
```

下面将曲线赋予刚性接触体。由曲线构成的刚性体默认采用分析曲线（analytical curves）描述，因此在此无需手工设定离散曲线的分割数。按钮次序如下：

```
MAIN
CONTACT
CONTACT BODIES
NEW
GEOMETRIC
NAME
punch
crvs ADD
1 2 3  （拾取凸模曲线）
END LIST (#)
NEW
GEOMETRIC
NAME
back
crvs ADD
5 4  （拾取垫板曲线）
END LIST (#)
```

下面要检查刚性体曲线方向定义的正确性。

```
MAIN
```

6.4 冲压过程数值模拟

```
CONTACT
CONTACT BODIES
PLOT
elements SOLID
REGEN
RETURN
ID CONTACT
```

ID CONTACT 按钮将显示各刚性体及其方向，若某曲线的定义方向使刚性体与变形体同侧，则需用按钮 FLIP CURVES 翻转该曲线。由于定义垫板的水平线方向不正确（图 6.54），因此需翻转垫板水平线段。

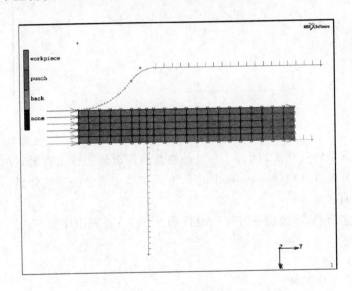

图 6.54 不正确定义的垫板水平线方向

翻转垫板水平线的按钮次序如下：

```
MAIN
CONTACT
CONTACT BODIES
FLIP CURVES
4   （拾取垫板水平线段）
END LIST (#)
```

正确定义的垫板曲线方向如图 6.55 所示。

为了定义凸模的运动，下面建立其"速度 – 时间"表格。用菜单 UTILITIES 中的指令 DISTANCE 测得凸模直线段与工件上表面的间距为 0.148 8 in。如上

第6章 金属塑性成形数值模拟应用举例

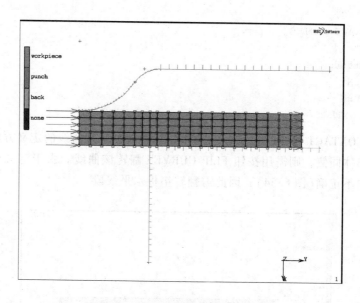

图 6.55 正确定义的垫板曲线方向

所述,该间隙将过 0.4 s 闭合。一旦凸模直线段碰到工件上表面,凸模将反向运动并选择松开选项(release option),为了在单一增量内完成分离,凸模需要极高的撤回速度。

为建立凸模的"速度-时间"表格(图 6.56),按钮次序如下:

```
MAIN
CONTACT
CONTACT BODIES
TABLES
NEW
1 INDEPENDENT VARIABLE
NAME
punch_motion
TYPE
time
ADD
0    0.1488/0.4     (速度=0.1488/0.4)
0.4  0.1488/0.4
0.4  -10*0.1488/0.4  (-10×速度)
0.5  -10*0.1488/0.4
FIT
SHOW TABLE
SHOW MODEL   (选择 SHOW MODEL 重现模型)
```

6.4 冲压过程数值模拟

凸模的运动按上述"速度-时间"表格定义，其按钮次序如下：

```
MAIN
CONTACT
CONTACT BODIES    （在 NAME 里选择接触体 punch）
CONTACT BODY PROPERTIES
body control velocity PARAMETERS
velocity X
1
velocity x TABLE
punch_motion
OK  （两次）
```

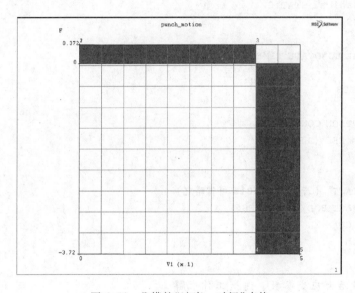

图 6.56　凸模的"速度-时间"表格

5. 设定增量步、收敛性参数

载荷工况（LOADCASES）描述第一次和第二次的加载历史及各部分载荷，按钮次序如下：

```
MAIN
LOADCASES
NAME
indent
mechanical STATIC
LOADS
```

第6章 金属塑性成形数值模拟应用举例

```
OK
TOTAL LOADCASE TIME
0.4
# STEPS
100
SOLUTION CONTROL
MAX # RECYCLES
20
OK
OK
NEW
NAME
release
mechanical STATIC
LOADS
OK
TOTAL LOADCASE TIME
0.1
# STEPS
1
SOLUTION CONTROL
MAX # RECYCLES
20
OK
CONTACT  (若用Marc2013可省略之)
CONTACT BODY RELEASES
SELECT
punch
OK
```

6. 激活大应变参数、递交工作求解

最后一步是创建工作(JOBS)并递交求解。菜单JOBS定义特殊分析的选项、结果保存及其他总体参数。在这里可按要求的顺序选择载荷工况(LOADCASES)。按钮次序如下：

```
MAIN
JOBS
MECHANICAL
available loadcases
indent
release
ANALYSIS OPTIONS
ADVANCED OPTIONS
```

6.4 冲压过程数值模拟

```
CONSTANT DILATATION  (on)
OK
plasticity procedure  (将 SMALL STRAIN 转换为 LARGE STRAIN ADDITIVE)
OK
JOB RESULTS
available element tensors
Stress
available element scalars
Equivalent Von Mises Stress
Total Equivalent Plastic Strain
OK
AXISYMMETRIC  (这将默认采用 Element Type10)
OK
SAVE
RUN
SUBMIT 1
MONITOR  (将连续更新日志 Log 并在分析完成时将程序控制还给用户)
```

7. 后处理结果，显示变形结构、残余应力和残余应变

为显示最终的变形以及残余应力和残余应变，用下列按钮次序：

```
MAIN
RESULTS
OPEN DEFAULT
FILL
PLOT
draw NODES  (off)
elements SETTINGS
draw OUTLINE
REGEN
RETURN
RETURN
DEF & ORIG
SCALAR
Equivalent Von Mises Stress
OK
CONTOUR BANDS
MONITOR  (动态显示模拟结果)
```

凸模运动结束时(最后的增量步为 Inc：101)工件的变形以及应力、应变分布如图 6.57 和图 6.58 所示。由此可见冲压件具有良好的 90°边。

第6章 金属塑性成形数值模拟应用举例

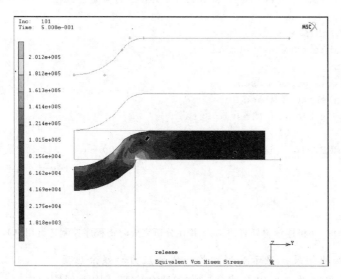

图 6.57 回弹后的等效 von Mises 应力（单位：psi）

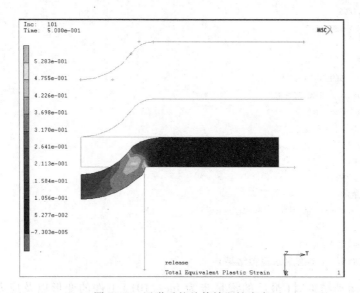

图 6.58 回弹后的总等效塑性应变

6.5 挤压过程数值模拟

6.5.1 问题提出

1. 问题提出及分析目的

挤压(extrusion)是用凸模对放置在凹模中的坯料加压,使之产生塑性流动,从而获得相应于模具的型孔或凹凸模形状的制件的一种塑性加工方法。在本节中分析杯子挤压成形过程(图 6.59)。通过包含多个变形体的塑性成形过程模拟,了解工件与变形工具和刚性工具之间的相互作用、变形以及传热等情况。杯子挤压工具与工件尺寸如图 6.60 所示。

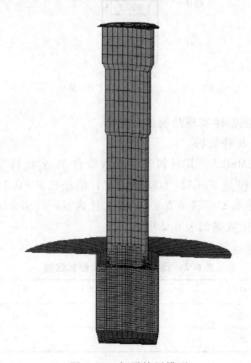

图 6.59 杯子挤压模型

2. 模型理想化处理

可将该挤压过程表示为轴对称模型,采用热力耦合计算工件与工具和环境之间的热交换情况。为简单起见,假定变形工具的材料特性不随温度变化。凸模速度取恒定值为 25 mm/s。凸模和工件一样定义为变形体,挤压成形模的模体(container)定义为刚性体。由于不能用规定的速度定义变形体的运动,可建

第6章 金属塑性成形数值模拟应用举例

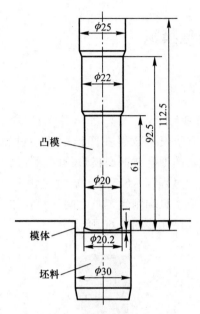

图 6.60　挤压工具与工件尺寸（单位：mm）

立一个推动凸模的刚性体实现凸模的运动。

3. 几何参数与材料数据

坯料材质为 16MnCr5，其材料物性参数取自 Marc 材料库。变形体凸模的材料特性为：杨氏模量 $E = 324\,000\ \text{N/mm}^2$，泊松比 $\nu = 0.3$，密度 $\rho = 8.12 \times 10^{-9}\ \text{Mg/mm}^3$，热导率 $\lambda = 27.6\ \text{N/(s·K)}$，比热容 $c = 456 \times 10^6\ \text{mm}^2/(\text{s}^2·\text{℃})$。凸模材料的加工硬化数据如表 6.2 所示。

表 6.2　凸模材料的加工硬化数据

σ_y/MPa	ε^p
30 000	0
35 000	1

6.5.2　模拟方法

下面建立该挤压成形过程的轴对称耦合分析模型。

1. 创建工具(凸模、凹模)和工件的模型

(1) 凸模(变形体)

首先建立凸模的轮廓线(依次由线段、角部圆弧和线段组成)：

6.5 挤压过程数值模拟

```
MAIN
MESH GENERATION
crvs ADD
point(0, 0, 0)
point(0, 5, 0)   (生成1号线)
2   (选择端点2)
point(-0.826, 9.68, 0)   (生成2号线)
CURVE TYPE
ARCS: TANGENT/RADIUS/ANGLE
crvs ADD
3   (选择切点)
0.51   (输入圆弧半径0.51 mm)
79   (圆弧角度79°)
CURVE TYPE
LINE
crvs ADD
6   (选择圆弧端点)
point(-2, 10.1, 0)
7   (选择端点)
point(-2.7, 10, 0)
8   (选择端点)
point(-61, 10, 0)
9   (选择端点)
point(-62.7, 11, 0)
10   (选择端点)
point(-92.5, 11, 0)
11   (选择端点)
point(-95.1, 12.5, 0)
12   (选择端点)
point(-112.5, 12.5, 0)
13   (选择端点)
point(-112.5, 0, 0)
14   (选择端点)
point(-95.1, 0, 0)
15   (选择端点)
point(-92.5, 0, 0)
16   (选择端点)
point(-62.7, 0, 0)
17   (选择端点)
point(-61, 0, 0)
18   (选择端点)
point(-2.7, 0, 0)
19   (选择端点)
```

```
point( -2, 0, 0)
20  1  (选择两个端点)
SWEEP : POINTS
ALL EXISTING
RENUMBER: POINTS ALL
```

在凸模轮廓线内区域生成6个QUAD(4)单元(图6.61):

```
MAIN
MESH GENERATION
elems ADD  (创建四边形单元)
11  12  13  14  (选择4个点生成1号单元)
10  11  14  15  (生成2号单元)
9   10  15  16  (生成3号单元)
8   9   16  17  (生成4号单元)
7   8   17  18  (生成5号单元)
6   7   18  19  (生成6号单元)
```

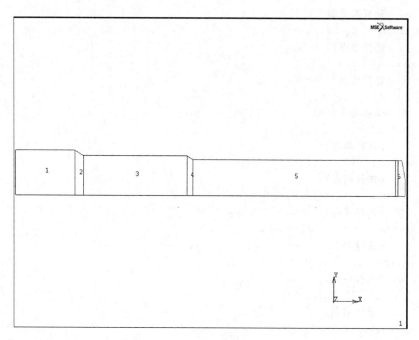

图6.61 凸模轮廓线内部区域划分6个QUAD(4)单元

沿y方向细分上述相关单元(图6.62):

```
MAIN
MESH GENERATION
```

6.5 挤压过程数值模拟

```
SUBDIVIDE
DIVISIONS  (沿 y 方向细分单元)
1  5  1
ELEMENTS
1  2  3  4  5  (选择要细分的 5 个单元,如图 6.61 所示)
END LIST (#)
SWEEP : NODES
ALL EXISTING
RENUMBER: ALL
```

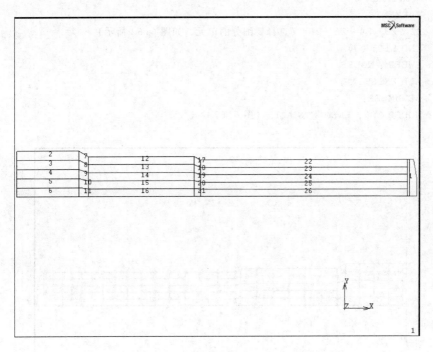

图 6.62　沿 y 方向细分 5 个 QUAD(4)单元

沿 x 方向细分上述相关单元(图 6.63)

```
MAIN
MESH GENERATION
SUBDIVIDE
DIVISIONS  (沿 x 方向细分单元)
4  1  1
ELEMENTS
2  3  4  5  6  (选择要细分的单元,如图 6.62 所示)
END LIST (#)
```

第6章 金属塑性成形数值模拟应用举例

```
DIVISIONS（沿 x 方向细分单元）
6   1   1
ELEMENTS
12   13   14   15   16  （选择要细分的单元，如图 6.62 所示）
# End of List

DIVISIONS（沿 x 方向细分单元）
15   1   1
BIAS FACTORS
-0.2   0   0
ELEMENTS
22   23   24   25   26  （选择要细分的单元，如图 6.62 所示）
END LIST (#)
SWEEP：NODES
ALL EXISTING
RENUMBER：
NODES ALL，ELEMENTS ALL  （图 6.63）
```

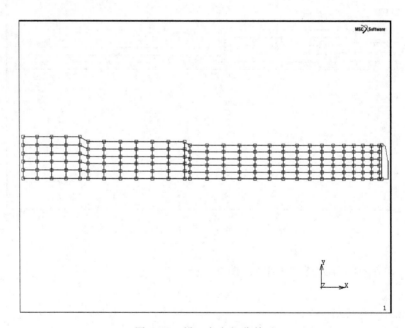

图 6.63 沿 x 方向细分单元

细分局部单元：

```
MAIN
MESH GENERATION
```

6.5 挤压过程数值模拟

```
SUBDIVIDE
DIVISIONS （沿 x 方向和 y 方向细分单元）
2  2  1
BIAS FACTORS
0  0  0
ELEMENTS （框选要细分的单元，如图 6.64 所示）
END LIST (#)
SWEEP : NODES
ALL EXISTING
RENUMBER :
NODES ALL, ELEMENTS ALL （图 6.65）
```

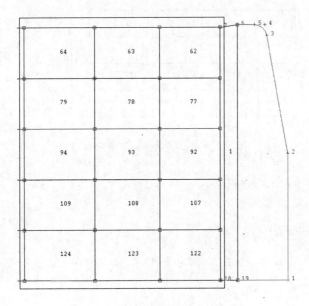

图 6.64　右侧端部的网格与单元号

细分右侧上部 4 个单元（图 6.65）：

```
MAIN
MESH GENERATION
SUBDIVIDE
DIVISIONS （沿 x 方向和 y 方向细分单元）
2  2  1
ELEMENTS （框选要细分的 4 个单元，如图 6.65 所示）
END LIST (#)
SWEEP : NODES
ALL EXISTING
```

第 6 章　金属塑性成形数值模拟应用举例

RENUMBER: NODES ALL, ELEMENTS ALL

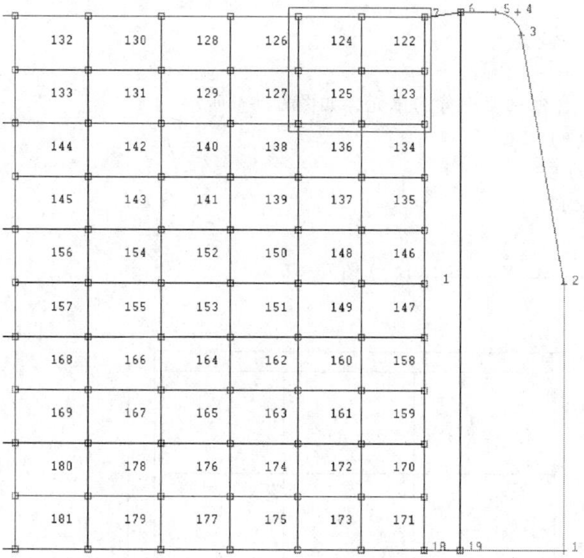

图 6.65　细分局部单元

复制 2 号点(图 6.65)：

MAIN
MESH GENERATION
DUPLICATE
TRANSLATIONS　(沿 x 负方向平移复制)
-2 0 0
POINTS
2　(选择 2 号点)
END LIST (#)　(生成 20 号点,如图 6.66 所示)

生成一个 4 节点四边形单元(194 号单元,如图 6.67 所示)：

MAIN
MESH GENERATION
elems ADD　(创建四边形单元)
2 20 19 1　(选择 4 个点生成 194 号单元,如图 6.67 所示)

沿 x 方向和 y 方向细分 194 号单元(图 6.67)：

SUBDIVIDE
DIVISIONS　(沿 x 方向和 y 方向细分单元)
2 5 1

6.5 挤压过程数值模拟

```
ELEMENTS （选择要细分的 194 号单元，如图 6.67 所示）
END LIST (#)
SWEEP : NODES
ALL EXISTING
RENUMBER: NODES ALL, ELEMENTS ALL   （图 6.68）
```

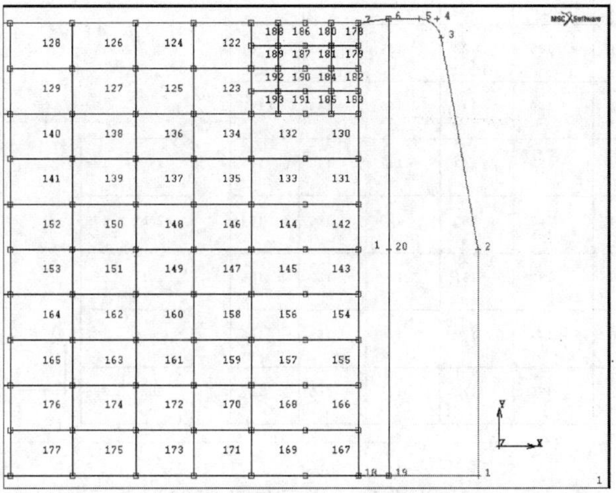

图 6.66 复制 2 号点后生成的 20 号点

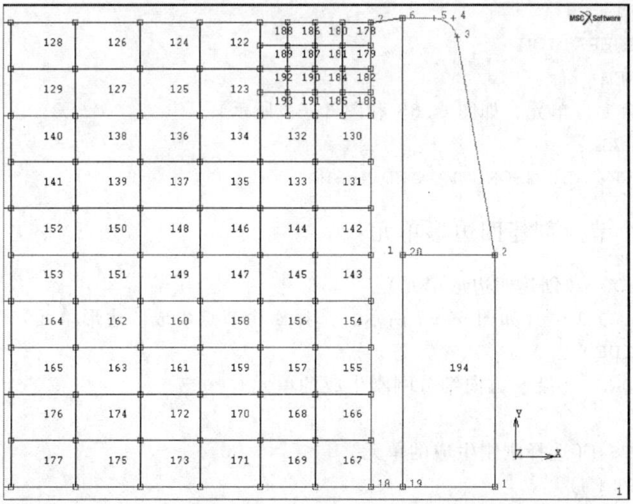

图 6.67 生成 194 号单元

第6章 金属塑性成形数值模拟应用举例

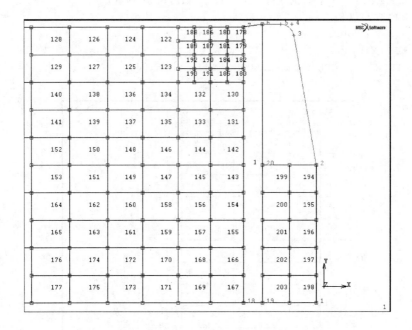

图 6.68 生成 10 个单元(194~203 号单元)

下面根据相关节点生成四边形单元：

MAIN
MESH GENERATION
ELEMS REM:
1 （删除 1 号单元, 如图 6.68 和图 6.69 所示）
SWEEP : ALL
RENUMBER: ALL GEOMETRY AND MESH

根据 4 个节点创建四边形单元：

elems ADD （创建四边形单元）
241 193 12 13 （如图 6.69 所示, 选择 4 个节点生成四边形单元）
SUBDIVIDE
DIVISIONS （沿 y 方向细分刚刚生成的单元）
1 5 1
ELEMENTS （选择刚刚生成的单元）
END LIST (#)
SWEEP : ALL
RENUMBER: ALL GEOMETRY AND MESH （图 6.70）

6.5 挤压过程数值模拟

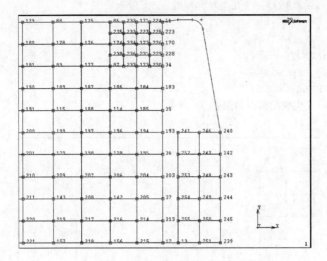

图 6.69　删除 1 号单元后的网格形状

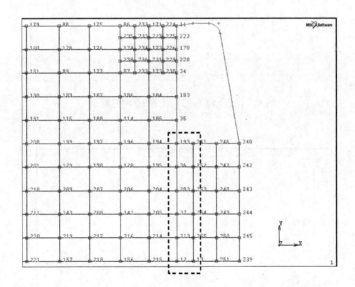

图 6.70　细分单元生成的 5 个单元

下面要对凸模端部右上侧的几何轮廓（图 6.71）进行网格划分。
在相关几何点处生成节点：

```
MAIN
MESH GENERATION
nodes ADD  （根据几何点生成节点）
```

213

第 6 章 金属塑性成形数值模拟应用举例

```
3  4  5  6 （选择 4 个几何点，如图 6.71 所示）
PLOT
  NODES SETTINGS：
     LABELS （on）
  POINTS SETTINGS：
     LABELS （off）
  REDRAW （生成的节点如图 6.72 所示）
```

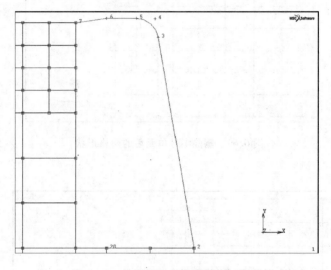

图 6.71　凸模端部右上侧的几何轮廓

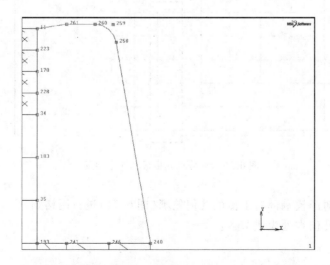

图 6.72　生成 4 个节点（节点号：258、259、260、261）

根据节点(图 6.72)创建 3 个四边形单元(图 6.73):

```
MAIN
MESH GENERATION
elems ADD     (创建 3 个四边形单元)
261   11   193   241   (选择 4 个节点,如图 6.72 所示)
260   261   241   246   (选择 4 个节点,如图 6.72 所示)
259   260   246   240   (选择 4 个节点,如图 6.72 所示)
PLOT
 ELEMENTS SETTINGS:
 LABELS   (on)
REDRAW     (创建的 3 个四边形单元如图 6.73 所示)
```

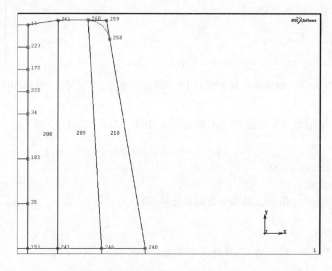

图 6.73　创建 3 个四边形单元(单元号:208、209、210)

下面细分上面生成的 2 个四边形单元(单元号:208、209):

```
MAIN
MESH GENERATION
SUBDIVIDE
DIVISIONS    (沿 y 方向细分单元)
1  5  1
ELEMENTS
208 209    (选择刚生成的 2 个单元,如图 6.73 所示)
END LIST (#)
SWEEP:ALL
RENUMBER:ALL GEOMETRY AND MESH    (图 6.74)
```

第 6 章　金属塑性成形数值模拟应用举例

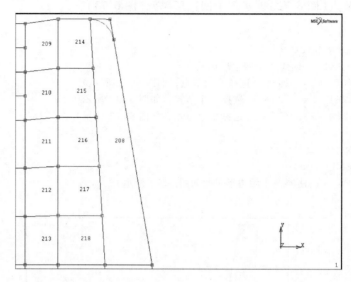

图 6.74　细分单元后生成的 10 个四边形单元(单元号：209～218)

下面细分图 6.74 中的单元(单元号：209、210、214、215)：

```
MAIN
MESH GENERATION
SUBDIVIDE
DIVISIONS  （沿 x 方向和 y 方向细分单元）
2  2  1
ELEMENTS
209  210  214  215  （选择 4 个单元，如图 6.74 所示）
# End of List
SWEEP：ALL
RENUMBER：ALL GEOMETRY AND MESH  （生成的 16 个单元如图 6.75 所示）
```

下面细分图 6.75 中的单元(单元号：208)：

```
MAIN
MESH GENERATION
SUBDIVIDE
DIVISIONS  （沿 y 方向细分单元）
1  5  1
ELEMENTS
208  （选择一个单元，如图 6.75 所示）
END LIST（#）
SWEEP：ALL
RENUMBER：ALL GEOMETRY AND MESH  （生成的 5 个单元如图 6.76 所示）
```

6.5 挤压过程数值模拟

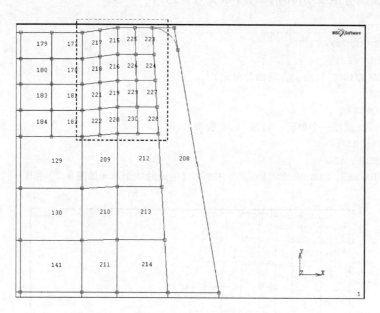

图 6.75 生成的 16 个单元(单元号：215～230)

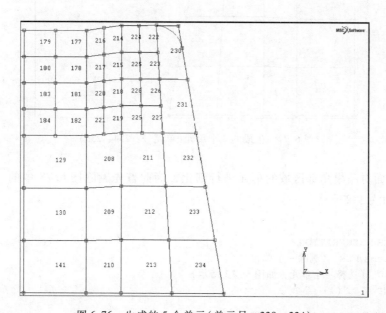

图 6.76 生成的 5 个单元(单元号：230～234)

第6章 金属塑性成形数值模拟应用举例

下面细分图6.76中的单元(单元号:231):

```
MAIN
MESH GENERATION
SUBDIVIDE
DIVISIONS   (沿 y 方向细分单元)
1  2  1
ELEMENTS
231  (选择一个单元,如图6.76所示)
# End of List
SWEEP : ALL
RENUMBER: ALL GEOMETRY AND MESH  (生成的2个单元如图6.77和图6.78所示)
```

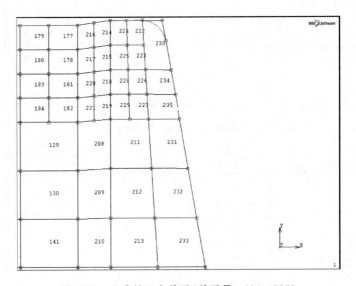

图 6.77 生成的2个单元(单元号:234、235)

下面对凸模角部区域的单元进行细化,为此首先删除图 6.78 中的一个单元(单元号:230):

```
MAIN
MESH GENERATION
elems REM   (删除一个单元)
230  (选择一个单元,如图6.78所示)
END LIST (#)
```

凸模角部区域的节点如图 6.79 所示。

根据节点生成单元:

```
MAIN
```

6.5 挤压过程数值模拟

MESH GENERATION
elems ADD （创建四边形单元）
256 275 264 282 （选择4个节点生成四边形单元，如图6.79所示）
nodes REM：ALL EXISTING.
SWEEP：ALL
RENUMBER：ALL GEOMETRY AND MESH （生成的单元如图6.80所示）

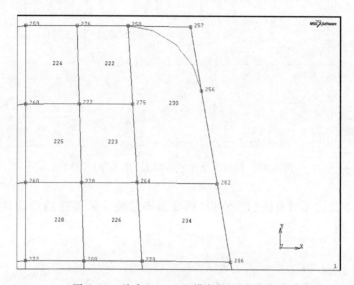

图6.78 放大(zoom)凸模角部区域的单元

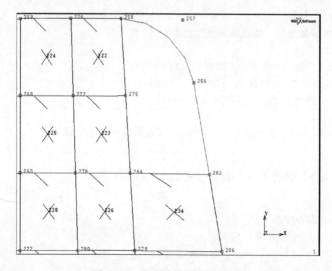

图6.79 凸模角部区域的节点

第 6 章　金属塑性成形数值模拟应用举例

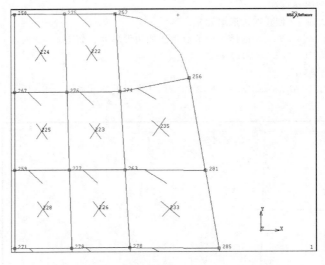

图 6.80　根据节点生成的单元(单元号：235)

将圆角处的几何曲线(图 6.80)转变为多段线,从而在圆角曲线上生成 3 个(几何)点：

```
MAIN
MESH GENERATION
CONVERT   (将曲线转变为多段线)
CONVERT curves TO polylines
DIVISIONS: 4
CONVERT
3  (选择圆弧线段,曲线编号 3,如图 6.80 所示)
END LIST (#)
NODE PLOT SETTING: LABELS  (off)
ELEMENT PLOT SETTING: LABELS  (on)
POINT PLOT SETTING: LABELS  (on)
SWEEP: ALL
RENUMBER: ALL GEOMETRY AND MESH   (在圆角曲线上生成的 3 个几何点如图 6.81 所示)
```

细分图 6.81 中的单元(单元号：222、235)：

```
MAIN
MESH GENERATION
SUBDIVIDE  (细分单元)
DIVISIONS  (沿 x 方向、y 方向细分单元)
2  2  1
ELEMENTS
```

222 235　（选择要细分的单元，如图6.81所示）
END LIST (#)　（生成的新单元如图6.82所示）

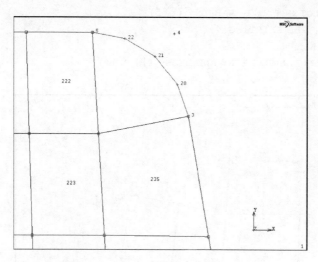

图6.81　在圆角曲线上生成的3个几何点(几何点编号：20、21、22)

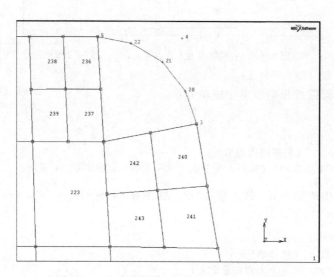

图6.82　生成的新单元(单元号：236～243)

将角部圆弧处(多段线)上的3个几何点(图6.82几何点编号：20、21、22)转变为3个节点：

MAIN
MESH GENERATION

第 6 章 金属塑性成形数值模拟应用举例

```
nodes ADD  （根据圆弧上的点生成节点）
20 21 22  （选择 3 个点，生成节点，如图 6.82 所示）
NODE PLOT SETTING：LABELS  （on）
POINT PLOT SETTING：LABELS  （off）
pts REM：ALL EXISTING.
SWEEP：ALL
RENUMBER：ALL GEOMETRY AND MESH  （图 6.83）
```

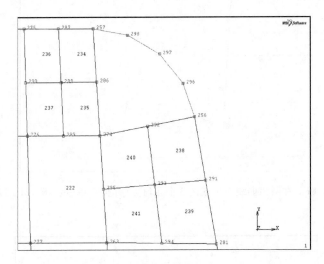

图 6.83　生成新节点（节点号：296、297、298）

在角部圆弧处根据节点生成单元：

```
MAIN
MESH GENERATION
elems ADD  （创建四边形单元）
298 257 274 292  （选择 4 个节点生成一个单元，如图 6.84 所示）
```

细分新生成的单元（单元号：242，如图 6.84 所示）：

```
MAIN
MESH GENERATION
SUBDIVIDE  （细分单元）
DIVISIONS  （沿 y 方向细分单元）
1  2  1
ELEMENTS
242  （选择要细分的单元，如图 6.84 所示）
END LIST (#)
SWEEP：ALL
RENUMBER：ALL GEOMETRY AND MESH  （图 6.85）
```

6.5 挤压过程数值模拟

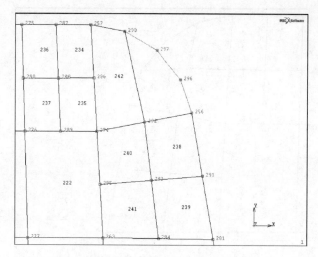

图 6.84　生成一个新单元(单元号：242)

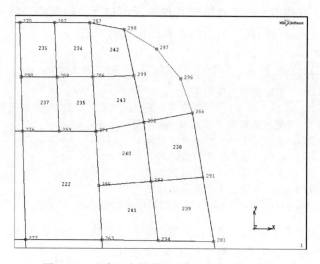

图 6.85　生成 2 个新单元(单元号：242、243)

在角部根据节点生成单元：

MAIN
MESH GENERATION
　elems ADD 　(创建四边形单元)
　296 299 292 256 　(选择 4 个节点，如图 6.85 所示)
　297 298 299 296 　(选择 4 个节点，如图 6.85 所示)

新建立的 2 个四边形单元(单元号：244、245)如图 6.86 所示。

第 6 章　金属塑性成形数值模拟应用举例

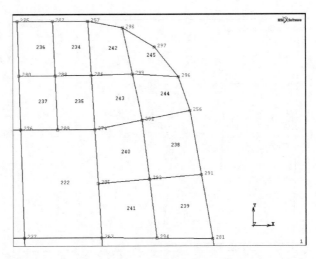

图 6.86　新建立的 2 个四边形单元(单元号：244、245)

因为上述有些单元的节点位于其他单元的边上，因此需要修正上述网格。首先修正靠近角部的网格，然后修正其他位置的网格：

```
MAIN
MESH GENERATION
elems REM   （删除需要更换的单元）
235 236 237 239 240 241   （删除需要更换的单元，如图 6.86 所示）
elems ADD   （通过选择 4 个节点添加新单元）
287 275 276 288   （选择 4 个节点，如图 6.86 所示）
286 288 276 274   （选择 4 个节点，如图 6.86 所示）
292 274 263 293   （选择 4 个节点，如图 6.86 所示）
291 293 263 281   （选择 4 个节点，如图 6.86 所示）
nodes REM: ALL EXISTING   （生成的新单元如图 6.87 所示）
```

针对其他位置上单元的节点位于相邻单元的边上（图 6.88），可采用同样方法修正其网格。修正后的网格如图 6.89 所示。

至此完成凸模(变形体)的总体网格划分(图 6.90)。

以下定义凸模单元集(SET)：

```
MAIN
MESH GENERATION
SELECT
  elements STORE
  punch_elem   （命名凸模单元集）
  OK
  all: VISIBLE
```

6.5 挤压过程数值模拟

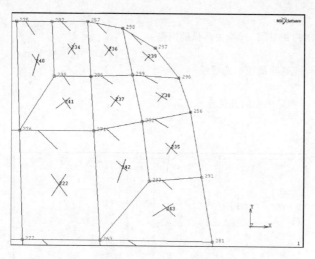

图 6.87 生成的 4 个新单元(单元号：240~243)

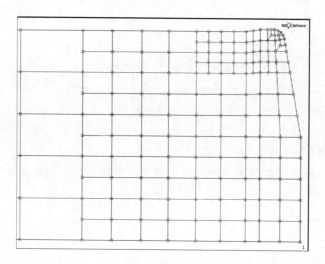

图 6.88 待修正的网格

为了以后对刚性凹模建模的方便，可从屏幕上暂时隐去凸模网格并删除其曲线和点：

```
MAIN
MESH GENERATION
SELECT
  ELEMENTS
  SELECT  SET
```

第6章 金属塑性成形数值模拟应用举例

```
  punch_elem
  OK
  MAKE INVISIBLE  （隐去凸模的网格）
  RETURN
crvs REM  （删除凸模的轮廓线）
  ALL EXISTING
pts REM  （删除凸模的几何点）
  ALL EXISTING
```

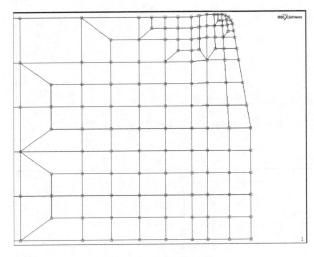

图 6.89　修正后的网格

（2）凹模（刚性体）

刚性体凹模是用曲线定义的。以下建立刚性凹模的几何轮廓线：

```
MAIN
MESH GENERATION
pts ADD
0    50   0
0    15.15   0
36.08283  15.15  0
42   14  0
42   -1   0
-107.417  -1  0
-107.417  15  0
45   0   0
-115  0   0
FILL
crvs ADD
```

6.5 挤压过程数值模拟

1 2
2 3
3 4
4 5
6 7
8 9

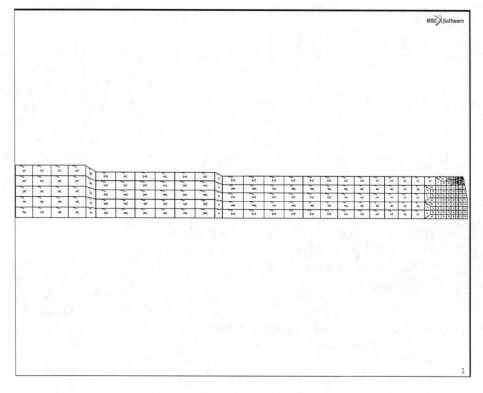

图 6.90 凸模(变形体)的总体网格划分

生成的刚性凹模的几何轮廓线如图 6.91 所示。
(3) 工件(变形体)

工件(变形体)的建模方法是:首先按工件尺寸生成一个矩形面,然后将该面转化为有限元。具体按钮次序如下:

MAIN
MESH GENERATION
pts ADD （生成 4 个点）
6.083 0 0 （给出第一个点的 x、y、z 坐标）
6.083 15 0 （给出第二个点的 x、y、z 坐标）

第 6 章 金属塑性成形数值模拟应用举例

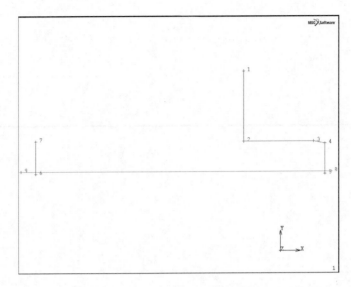

图 6.91 刚性凹模的几何轮廓线

```
36.083  15  0    (给出第三个点的 x、y、z 坐标)
36.083  0   0    (给出第四个点的 x、y、z 坐标)
srfs ADD         (生成一个矩形面)
10 13 12 11      (其为上述 4 个点编号)
CONVERT
DIVISIONS
15 30
SURFACES TO ELEMENTS   (由曲面生成网格)
1                (其为上述矩形面编号)
END LIST (#)
CURVE PLOT SETTING: LABELS  (off)
```

生成的工件网格如图 6.92 所示。

(4) 装配工件和工具模型

装配工件和工具模型并将凸模靠近工件:

```
MAIN
MESH GENERATION
 SELECT
  elements STORE
  workpiece_elem   (命名工件单元集)
  OK
  all: VISIBLE
  RETURN
```

6.5 挤压过程数值模拟

```
PLOT
  draw NODES  (Off)
  draw POINTS (Off)
  draw FACES  (Off)
  REDRAW
SELECT
  MAKE INVISIBLE
RETURN
```

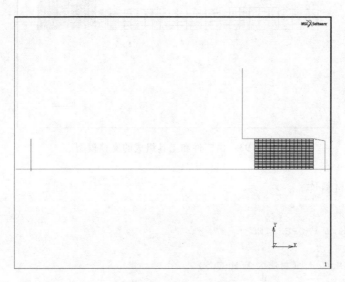

图 6.92　工件的网格

将凸模靠近工件：

```
MAIN
MESH GENERATION
MOVE
TRANSLATIONS
5.083  0  0  (凸模沿 x 方向的平移量为 5.083 mm)
ELEMENTS
  SET
  punch_elem
  OK
PLOT
  CURVE PLOT SETTINGS: LABELS (on)
REDRAW  (图 6.93)
```

2. 定义材料属性

工件与工具要用不同的材料参数。首先定义工件的材料参数，其材料参数

第6章 金属塑性成形数值模拟应用举例

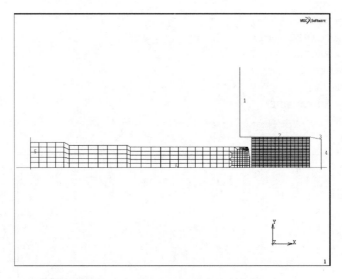

图 6.93 由工件和工具组成的完整模型

选自 Marc 材料库：

```
MAIN
MATERIAL PROPERTIES
 READ
    16MnCr5  （材质为 16MnCr5）
    OK
 elements ADD
     SET: workpiece_elem  （材料参数赋予工件单元集）
     OK
```

下面定义凸模的材料行为，其中包括给定凸模的加工硬化曲线：

```
MAIN
 MATERIAL PROPERTIES
  NEW
  NAME
     punch_steel
  TABLES
    NEW
    NAME
      punch_stress_strain
    TABLE TYPE
      eq_plastic_strain
      OK
```

6.5 挤压过程数值模拟

```
ADD POINT
  0 30000
  1 35000
FIT  （图6.94）
SHOW MODEL
RETURN
```

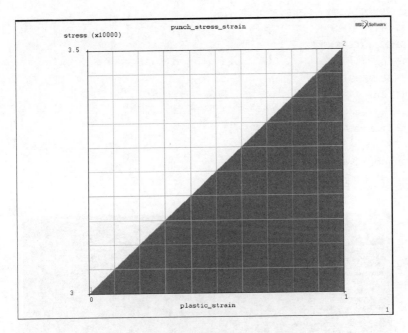

图 6.94　凸模材料的加工硬化曲线

下面定义密度、杨氏模量、泊松比并与加工硬化曲线一起赋予凸模材料，即将这些材料参数赋予凸模单元集（punch_elem）：

```
MAIN
MATERIAL PROPERTIES
NEXT - >NAME: punch_steel
MECHANICAL - >ISOTROPIC
YOUNG'S MODULUS
324000
POISSON'S RATIO
0.3
MASS DENSITY  （图6.95）
8.12e - 9
ELASTIC - PLASTIC
INITIAL YIELD STRESS
```

第6章 金属塑性成形数值模拟应用举例

1
TABLE（PLASTIC STRAIN）
punch_stress_strain （图6.96）
OK
OK
NON‐MECHANICAL‐>HEAT TRANSFER
ISOTROPIC
CONDUCTIVITY （图6.97）
27.6
SPECIFIC HEAT
456e6
MASS DENSITY
8.12e‐9
OK
elements ADD
SET
punch_elem
OK

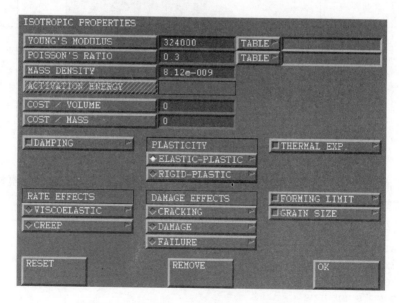

图6.95 凸模材料的杨氏模量、泊松比和密度

3. 设定初始温度

由于进行热力耦合分析，因此需要对工件与凸模的所有节点定义初始温度。定义初始温度的按钮次序如下：

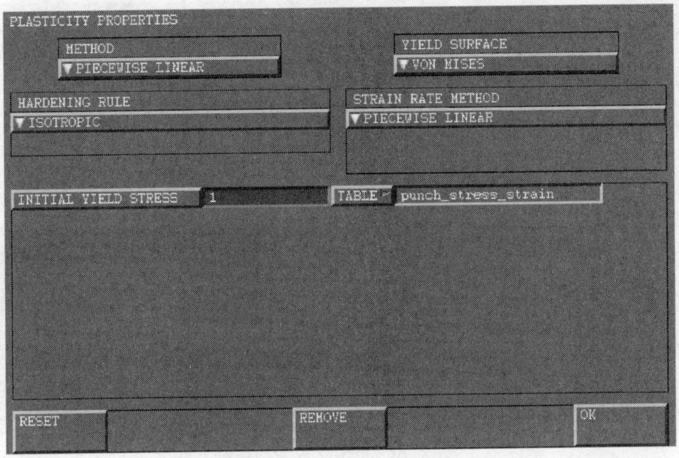

6.5 挤压过程数值模拟

图 6.96 定义凸模材料的屈服应力

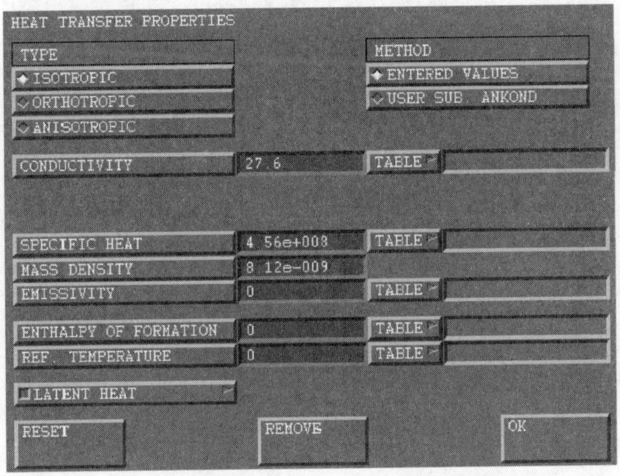

图 6.97 凸模材料的热导率和比热容

```
MAIN
INITIAL CONDITIONS
THERMAL: TEMPERATURE
20 (将初始温度设定为 20 ℃, 如图 6.98 所示)
OK
nodes ADD
all: EXIST. (将初始温度定义给工件与凸模的所有节点)
```

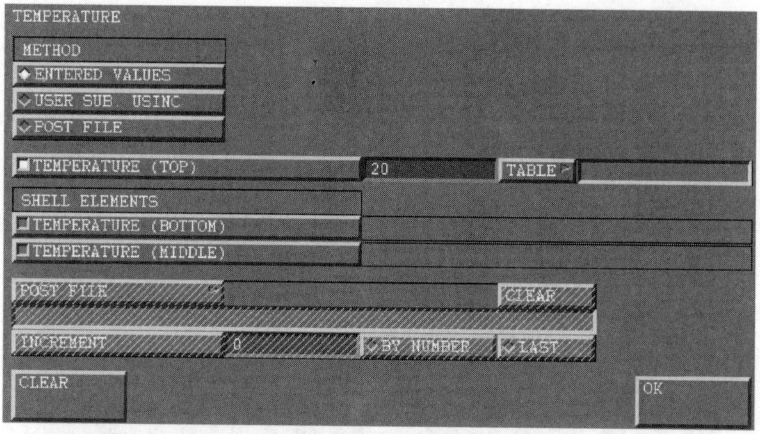

第6章　金属塑性成形数值模拟应用举例

图 6.98　定义初始温度

4. 定义接触条件以及工件与工具之间的摩擦

在需要定义的 5 个接触体中，首先定义工件，然后定义工具。在定义工件接触体时，将其单元集定义为变形体：

```
MAIN
CONTACT
CONTACT BODIES
NAME
workpiece　（输入工件名称）
DEFORMABLE
 >　（鼠标点击 >）
HEAT TRANSFER COEFFICIENT TO ENVIRONMENT
20　［工件对周围环境介质的传热系数：20 kW/(K·m²)，如图 6.99 所示］
ENVIRONMENT SINK TEMPERATURE
20　（周围环境介质温度：20 ℃）
OK
elements ADD
SET: workpiece_elem
OK
```

下面定义凸模变形体的接触条件：

```
MAIN
CONTACT
NAME
punch　（输入凸模的接触体名称）
DEFORMABLE TOOL
```

6.5 挤压过程数值模拟

```
>    (鼠标点击>)
HEAT TRANSFER COEFFICIENT TO ENVIRONMENT
20   [凸模对周围环境介质的传热系数：20 kW/(K·m²)]
ENVIRONMENT SINK TEMPERATURE
20   (环境介质温度：20 ℃)
CONTACT HEAT TRANSFER COEFFICIENT.
20   [凸模的接触传热系数：20 kW/(K·m²)，如图6.100所示]
FRICTION COEFFICIENT
0.1  (凸模的摩擦系数：0.1，如图6.101所示)
OK
elements ADD
punch_elem
```

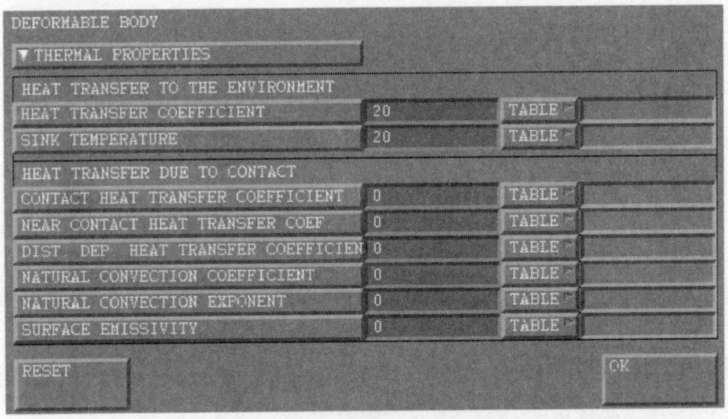

图 6.99　工件变形体的热参数

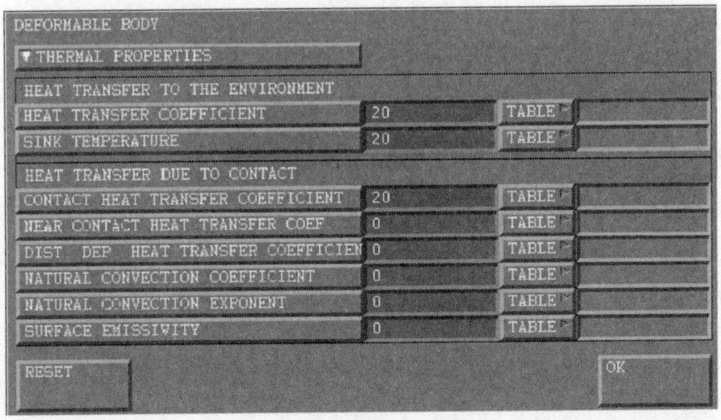

图 6.100　凸模的接触传热系数

下面定义刚性体工具。二维轴对称刚性体工具的模型是由曲线构成的。首先定义固定工具，然后定义移动工具，最后对凹模取恒定温度以及与工件接触

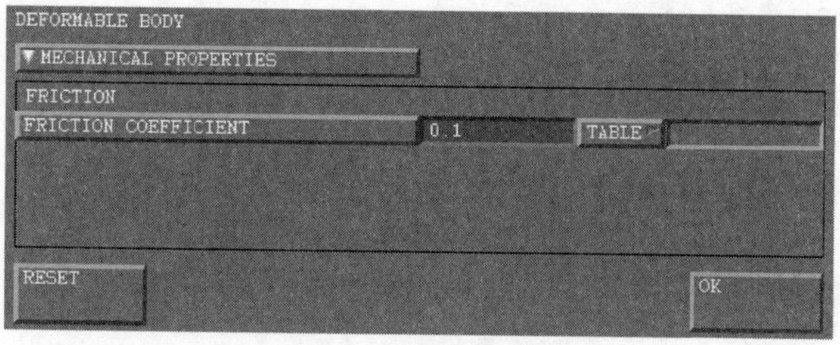

第6章 金属塑性成形数值模拟应用举例

图6.101 凸模的摩擦系数

的传热系数和摩擦系数。

```
MAIN
CONTACT
NEW
NAME
die  （输入凹模接触体的名称）
RIGID >  （鼠标点击 >）
RIGID BODY
TEMPERATURE
20  （凹模接触体温度：20 ℃，如图6.102所示）
CONTACT HEAT TRANSFER COEFFICIENT
20  ［凹模接触体的接触传热系数：20 kW/（K·m²），如图6.102所示］
FRICTION COEFFICIENT
0.1  （凹模接触体的摩擦系数：0.1，如图6.103所示）
OK
curves ADD
1  2  3  4  （选择组成凹模接触体的4条线段，线段编号为1、2、3、4）
END LIST (#)
ID CONTACT BODY
```

下面定义推动凸模运动的刚性接触体（推板），其作用是将25 mm/s的恒定速度施加到凸模的左端：

```
MAIN
CONTACT
NEW
NAME
punch_push  （输入推板接触体的名称）
RIGID >  （鼠标点击 >）
RIGID BODY
TEMPERATURE
20  （推板温度：20 ℃）
CONTACT HEAT TRANSFER COEFFICIENT
```

20 ［推板的接触传热系数：20 kW/(K·m^2)］
FRICTION COEFFICIENT
0.1 （推板的摩擦系数：0.1）
OK
VELOCITY PARAMETERS
X = 25 （推板 x 方向速度大小为 25 mm/s）
Y = 0
Z = 0
OK
OK
curves ADD
5 （选择表示推板的线段，其编号为 5）
END LIST (#)

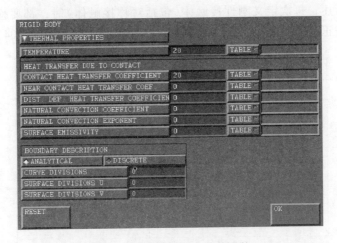

图 6.102　凹模的接触传热系数

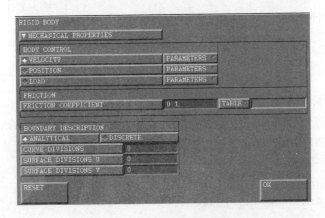

图 6.103　凹模的摩擦系数

第6章 金属塑性成形数值模拟应用举例

为使对称线上的节点满足对称条件,需要将中心线定义为对称接触体。下面为定义对称接触体的按钮次序:

```
MAIN
CONTACT
NEW
NAME
symmetry  (输入对称接触体的名称)
SYMMETRY BODY
OK
curves ADD
6  (选择对称线的线段,其线段编号为6)
END LIST (#)
```

如前所述,每次定义刚性接触体(包括对称接触体)时,都要检查其曲线的方向是否正确,要求每条曲线的法线均指向工件的外侧(图6.104)。

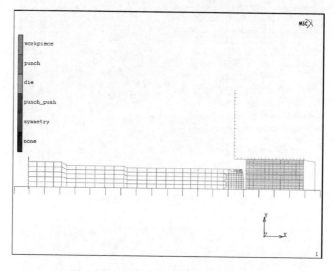

图6.104 刚性接触体曲线的正确方向

5. 设定网格重划分的控制参数

网格重划分采用 Marc 默认的单元畸变(ELEMENT DISTORTION)和工具穿透(TOOL PENETRATION)准则,如图6.105所示。其中目标单元长度取1 mm。

```
MAIN
MESH ADAPTIVITY
GLOBAL REMESHING CRITERIA
  OVERLAY QUAD
  ADVANCED REMESHING CRITERIA
```

6.5 挤压过程数值模拟

```
ELEMENT DISTORTION  (on)
TOOL PENETRATION   (on)
OK
ELEMENT EDGE LENGTH
1  (目标单元长度：1 mm)
OK
REMESHING BODY
workpiece
```

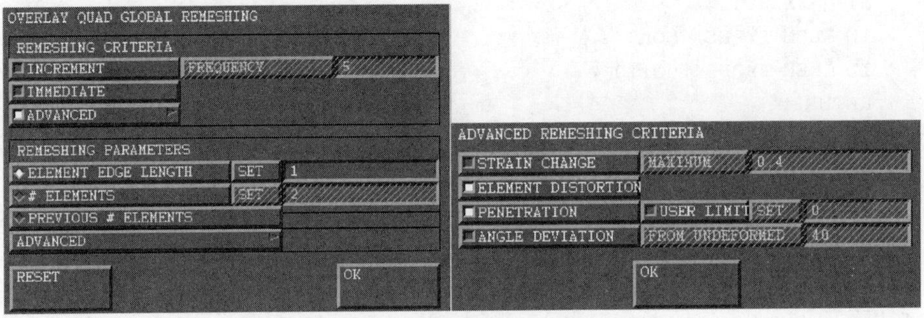

图 6.105　采用的网格重划分准则

6. 定义变形过程的载荷工况(LOADCASES)

```
MAIN
LOADCASES
COUPLED:  QUASI - STATIC
GLOBAL REMESHING：adapg1
OK
TOTAL LOADCASE TIME：1.3    (过程时间：1.3 s)
CONSTANT TIME STEPS：500    (恒定时间步长，时间步数：500)
OK
RETURN
```

7. 定义工作并递交求解

```
MAIN
JOBS
ANALYSIS CLASS：COUPLED
SELECTED LOADCASES
lcase1
JOB RESULTS
SELECTED ELEMENT TENSORS
  Equivalent von Mises Stress
  Mean Normal Stress
```

第6章 金属塑性成形数值模拟应用举例

```
  Total Equivalent Plastic Strain
SELECTED ELEMENT TENSORS
  Stress
OK
ANALYSIS DIMENSION: AXISYMMETRIC
OK
ELEMENT TYPES
10
OK
all: EXIST.
ID ELEM TYPES   (On)
ID ELEM TYPES   (Off)
RETUREN
FILES
model SAVE AS
extrusion
OK
RETURN
CHECK
RUN
SUBMIT 1
```

8. 后处理

下面打开后处理器显示若干模拟结果:

```
MAIN
RESULTS
OPEN DEFAULT
LAST
DEF ONLY
CONTOUR BANDS
SCALAR: Total Equivalent Plastic Strain   (图6.106)
SCALAR: Equivalent von Mises Stress   (图6.107)
FILL
```

下面显示工件头部轮廓与凸模的正应力(接触应力)矢量图(图6.108):

```
MAIN
RESULTS
REWIND
MORE
vector plot ON
ZOOM BOX   (对工件轮廓与凸模的接触区域进行放大)
PREVIOUS
SCAN   (选择500步,如图6.108所示)
```

6.5 挤压过程数值模拟

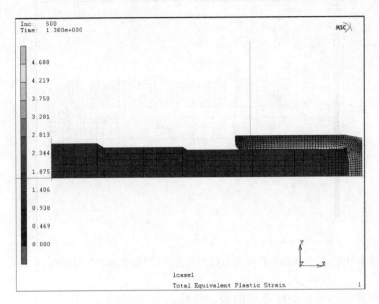

图 6.106　总等效塑性应变(增量步为 500)

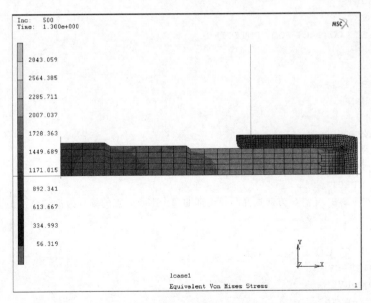

图 6.107　von Mises 等效应力(增量步为 500，单位：N/mm^2)

第 6 章　金属塑性成形数值模拟应用举例

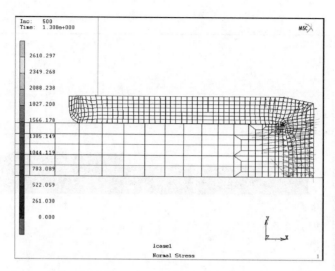

图 6.108　工件头部与凸模的正应力矢量图(增量步为 500，单位：N/mm^2)

下面显示凸模在 500 步时的径向位移：

```
MAIN
RESULTS
SELECT
SELECT CONTACT BODY ENTITIES
punch
OK
MAKE VISIBLE
RETURN
PLOT
draw NODES   (On)
DRAW
RETURN
PATH PLOT
NODE PATH   (沿 x 方向选择凸模边部的两个端点，点的编号为：505、734)
505
734
END LIST (#)
VARIABLES
ADD CURVE
Arc Length
Displacement Y   (凸模在 500 步的径向位移即 y 方向位移)
FIT   (图 6.109)
```

在 Marc 中，若将工具也和工件一样定义为可变形的接触体并求精确解，

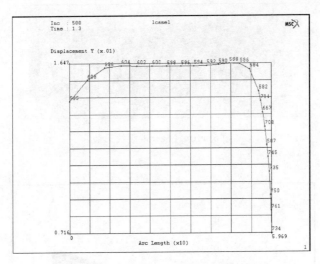

图 6.109　凸模在 500 步时 y 方向的位移（单位：mm）

则必须将所有变形体离散为有限单元，检查接触体的相互作用并形成约束，其中单元刚度矩阵和接触约束都对最后要求解的总体方程组有影响。但这会导致系统增大、求解时间变长等问题。

在金属塑性成形中经常能碰到工具的刚性远大于工件的情况，这时将工具假定为刚性接触体在现实中是可以接受的。

6.6　拉拔过程数值模拟

6.6.1　问题提出

1. 问题提出及分析目的

拉拔（drawing）是用外力作用于被拉金属的前端，将金属坯料从小于坯料断面的模孔中拉出，以获得相应形状和尺寸制品的一种塑性加工方法。

如图 6.110 所示，Chevron 裂纹又称做中心爆裂，是拉拔、挤压等塑性加工中常见的损伤。其可用损伤准则（例如 Cockroft – Latham 准则和 Oyane 准则）预测。采用单元去除方法可将裂纹萌生与扩展过程可视化（图 6.111）。

在拉拔过程中 Chevron 裂纹导致的损伤常出现在有拉应力状态的工件心部，因此难以从变形部分的外观发现此种损伤。

下面简要介绍两个常用的损伤准则。

第 6 章　金属塑性成形数值模拟应用举例

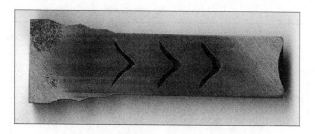

图 6.110　Chevron 裂纹形貌

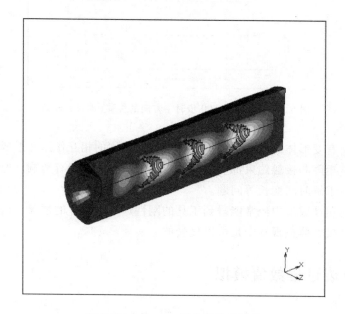

图 6.111　Chevron 裂纹的模拟结果

（1）Cockroft – Latham 准则

$$\int \frac{\sigma_{\max}}{\bar{\sigma}} \dot{\varepsilon} \mathrm{d}t \geqslant C \tag{6.1}$$

式中：C 为材料常数；$\bar{\sigma}$ 为等效应力；$\sigma_{\max}$ 为最大主应力；t 为时间；$\dot{\varepsilon}$ 为等效塑性应变速率。

（2）Oyane 准则

$$\int \left(\frac{\sigma_{\mathrm{m}}}{\bar{\sigma}} + B \right) \dot{\varepsilon} \mathrm{d}t \geqslant C \tag{6.2}$$

式中：B 为材料常数；σ_{m} 为平均应力；t 为时间；$\dot{\varepsilon}$ 为等效塑性应变速率。

2. 模型理想化处理

该问题可简化为轴对称有限元模型,采用四节点四边形单元划分网格。创建一个能提供拉拔力的刚性接触体模型(拉板)黏结到工件模型的端部,拉板刚性接触体的运动速度设定为 1 500 mm/s。

3. 几何参数与材料数据

锥形坯料直径 14 mm、长度 28 mm。将拉拔模定义为刚性体,其摩擦系数为 0.05。材料的杨氏模量为 120 000 N/mm^2、泊松比为 0.33。材料加工硬化曲线如图 6.112 所示。

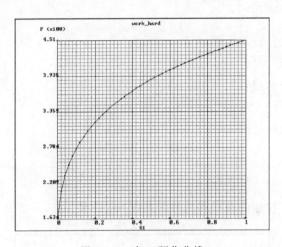

图 6.112 加工硬化曲线

6.6.2 模拟方法

1. 建立工具、工件等模型

下面建立工具模型:

```
MAIN
MESH GENERATION
pts ADD
0 5.63  0  (点1)
-0.9 5.63 0  (点2)
crvs ADD
1 2  (选择两点生成一条线段)
CURVE TYPE: ARCS: tangent/radius/angle
crvs ADD  (连一段圆弧)
2  (选择切点)
0.47  (圆弧半径)
```

第6章 金属塑性成形数值模拟应用举例

```
-23.8 （圆弧角度）
CURVE TYPE: MISCELLANEOUS TYPES : line
crvs ADD  （从圆弧端点连一线段）
5
point( -5, 7.3, 0)
SWEEP: ALL
RENUMBER: ALL
```

下面建立拉板模型：

```
MAIN
MESH GENERATION
crvs ADD
point(0, 0, 0)
point(0, 8, 0)
```

下面建立对称线：

```
MAIN
MESH GENERATION
crvs ADD
point( -35, 0, 0)
point(50, 0, 0)
```

描述工具、拉板的曲线和对称线如图 6.113 所示。

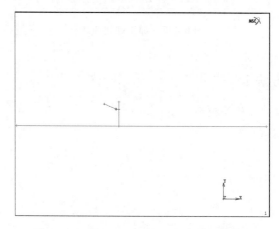

图 6.113　描述工具、拉板的曲线和对称线

下面建立工件模型：

```
MAIN
MESH GENERATION
```

6.6 拉拔过程数值模拟

```
nodes ADD   (生成以下 8 个节点)
0 5.62 0   (节点 1)
0 0 0      (节点 2)
-1 5.62 0  (节点 3)
-1 0 0     (节点 4)
-5 7 0     (节点 5)
-5 0 0     (节点 6)
-28 7 0    (节点 7)
-28 0 0    (节点 8)
elems ADD   (生成 3 个四节点四边形单元,如图 6.114 所示)
1 3 4 2    (选择 4 个节点)
3 5 6 4    (选择 4 个节点)
5 7 8 6    (选择 4 个节点)
```

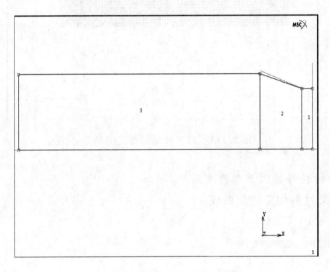

图 6.114　组成工件的 3 个单元

对工件上的 3 个单元进行细化:

```
MAIN
MESH GENERATION
  SUBDIVIDE
    DIVISIONS: 5 20 1
    ELEMENTS: 1   (选择要细化的单元)
    DIVISIONS: 20 20 1
    ELEMENTS: 2   (选择要细化的单元)
    DIVISIONS: 88 20 1
    ELEMENTS: 3   (选择要细化的单元,如图 6.115 所示)
  SWEEP: ALL
```

```
RENUMBER: ALL
FILES
  SAVED AS: drawing.mfd
  OK
```

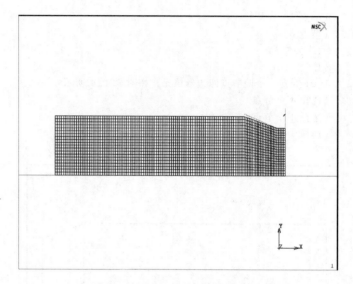

图 6.115 对工件单元细化的结果

2. 定义材料特性以及损伤准则
(1) 定义材料加工硬化曲线

```
MAIN
  MATERIAL PROPERTIES
    NEW
    NAME
        material1
    TABLES
      NEW
      NAME
        work_hard
      TABLE TYPE
        eq_plastic_strain
        OK
      COPY FROM CLIPBOARD  (复制加工硬化曲线数据,如图 6.116 所示)
      FIT
      SHOW MODEL
      RETURN
```

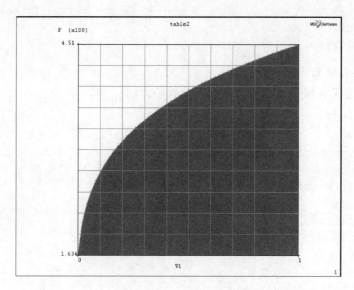

图 6.116　加工硬化曲线

（2）定义损伤准则

从材料特性里选择损伤准则(本例选择 Oyane 模型)：其中损伤阈值(DAMAGE THRESHOLD)为材料可能的损伤极值。去除单元阈值(ELEMENT REMOVAL THRESHOLD)即当单元内的材料损伤值达到该阈值时，单元从网格中被剔除。

```
MAIN
MATERIAL PROPERTIES
  ISOTROPIC
  YOUNG'S MODULUS
1.2e5
  POISSON'S RATIO
0.33
  PLASTICITY PROPERTIES
    Initial yield stress: 1
    Table: work_hard
    OK
DAMAGE EFFECTS:
select OYANE  （选择 Oyane 模型）
ELEMENT REMOVAL THRESHOLD:
0.15
DAMAGE THRESHOLD:
0
OK
```

第6章 金属塑性成形数值模拟应用举例

```
  OK
ELEMENTS ADD
ALL EXIST.
```

3. 定义接触体

下面定义各接触体的参数并修正曲线的方向:

```
MAIN
CONTACT
  CONTACT BODIES
    NAME: workpiece  (定义工件)
      CONTACT BODY TYPE: DEFORMABLE
      OK
ELEMENTS ADD
ALL EXIST.
NEW
NAME: die  (定义模具)
CONTACT BODY TYPE: RIGID
  FRICTION COEFFICIENT: 0.05  (定义模具摩擦系数)
  OK
CURVES ADD
1 2 3  (选择模具线段)
NEW
NAME: pull  (定义拉板)
CONTACT BODY TYPE: RIGID
  VELOCITY CONTROL
  VELOCITY X:    1500  (x方向速度取值1 500 mm/s)
  OK
CURVES ADD
  4  (选择拉板线段)
NEW
NAME: sym  (定义对称线)
CONTACT BODY TYPE: SYMMETRY
CURVES ADD
  5  (选择拉板线段)
ID CONTACT  (检查工具、拉板、对称线的方向是否正确)
FLIP CURVES
1 2 3 4 5  (选择要翻转的曲线)
```

调整后的接触体如图6.117所示。

下面定义接触表以及拉板的分离力:

```
MAIN
  CONTACT TABLES
```

6.6 拉拔过程数值模拟

NEW:ctable1
PROPERTIES:TOUCHING （选择工件自身不接触，如图 6.118 所示）
SEPARATION THRESHOLD:1e20 （拉板与工件的分离力）
OK

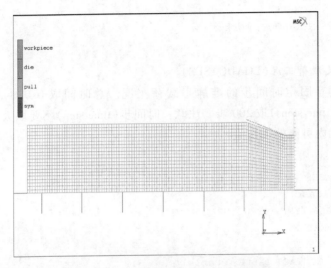

图 6.117　刚性接触体曲线的正确方向

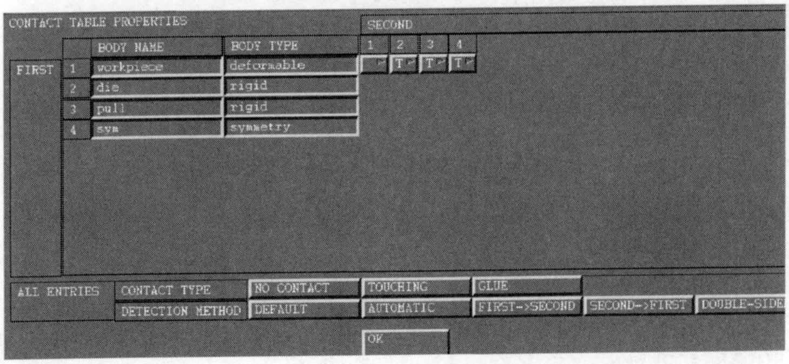

图 6.118　接触表

4. 定义网格重划分准则

```
MAIN
  MESH ADAPTIVITY
  NAME: adapg1
  GLOBAL REMESHING CRITERIA
    2D SOLID ADVANCING FRONT QUAD
    PROPERTIES
```

```
            IMMEDIATE
            ADVANCED REMESHING CRITERIA:
                MAXIMUM STRAIN CHANGE: 0.4
                OK
            ELEMENT EDGE LENGTH: 0.2
                OK
        REMESHING BODY: workpiece
        RETURN
```

5. 定义载荷工况(LOADCASES)

采用具有固定时间步的准静态载荷工况。总时间取 0.03 s，时间步数 (number of time steps) 取 200 步。注意：时间步 (time step) 不要取太大，以免漏掉某些单元内可能的损伤值。

```
MAIN
LOADCASES
NAME: lcase1
LOADCASE TYPE: STRUCTURAL STATIC
    PROPERTIES
        CONTACT
            CONTACT TABLE: ctable1
        TOTAL LOADCASE TIME: 0.03
        STEPPING PROCEDURE
            FIXED STEPS: 200
        OK
    RETURN
```

6. 求解

```
MAIN
JOBS
    NAME: job1
    JOB TYPE: STRUCTURAL
    PROPERTIES
        SELECTED LOADCASES: lcase1
        ANALYSIS OPTIONS:
            PLASTICITY PROCEDURE: LARGE STRAIN ADDITIVE
            ADVANCED OPTIONS:
                UPDATED LAGRANGE PROCEDURE
                LARGE STRAINS
        JOB RESULTS
            AVAILABLE ELEMENT TENSORS: Stress
            AVAILABLE ELEMENT SCALARS:
                Mean normal stress
```

6.6 拉拔过程数值模拟

```
            Equivalent cauchy stress
            Total equivalent plastic strain
            Equivalent plastic strain rate
            Damage
            OK
        ANALYSIS DIMENSION: Axisymmetric
    OK
        ELEMENT TYPES
            STRUCTURAL AXISYMMETRIC SOLID ELEMENTS:
                Element_type 10
            ALL EXIST.
            RETURN
    RUN: SUBMIT
```

7. 后处理

```
MAIN
RESULTS
    OPEN DEFAULT
    SCALE: select DAMAGE
```

通过上述模拟能得到损伤结果以及裂纹萌生与扩展情况，如图 6.119 所示。

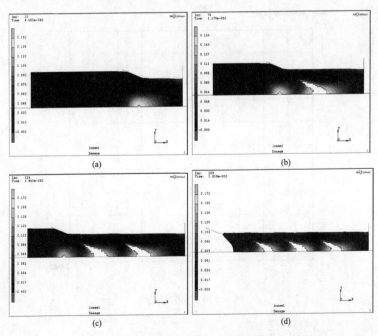

图 6.119　拉拔模拟中 Chevron 裂纹的萌生与扩展。
(a) 出现第一个裂纹；(b) 出现第二个裂纹；(c) 出现第三个裂纹；(d) 模拟结束

第6章 金属塑性成形数值模拟应用举例

6.7 超塑性成形数值模拟

6.7.1 问题提出

超塑性成形(super plastic forming，SPF)是指利用某些金属在特定条件下所呈现的超塑性(异常低的流变抗力、异常高的流变性能)进行锻压成形的方法。

现将一块超塑性平板冲压进模具内，模具用三维表示盆的一个角部。假定细晶材料是刚塑性材料，而且流变应力仅是应变速率的函数。

由于板料与模具的接触，摩擦导致板厚变化。另外还需调节压力以便将该应变速率敏感材料的应变速率控制在一定的目标范围内。这需要使材料维持适当的超塑性流动。通过数值模拟有效预测板厚的减薄过程对于防止冲压件厚度太薄而无法使用具有重要意义。

载荷工况中的 SPF 压力(图 6.120)用于自动调节作用于板料上的压力，使应变速率控制在目标值范围内。其最大压力受板料成形设备能力的限制。采用的单位包括：英寸(in)、磅(lb①)和秒(s)。

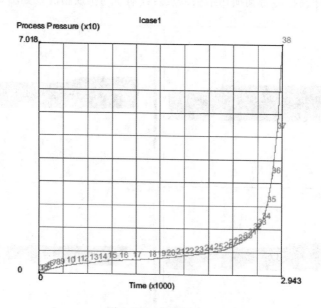

图 6.120 SPF 压力

---

① 1 lb = 0.453 592 37 kg，下同。

以下采用超塑性加载图对壁角(corner)进行 SPF 超塑性成形,并通过调节所用压力使材料内的平均应变速率维持在一定的目标值。

6.7.2 模拟方法

1. 前处理

前处理包括创建模具和板料,其中模具的刚性体模型用曲线(CURVES)构成,其按钮次序如下:

```
FILES
SAVE AS spf   (建立模型文件名并保存之)
RETURN

MESH GENERATION
coordinate system SET
GRID  (on)
U DOMAIN
-7 7
U SPACING
.5
V DOMAIN
0 5
V SPACING
.5
FILL
RETURN
crvs: ADD
point( 7.0, 4.5, 0.0)
point( 4.0, 4.5, 0.0)
point( 4.0, 4.5, 0.0)
point( 3.5, 0.0, 0.0)
point( 3.5, 0.0, 0.0)
point( 0.0, 0.0, 0.0)
point( 0.0, 0.0, 0.0)
point( -4.0, 0.0, 0.0)
```

建立的模具粗略轮廓线如图 6.121 所示。

制作圆角(FILLET)的按钮次序如下:

```
CURVE TYPE
FILLET
RETURN
crvs: ADD
1
```

第6章 金属塑性成形数值模拟应用举例

2
.5 （圆角半径）
8
3
.5 （圆角半径）

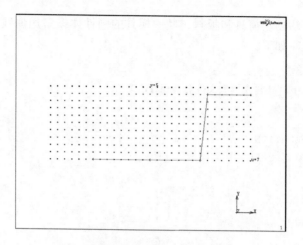

图 6.121　建立的模具粗略轮廓线

修整后的模具轮廓线段如图 6.122 所示。

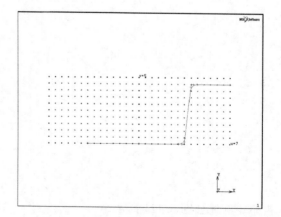

图 6.122　修整后的模具轮廓线段(带圆角)

由修整的线段建立模具曲面(图 6.123)，其按钮次序如下：

VIEW
SHOW VIEW 2

```
FILL
RETURN
EXPAND
SHIFT
TRANSLATIONS
0 0 3.5
CURVES
all: EXIST.
```

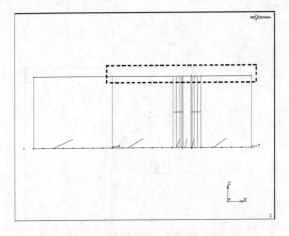

图 6.123　由修整的线段建立的模具曲面

建造 90°扇形面(图 6.124):

```
RESET
SHIFT
CENTRIOD
0 0 3.5
ROTATIONS
0 -90/10 0
REPETITIONS
10
CURVES
5 6 9 10 12    (拾取 x>0 区域的线段, 图 6.123 中虚线框内)
FILL
```

在图 6.124 的左上部建一矩形面(图 6.125):

```
RESET
SHIFT
CENTROID
```

第6章　金属塑性成形数值模拟应用举例

```
0 0 3.5
TRANSLATIONS
-4.0 0 0
REPETITIONS
1
CURVES
5 6 9 10 12　（拾取 z>3.5 in 区域的线段，图 6.124 中虚线框内）
END LIST (#)
RETURN
CURVES REMOVE
ALL: EXISTING
```

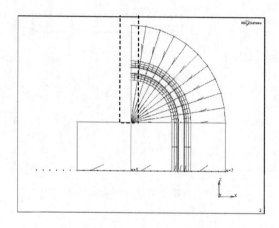

图 6.124　建造的 90°扇形面

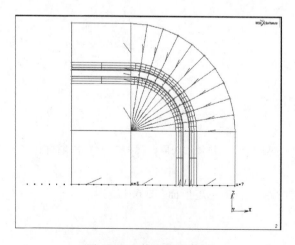

图 6.125　建成的模具面

6.7 超塑性成形数值模拟

下面输入点坐标,生成 2 条连接的线段(图 6.126):

```
SELECT
SURFACES
ALL: EXISTING
MAKE INVISIBLE
RETURN
CURVE TYPE
LINE
RETURN
VIEW 1, RETURN
crvs: ADD   [下面以 point (x, y, z)格式键入各点坐标,形成 2 条连接的线段]
point( -3.5, 5.0, 0.5)   [以 point (x, y, z)格式键入点坐标]
point( 0.0, 5.0, 0.5)    [以 point (x, y, z)格式键入点坐标,形成一条线段]
point( 0.0, 5.0, 0.5)    [以 point (x, y, z)格式键入点坐标]
point( 6.5, 5.0, 0.5)    [以 point (x, y, z)格式键入点坐标,形成另一条线段]
```

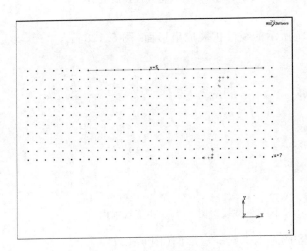

图 6.126 添加 2 条连接的线段

由图 6.126 中的线段生成平面(图 6.127):

```
EXPAND
RESET
SHIFT
TRANSLATIONS
0 0 3.0
CURVES
all: EXIST.
```

第6章　金属塑性成形数值模拟应用举例

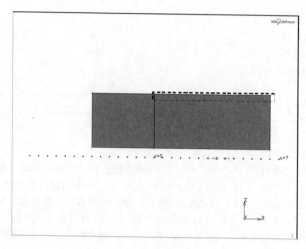

图 6.127　将线段扩展成面

将图 6.127 所示的线段扩展成扇形面(图 6.128)：

RESET
SHIFT
CENTRIOD
0 0 3.5
ROTATIONS
0 -90/10 0
REPETITIONS
10
CURVES
2　(拾取 $x>0$ 区域的线段，图 6.127 中虚线框内)

在图 6.128 的左上部建一矩形面(图 6.129)：

RESET
SHIFT
TRANSLATIONS
-3.5 0 0
REPETITIONS
1
CURVES
2　(拾取 $z>3.5$ in 区域的线段，图 6.128 中虚线框内)
END LIST (#)
RETURN

6.7 超塑性成形数值模拟

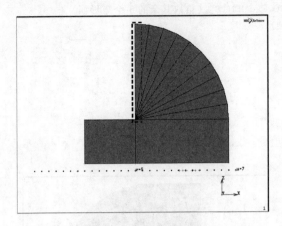

图 6.128 继续建造网格平面

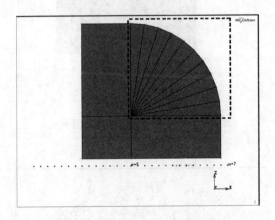

图 6.129 建成的曲面(3个矩形、1个扇形)

将图 6.129 的扇形面转换为有限单元(图 6.130):

```
CONVERT
DIVISIONS
10 1
SURFACES TO ELEMENTS   (选择图 6.129 中虚线框内区域)
END LIST (#)
RETURN
```

将图 6.130 的 3 个矩形面转换为有限单元(图 6.131):

```
DIVISIONS
10 10
```

第6章 金属塑性成形数值模拟应用举例

```
SURFACES TO ELEMENTS    （拾取其余的 3 个矩形面）
END LIST（#）
RETURN
SWEEP
ALL
RETURN
RENUMBER
ALL
RETURN    （两次）
```

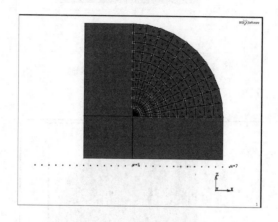

图 6.130　将扇形面转换为有限单元

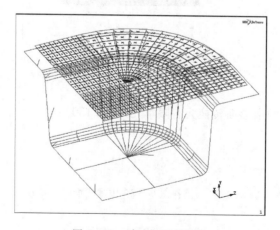

图 6.131　建成的工件网格

下面设置边界条件，其按钮次序如下：

6.7 超塑性成形数值模拟

```
BOUNDARY CONDITIONS
  MECHANICAL
    SELECT
      ELEMENTS
      all: EXIST.
      MAKE VISIBLE
      RETURN
    FIXED DISPLACEMENT
      FIX X, Y, Z = 0
      OK
    SELECT
      METHOD PATH
      NODES  (沿外边界拾取3个节点，依次为右端部节点、圆弧中央节点、顶
      部节点)
      END LIST (#)
      RETURN
    nodes: ADD
    all: SELECTED
```

固定的边部节点(其 x、y、z 方向位移均为零)如图 6.132 所示。

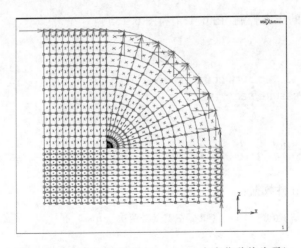

图 6.132　固定的边部节点(x、y、z 方向位移均为零)

下面固定对称轴的位移(图 6.133):

```
NEW
  FIX X = 0, OK
  nodes: ADD  (选择在 x = 0 上的所有节点)
    END LIST (#)
NEW
```

第 6 章　金属塑性成形数值模拟应用举例

```
FIX Z = 0
nodes: ADD    (选择在 z = 0 上的所有节点)
  END LIST ( # )
```

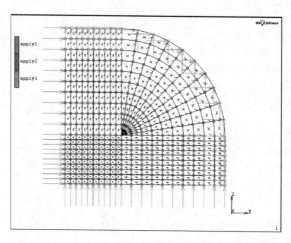

图 6.133　固定对称轴的位移($x=0$ 节点 x 方向位移为零，$z=0$ 节点 z 方向位移为零)

激活 SPF 的压力控制(图 6.134 和图 6.135)：

```
NEW
FACE LOAD
    SUPERPLASTICITY CONTROL
    ON PRESSURE NEGATIVE
    OK
FACES ADD
ALL EXISTING
MAIN
```

下面添加材料数据：

```
MATERIAL PROPERTIES    (鼠标左键点击两次)
NEW
    STANDARD
    STRUCTURAL
    TYPE: RIGID - PLASTIC
      PLASTICITY
          METHOD: POWER LAW    (POWER 定律：σ = B ε̇ N，如图 6.136 所示)
      OK  (两次)
      ELEMENTS ADD: ALL EXISTING
      MAIN
```

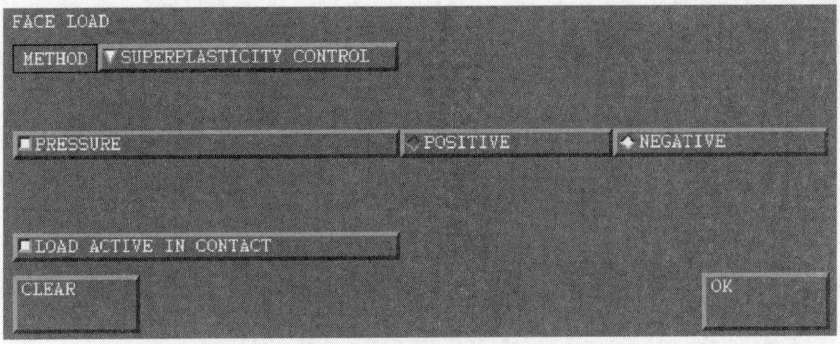

6.7 超塑性成形数值模拟

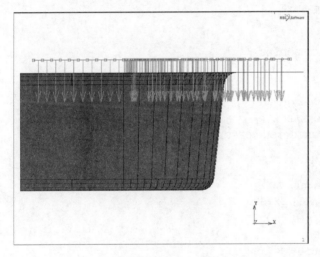

图 6.134 激活 SPF 的压力控制

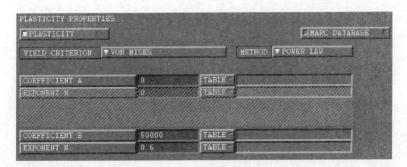

图 6.135 SPF 压力的图示

图 6.136 定义 SPF 材料行为

第6章　金属塑性成形数值模拟应用举例

定义几何特性：

```
GEOMETRIC PROPERTIES
  3-D
    MEMBRANE
      THICKNESS
        .080    （单元厚度：0.080 in）
      OK
    ELEMENTS ADD
    all: EXIST.
    SELECT
    MAKE INVISIBLE
    MAIN
```

定义接触：

```
CONTACT
  CONTACT BODIES
    NEW
    NAME
        workpiece
    DEFORMABLE
        FRICTION COEFFICIENT
            .3
        OK
    elements ADD
        All: EXIST.
    NEW
    NAME
        die
    RIGID
      VELOCITY PARAMETERS
        APPROACH VELOCITY  Y
        .01    （y方向速度）
      OK
    FRICTION COEFFICIENT
        .3
    OK
surfaces: ADD    （拾取构成模具 die 的面）
    END LIST (#)
ID BACKFACES
FLIP SURFACES
    all: EXIST.    （翻转构成模具的各面使屏显的金色面接触工件，如图6.137所示）
MAIN
```

6.7 超塑性成形数值模拟

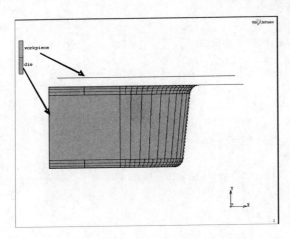

图 6.137 定义的接触体

定义载荷工况：

```
LOADCASES
  MECHANICAL
    STATIC
    TOTAL LOADCASE TIME
      3000
    stepping procedure
    MULTI - CRITERIA
      PARAMETERS
        INITIAL FRACTION
          1e-4
        MAXIMUM FRACTION
          5e-3
      OK
    CONVERGENCE TESTING
    RELATIVE/ABSOLUTE
    RESIDUALS AND DISPLACEMENTS
      RELATIVE FORCE TOLERANCE = 0.01
      MINIMUM REACTION FORCE CUTOFF
        6
      MAXIMUM ABSOLUTE RESIDUAL FORCE
        6
      RELATIVE DISPLACEMENT TOLERANCE = 0.05
      MINIMUM DISPLACEMENT CUTOFF
        5e-5
      MAXIMUM ABSOLUTE DISPLACEMENT
```

```
     5e-5
  OK
SUPERPLASTICITY CONTROL
pressure
  MINIMUM
    .001
  MAXIMUM
    300
  TARGET STRAIN RATE METHOD
    2e-4
  TARGET STRAIN RATE METHOD  (on)
  CONSTANT  (on)
  CUTOFF FACTOR
    100
  PRE_STRESS
    50
  # INCREMENTS
    5   (各参数如图6.138所示)
  OK  (两次)
  MAIN
```

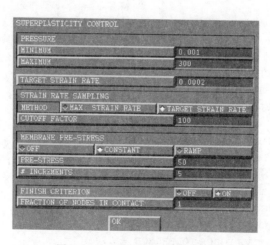

图 6.138　SPF 载荷工况的参数

2. 求解

首先定义工作(JOBS)，其中包括对模型设定薄膜单元(membrane elements)、库仑摩擦(Coulomb friction)，然后将模型递交求解：

```
JOBS
NEW  (MECHANICAL 或 STRUCTURAL)
```

6.7 超塑性成形数值模拟

```
PROPERTIES
  lcase1
  ANALYSIS OPTIONS
    LARGE STRAIN  (on)
    FOLLOWER FORCE  (on)
    OK
  JOB RESULTS
    available element scalars
      Equivalent Plastic Strain Rate
      Thickness of Element
    OK
  CONTACT CONTROL
    ADVANCED CONTACT CONTROL
    COULOMB
        BILINEAR
    OK  （两次）
ELEMENT TYPES, MECHANICAL  （或 STRUCTURAL）
  3 - D MEMBRANE /SHELL
  18  (Quad 4)
  OK
  all: EXIST.
  RETURN
SAVE
RUN
  STYLE: OLD
  SUBMIT1
  MONITOR
    OK
  MAIN
```

3. 后处理

打开模拟计算结果：

```
RESULTS
  OPEN DEFAULT
  NEXT
  DEF ONLY
  CONTOUR BAND
  SCALAR
    Thickness of Element  （单元厚度）
  LAST  （最后的增量步，如图6.139所示）
```

第6章 金属塑性成形数值模拟应用举例

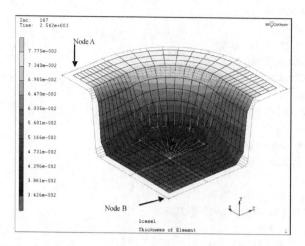

图 6.139　SPF 成形结束时的厚度分布(有摩擦)(单位: in)

显示沿边部厚度变化曲线:

```
PATH PLOT
SET NODES
    (Node A) (Node B)
    END LIST (#)
ADD CURVES
    ADD CURVE
        Arc Length
        Thickness
    FIT  (图 6.140)
    RETURN
```

下面显示 SPF 成形过程的压力变化:

```
RESULTS
    HISTORY PLOT
    ALL INCS
    ADD CURVES
        GLOBAL
        Time
        Process Pressure
    FIT  (图 6.141)
```

4. 讨论

由图 6.139 可见，板料厚度从 0.080 in 减小到约 0.034 in；图 6.140 显示从边部紧固处到中心厚度的急剧变化；图 6.141 显示 SPF 成形过程的压力受到自动调节以使工件内的平均应变速率处于图 6.134 的设定值。另外,节点完全接触到模具计算结束的时间小于载荷工况中给定的时间 3 000 s。

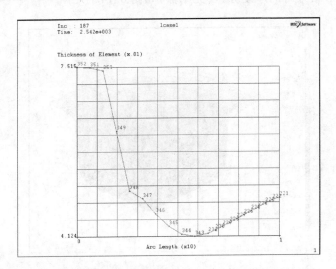

图 6.140　从边部到中心的厚度变化(无自适应网格划分)(单位:in)

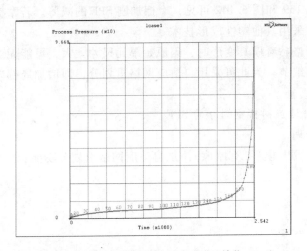

图 6.141　SPF 成形过程的压力变化(单位:psi)

为观察摩擦对板厚减薄的影响,下面关闭摩擦选项:

```
JOBS
  PROPERTIES
  CONTAT CONTROL
  FRICTION TYPE:
```

NONE

SPF 成形结束时的厚度分布(无摩擦)如图 6.142 所示。

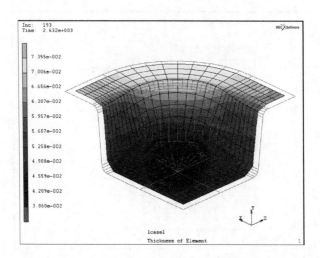

图 6.142　SPF 成形结束时的厚度分布(无摩擦)(单位：in)

对比图 6.139 和图 6.142 可见，摩擦加剧 SPF 的减薄。若摩擦引起的减薄量太大，则需采用其他塑性成形技术。

当工件网格贴着模具变形时，因原始单元尺寸太大，可能无法正确获得工件表面变形的细节。为此可采用自适应网格重划分，即增加局部单元数目从而改进模拟结果。

5. 采用自适应网格重划分的 SPF

(1) 前处理

对原来的 SPF 模型(有摩擦)添加自适应网格重划分功能：

```
FILES
  OPEN spf
  SAVE AS
    spf_adapt
    OK
  RETURN
ADAPTIVE REMESHING  （对于 Marc2013：MESH ADAPTIVITY）
  LOCAL ADAPTIVITY CRITERIA
    NODES IN CONTACT
    MAX # LEVELS = 2
    OK
  ELEMENTS ADD  （选择的单元如图 6.143 所示）
  END LIST
```

ID LOCAL ADAPTIVITY CRITERIA

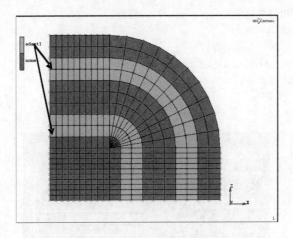

图 6.143 选择要求细化的单元

(2) 求解

```
MAIN
JOBS
  RUN
    SAVE MODEL
    SUBMIT1
    MONITOR
        OK
    MAIN
```

求解结束时的界面如图 6.144 所示。

(3) 后处理

```
RESULTS
    OPEN DEFAULT
    NEXT
    DEF ONLY
    CONTOUR BAND
    SCALAR
        Contact Status
    LAST
    SCALAR
    Thickness of Element  (图 6.145)
    PATH PLOT
    NODE PATH
```

第6章　金属塑性成形数值模拟应用举例

```
(Node A) (Node B)
END LIST
ADD CURVES
    ADD CURVE
        Arc Length
        Thickness Of Element    (图6.146)
    RETURN
FIT
```

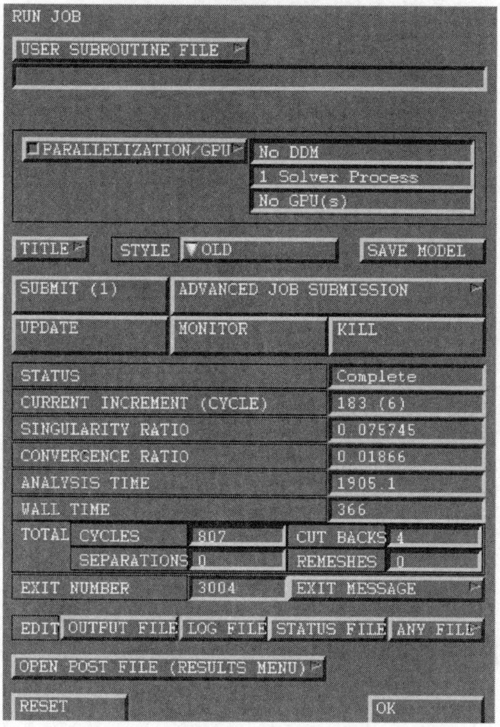

图 6.144　求解结束时的界面

(4) 讨论

由图 6.145 和图 6.146 可见，采用自适应网格划分时，随着更多单元贴近模具角部而使最小厚度有少许降低（与无自适应网格划分相比）。因此采用自适应网格划分技术对局部增加单元数能够得到更加符合模具要求的模拟结果。

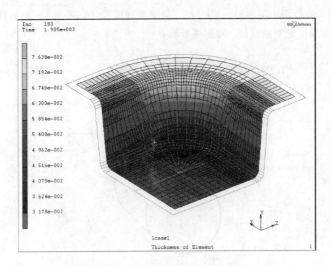

图 6.145 自适应的厚度分布(单位：in)

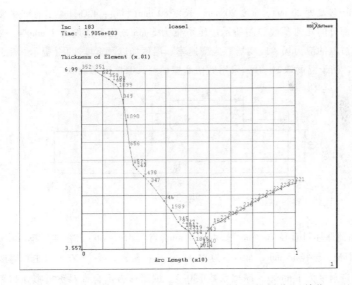

图 6.146 从边部到中心的厚度变化(有自适应网格划分)(单位：in)

思考题

1. 简述 Marc 有限元模拟的基本流程。
2. 已知板材轧前厚度为 40 mm、宽度为 20 mm，经一道次轧出厚度为 26 mm，钢种为 C22，轧辊直径为 950 mm，轧制速度为 307 mm/s。开轧温度为 1 050 ℃，轧辊温度取 150 ℃。

第 6 章 金属塑性成形数值模拟应用举例

应用有限元模拟分析该轧制过程的应力场、应变场和温度场(提示:两个轧辊之间可采用 1/2 对称性;采用库仑摩擦模型,摩擦系数取 0.3)。

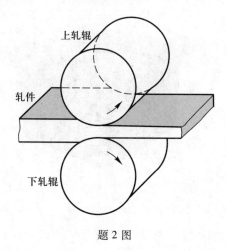

题 2 图

3. 已知方坯高度 20 mm、宽度 20 mm、长度 80 mm(材质:42CrMo4),砧子的宽度 25 mm,其截面对称部分的几何参数如图所示。压下量为 3 mm,压下速度为 1 mm/s。试模拟该拔长锻造成形过程的应力场、应变场、应变速率、温度场以及宽度变化(提示:工件初始温度取 1 200 ℃,砧子温度取 50 ℃,采用剪切摩擦模型,摩擦因子取 0.7)。

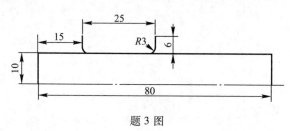

题 3 图

4. 已知圆棒坯料直径 76 mm、长度 100 mm(材质 15CrNi6),在锥形模具中完成挤压成形,挤压模具出口半径 15 mm,面缩率为 84.4%,坯料初始温度 1 000 ℃,工具温度取 200 ℃,液压油缸推进速度为 1 mm/s,摩擦系数取 0.3。试用热力耦合轴对称模拟该挤压过程的应力场、应变场和温度场。

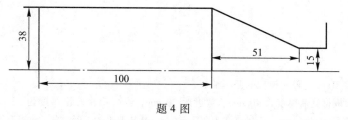

题 4 图

5. 已知圆棒坯料直径 15 mm、长度 38 mm，钢种为 C45，拉拔孔直径 13.5 mm。坯料及拉拔模截面 1/2 对称部分的尺寸如图所示。拉拔速度为 1 mm/s。试用轴对称有限元模拟分析该拉拔过程的应力场和应变场(提示：坯料温度及拉拔模温度取 20 ℃，库仑摩擦系数取 0.1)。

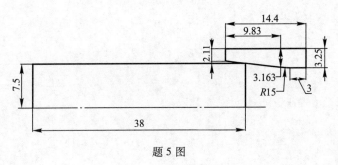

题 5 图

第 7 章
金属热变形组织模拟应用举例

7.1 概述

准确模拟和预测金属塑性成形微观组织变化对于成形件质量及性能控制具有重要意义。金属热变形的微观组织变化包括：① 在塑性成形过程中的动态组织变化（动态回复、动态再结晶）；② 在塑性成形过程之后或者在多阶段塑性成形间歇时间内的静态组织变化（静态回复、静态再结晶、晶粒长大），如图 7.1 所示。

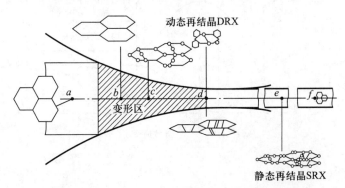

图 7.1 金属热变形的微观组织变化（以热轧钢为例）

第7章 金属热变形组织模拟应用举例

塑性成形过程中发生的动态组织变化能导致流变曲线变化，如图7.2和图7.3所示。图7.2表示纯动态回复中的流变曲线，这在堆垛层错能高的金属中是常见的(例如铝合金、铁素体钢和大部分体心立方金属)。图7.3给出了动态再结晶对流变曲线的影响，这在堆垛层错能较低和中等的面心立方金属中是典型的(例如镍、铜和在奥氏体状态下的钢)。

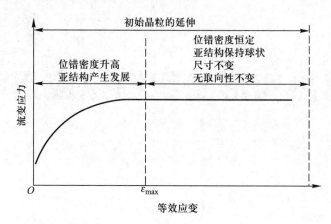

图7.2 因动态回复产生的流变曲线变化

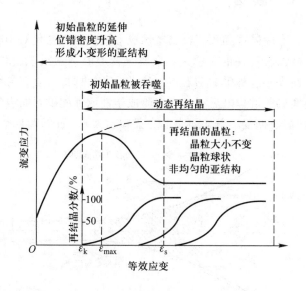

图7.3 因动态再结晶产生的流变曲线变化

7.2 金属热变形组织模拟方法

7.2.1 热变形过程动态组织模拟原理

下面以金属热变形过程动态再结晶局部组织变化及其对应的流变曲线变化说明热变形微观组织的模拟方法(structure simulation，STRUCSIM)。

下面通过图7.4介绍热变形过程动态组织变化原理。首先假定材料从一均匀软化组织S1出发，该组织在变形过程(A)中，在达到时刻B的临界等效应变$\varepsilon_k(1)$前发生均匀的加工硬化。一旦超过$\varepsilon_k(1)$，则组织的一部分S2将发生再结晶，并被作为独立部分观察。该部分组织在进一步的变形过程中也会从k_{f0}出发按硬化定律发生加工硬化，然而考虑到新的再结晶晶粒大小，组织S1的其余部分也继续发生加工硬化，但其与新出现而逐渐增多的再结晶组织部分S2~S6相比持续减少。从时刻D起，先前从时刻B开始新出现的组织部分S2的一部分也能在超过其临界等效应变$\varepsilon_k(2)$时发生动态再结晶，以至于从这一时刻开始，既有从S1出现的新组织部分(即S4)，也有从S2出现的新组织部分(即S5)形成。由于再结晶区域的晶粒大小一般小于原始组织的晶粒大小，因此再结晶区域的组织能够更早地达到其发生新的再结晶所需的临界等效应变。硬化区域的消失和不断伴随出现的软化组织部分以及同时发生的已存在区域的硬化，最终将达到一个流变应力不变的稳定状态。各再结晶组织部分的百分数可由Johnson – Mehl – Avrami – Kolmogorov(JMAK)函数确定。

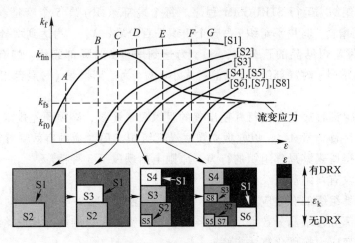

图7.4 热变形过程动态组织模拟原理

为了对上述热变形过程动态组织进行数值模拟，需要引入一个描述整个过程的状态变量：有效的等效应变（简称有效应变）ε_{eff}。该有效应变 ε_{eff} 是考虑各局部组织软化机理（DRX、SRX）而减小后的等效应变，其表示式为

$$\varepsilon_{\text{eff}} = \sum \varepsilon_{\text{V}} - \sum (\varepsilon |_{\text{DRX,SRX}}) \tag{7.1}$$

式中：ε_{V} 为等效应变。

在方程(7.1)中仅考虑动态再结晶和静态再结晶的软化影响，而未考虑动态回复的影响。这里用有效应变 ε_{eff} 代替位错密度作为过程的状态变量。

在有限元模拟的每个时间离散步之后，借助 STRUCSIM 程序获得各局部组织的信息。计算 DRX 需要的过程量 ε_{V}、$\dot{\varepsilon}_{\text{V}}$、$\vartheta$ 以及计算 SRX 需要的过程量 ϑ、t_{p}（间歇时间）是由 FEM 主程序传递到微观组织计算程序 STRUCSIM 中的。根据变形参数和集成的唯象方程能获得当前计算步的特征状态变量 ε_{eff} 以及动态和静态组织信息。在每一时间离散步之后，STRUCSIM 向 FEM 主程序返回当前的局部流变应力，该流变应力用于下一计算步的塑性力学模拟，于是微观组织在塑性变形模拟中的影响得到了考虑。

7.2.2　热变形组织模拟（STRUCSIM）计算流程

金属热变形过程微观组织模拟计算程序（STRUCSIM）的计算流程如图 7.5 所示。在 STRUCSIM 程序中，首先检查等效应变速率是否足够大从而开始发生动态再结晶；否则就转到静态再结晶模块。这通常发生于连续过程，例如轧制的体单元脱离变形区时。

在变形过程中出现的所有再结晶组织被单独计算，以便在某一增量 i 内对所有局部组织 j 运行 STRUCSIM 程序。每个局部组织 j 有 5 个特征参量，即：$A_{i,j}$ 为达到增量 i 时局部组织 j 占整个组织的百分数；$X_{\text{dyn},i,j}$ 为达到增量 i 时局部组织 j 中发生再结晶的百分数；$\varepsilon_{\text{eff},i,j}$ 为达到增量 i 时局部组织 j 的有效应变；$d_{i,j}$ 为达到增量 i 时局部组织 j 的晶粒大小；$k_{\text{f},i,j}$ 为达到增量 i 时局部组织 j 的流变应力。

为了保证程序稳定运行并使出现的组织数量受限，必须预先规定局部组织的最小允许百分量 $A_{\min}$，以此独立观察局部组织。用对应的有效应变确定各特征量并获得所观察局部组织的行为。原则上出现以下 3 种情形。

（1）没有再结晶

当局部组织的有效应变 $\varepsilon_{\text{eff},i,j}$ 小于发生再结晶的临界等效应变时，或者当计算出的部分再结晶分数太小（$A_{i,j} < A_{\min}$），则视做无再结晶。其原始组织将遗留并且流变应力按硬化算法求解。

7.2 金属热变形组织模拟方法

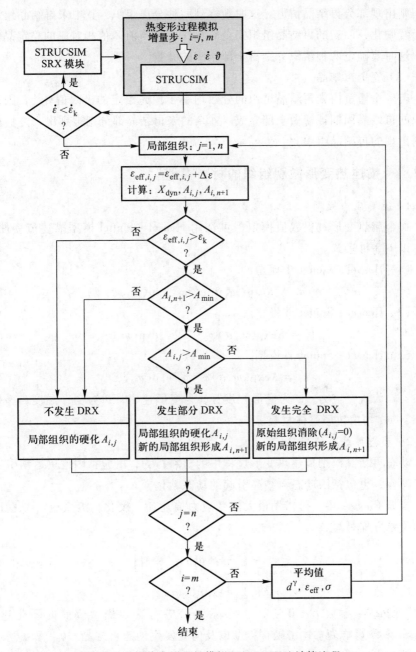

图 7.5 金属热变形组织模拟(STRUCSIM)计算流程

（2）部分再结晶

当新再结晶组织以及未再结晶组织的分数均大于预先给定的极限值 $A_{\min}$

时，则出现部分再结晶情形。这时观察到两种分离组织，其中未再结晶组织仅仅继续硬化，而新的再结晶组织完全软化并取与当前 Z 值相对应的稳定晶粒大小。这时要确定两种组织分别占全部组织的分数。

（3）完全再结晶

若一个增量内未再结晶组织的分数均小于预先给定的极限值 $A_{\min}$，则局部组织的再结晶周期被视做全部完成。残余的未再结晶部分则被剔出，之后仅观察新出现的再结晶组织。

7.2.3 描述热变形微观组织的材料模型

1. 流变应力模型

在金属热变形过程数值模拟中可选用 Hensel – Spittel 模型描述流变曲线，其有以下 3 种形式。

（1）Hensel – Spittel Ⅰ 模型

$$k_f = K\exp(m_1\vartheta)\dot{\varphi}^{m_2}\varphi^{m_3}\exp(m_4\varphi) \tag{7.2}$$

（2）Hensel – Spittel Ⅱ 模型

$$k_f = K\exp(m_1\vartheta)\dot{\varphi}^{m_2+m_3\vartheta}\varphi^{m_4}\exp(m_5\varphi) \tag{7.3}$$

（3）Hensel – Spittel Ⅲ 模型

$$k_f = K\exp(m_1\vartheta)\dot{\varphi}^{m_2}\varphi^{m_3}\exp(m_4/\varphi) \tag{7.4}$$

式中：k_f 为流变应力；φ 为变形程度；$\dot{\varphi}$ 为变形速率；ϑ 为变形温度；系数 K 和 $m_1 \sim m_5$ 均取决于具体材料。

2. 动态再结晶模型

动态再结晶模型描述热变形过程中的材料行为，既包括因位错运动引起的加工硬化，也包括因动态再结晶引起的动态软化。

根据 Cingara 等，可借助最大流变应力描述加工硬化。流变应力与变形条件的关系方程可写成

$$\frac{k_f}{k_{f\max}} = \left[\frac{\varepsilon}{\varepsilon_{\max}}\exp\left(1 - \frac{\varepsilon}{\varepsilon_{\max}}\right)\right]^C \tag{7.5}$$

$$C = C_1\{1 - \exp[C_2(\ln Z)^{C_3}]\} \tag{7.6}$$

式中：Cingara 系数 $C = 0 \sim 1$，C 表示流变应力达到最大值前的硬化过程。Cingara 系数 C 物理描述了硬化程度以及何时发生动态再结晶。$k_{f\max}$ 和 $\varepsilon_{\max}$ 之值可从包含变形温度和应变速率等变形条件的方程(7.8)和方程(7.9)得到。

$$\sinh(o_3 k_{f\max}) = o_1 Z^{o_2} \tag{7.7}$$

其中，Zener – Hollomon 参数 Z 是热变形过程的一个重要过程参数，参数 Z 将变形温度与应变速率对热变形过程的影响联系起来，其按下式定义：

$$Z = \dot{\varepsilon}\exp\left(\frac{Q_{\text{def}}}{RT}\right) \tag{7.8}$$

只要材料储存的变形能足够大,则在变形过程中就新出现许多完整的、局部再结晶的初始晶粒。其组织的总流变应力由各局部组织(该局部组织与其再结晶百分数相对应)的流变应力叠加而成。

为了描述动态再结晶,首先要从流变曲线上找到流变曲线变化的特征点 $\varepsilon_{\max}$ 和 $\varepsilon_{\text{stat}}$,这两个点的横坐标分别对应达到最大流变应力时的应变以及应力开始进入不变区时的应变,如图 7.6 所示。

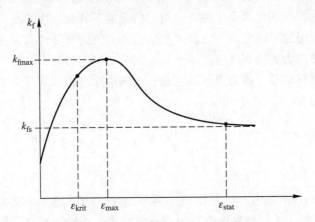

图 7.6 具有动态再结晶的流变曲线特性

为了定义动态再结晶何时开始,还需要给出第三个特征点,即临界应变 $\varepsilon_{\text{krit}}$,因为在达到流变应力最大值之前已经发生动态再结晶。这些特征点取决于变形条件(Zener – Hollomon 参数 Z)。这些特征点之间的相互关系可用下列方程描述:

$$\varepsilon_{\max} = a_1 d_0^{a_2} Z^{a_3} \tag{7.9}$$

$$\varepsilon_{\text{krit}} = a_4 \varepsilon_{\max} \tag{7.10}$$

$$\varepsilon_{\text{stat}} = e_1 \varepsilon_{\max} + e_2 d_0^{e_3} Z^{e_4} \tag{7.11}$$

方程(7.9)~(7.11)中的材料系数 $a_1 \sim a_4$ 和 $e_1 \sim e_4$ 可借助单道次热压缩试验测得的流变曲线群确定,以取代耗时费力的多道次压缩金相分析。

根据测定的特征点能够给出动态再结晶动力学表示式。从 JMAK 关系式可得再结晶百分数 X_{DRX} 的曲线变化。根据 Sellars 的 X_{DRX} 表示式如下:

$$X_{\text{DRX}} = 1 - \exp\left[d_1\left(\frac{\varepsilon - \varepsilon_{\text{krit}}}{\varepsilon_{\text{stat}} - \varepsilon_{\text{krit}}}\right)^{d_2}\right] \tag{7.12}$$

式中:系数 d_1 和 d_2 分别对应动态再结晶的引入项和曲线的斜率。

除了再结晶动力学，还特别关注晶粒长大。根据 Luton 和 Sellars，稳定的动态再结晶晶粒大小 d_{DRX} 是稳定时的流变应力 k_{fs} 的一个函数并与初始晶粒大小有关，因此可直接通过 Zener – Hollomon 参数 Z 将 d_{DRX} 写成

$$d_{DRX} = bk_{fs} = b_1 Z^{b_2} \tag{7.13}$$

3. 静态再结晶模型

静态材料模型包括亚动态再结晶、静态再结晶和晶粒长大的金属学过程，其直接发生在热变形之后或两次变形之间的间隙时间。

因为亚动态再结晶进行得很快而由此引起的软化效果（流变应力下降）与静态再结晶的影响相比很小，因此这里可假设静态软化只由静态再结晶及其之后晶粒长大引起。两者均与之前产生的应变有关而且导致有限度的软化。再次变形又会使应力再达到之前的水平。

正如动态再结晶，静态再结晶也是一个热激活过程，其动力学按 Sellars 给出的方程表示为

$$X_{SRX} = 1 - \exp\left[\ln(1-X)\left(\frac{t}{t_X}\right)^{g_1}\right] \tag{7.14}$$

$$t_X = f_1 d_0^{f_2} \varepsilon^{f_3} Z^{f_4} \exp\left(\frac{-Q_{SRX}}{RT}\right) \tag{7.15}$$

式中：g_1 是 Avrami 指数；t_X 是出现 X 再结晶需要的时间，t_X 取决于变形条件 Z、初始晶粒大小 d_0、材料常数 Q_{SRX} 以及间隙或停顿时的温度；R 为一般的气体常数；$f_1 \sim f_4$ 为取决于材料的系数。

因为热变形过程的温度因变形热、对流等而连续变化，因此必须引入一个温度补偿的时间 W_X 以替代 t_X，即

$$W_X = t_X \exp\left(\frac{Q_{SRX}}{RT}\right) \tag{7.16}$$

与方程(7.15)相对应的方程即为

$$W_X = f_1 d_0^{f_2} \varepsilon^{f_3} Z^{f_4} \tag{7.17}$$

实际上 t_X 和 W_X 可按 Avrami 指数 g_1 借助规定的时间 $t_{0.5}$（50% SRX）或 $W_{0.95}$（95% SRX）来描述，于是按方程(7.14)得出在考虑温度补偿的时间 W_X 时静态再结晶百分数为

$$X_{SRX} = 1 - \exp\left[\ln(1-0.95)\left(\frac{W_X}{W_{0.95}}\right)^{g_1}\right] \tag{7.18}$$

或

$$X_{SRX} = 1 - \exp\left[\ln(1-0.5)\left(\frac{t_X}{t_{0.5}}\right)^{g_1}\right] \tag{7.19}$$

静态再结晶的晶粒大小 d_{SRX} 按 Sellars 等描述为

$$d_{SRX} = c_1 d_0^{c_2} \varepsilon^{c_3} Z^{c_5} \tag{7.20}$$

晶粒大小的发展变化与初始晶粒大小 d_0、经历的应变 ε 和变形条件等有关。静态再结晶之后发生的热激活晶粒长大通过晶粒界面变小使得内部储存的变形能减小。

4. 晶粒长大模型

晶粒长大引起晶粒大小的变化仍按 Sellars 等描述为

$$d_{KW}^{hd_1} = d_0^{hd_2} + hd_3 \cdot t \cdot \exp\left(\frac{-Q_{KW}}{RT}\right) \tag{7.21}$$

式中：d_0 为晶粒长大开始时的晶粒大小，即静态再结晶完成后的晶粒大小；Q_{KW} 为晶粒长大激活能；t 为间隙时间；$hd_1 \sim hd_3$ 为与材料有关的系数。

通过上述方程建立的唯象模型用于描述再结晶动力学和晶粒大小变化。方程中包含的系数必须针对具体材料通过基础试验测定。

7.3 LARSTRAN/STRUCSIM 模拟组织的步骤

7.3.1 LARSTRAN 有限元软件简介

LARSTRAN 是通用的非线性有限元分析软件，适用于各类静态、稳态、隐式动力学、缓慢的黏塑性流动、非线性瞬态传热和热力耦合等复杂问题的数值模拟分析。

LARSTRAN 求解器早期是由非线性有限元分析的先驱者之一 John Argyris 教授等在德国斯图加特大学（Universität Stuttgart）开发的，现在由德国 LASSO 软件公司（由斯图加特大学发起成立于 1986 年）负责该软件的技术支持及软件升级等。

LARSTRAN 用于金属塑性成形模拟即 LARSTRAN/SHAPE，其前后处理器 PEP（programmer's environment for pre-/postprocessing, PEP）是由德国亚琛工业大学（RWTH）金属塑性成形研究所（IBF）开发的。PEP& LARSTRAN 针对金属塑性成形的建模特点和专业使用要求，具备针对塑性成形过程专门的模型诊断、网格重划分以及优化等功能。

IBF 将长期金属塑性成形技术中取得的许多重要研究成果集成到 PEP&LARSTRAN 中，例如金属塑性成形微观组织模拟系统（STRUCSIM）、计算机辅助优化工具（CAOT）等。

PEP/LARSTRAN/STRUCSIM 的特有功能包括如下内容。

1）具有专门的金属塑性成形微观组织模拟功能（STRUCSIM），其特点是能够在每个时间离散步内考虑变形历史对各局部区域动态组织变化的影响，从而使金属塑性成形微观组织的数值模拟建立在更加科学的基础上。

2）在热变形有限元模拟时可采用黏塑性本构方程，其高效非线性求解功能特别适用于模拟具有几何非线性、材料非线性和接触非线性的复杂金属塑性成形问题（包括各类轧制、锻造、冲压、挤压、拉拔等）。

3）不仅自身具有强大的建模功能，而且具有丰富的 CAD 接口，可直接读入许多其他常用 CAD 软件建立的模型。

4）针对金属塑性成形过程具有专门的模型诊断功能，为提高计算精度能够根据塑性变形过程网格畸变情况自动进行网格重划分及网格优化（二维、三维均可）。

5）具有计算机辅助优化功能（CAOT），即实现了"模拟-优化"集成化。

7.3.2 LARSTRAN/STRUCSIM 模拟组织的步骤

通常 LARSTRAN 有限元模拟包括以下 3 个步骤。

1. 前处理（preprocessing）

在前处理中创建有限元模型（FE-model），其中包括建立工具、工件等模型。在建模过程中应仔细考虑工具是否具有对称性。若具有对称性，则只需建立对称部分的模型，这将显著减少所需的计算量。在建造工件模型之前，必须选择合理的坐标系以便于以后的建造工件模型（轴对称工件一般要在平面 x、y 坐标系的特定象限生成）。另外，前处理还包括确定时间步长、定义工件的材料参数等。如果需要模拟组织，则需在主控菜单 CHEF 中同时激活功能按钮热力耦合（thermal/mechanical）以及组织模拟（STRUCSIM）。

2. 求解（processing）

在求解过程中求解器采用前处理产生的有限元模型进行实际的数值模拟计算。程序系统 PEP 提供若干求解器算法的选项。一旦开始，求解过程将独立运行，用户不必做任何干预；若开始求解并且交互式运行，则模拟过程可在记录（protocol）窗口观察到。用户也可选择非交互式运行数值模拟，其过程可使用文本编辑器在 pep_lajob.log 文件中看到。

3. 后处理（postprocessing）

在后处理中能够显示和分析上述求解得到的结果，例如等效应力、等效应变以及材料流动等可用动画显示以便更好地揭示金属塑性变形的机理。

7.4 热压缩过程组织模拟

7.4.1 问题提出

1. 初始条件

现有一个圆柱试样(材质为 42CrMo4),经热压缩变形的相对压下量为 56.7%。已知试样的原始高度(h_0)为 15 mm,试样的原始直径(d_0)为 10 mm,工具的速度(v_w)为 50.8 mm/s,试样初始温度(ϑ_0)为 1 100 ℃,针对该热压缩变形进行动态组织模拟,如图 7.7 所示。

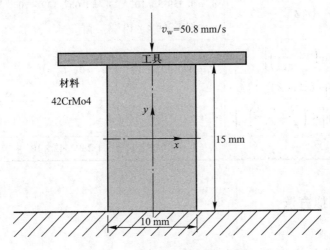

图 7.7 热压缩的圆柱试样示意图

2. 材料模型及数据

42CrMo4 钢流变应力 k_f 及动态组织变化模型和材料数据可通过试验得到(表 7.1)。其中,φ 为变形程度;$\dot{\varphi}$ 为变形速率;ϑ 为变形温度;Z 为 Zener - Hollomon 参数;ε 为等效应变;$\dot{\varepsilon}$ 为等效应变速率;Q_{def} 为激活能;ε_{max} 为 k_f 达到最大值时的等效应变;d_0 为原始晶粒大小;ε_{krit} 为发生动态再结晶时的临界等效应变;ε_{stat} 为 k_f 开始进入稳定区间的等效应变;k_{fmax} 为流变应力最大值;X_{DRX} 为动态再结晶百分数;d_{DRX} 为动态再结晶的晶粒大小。

表 7.1 42CrMo4 钢动态再结晶模型及数据

流变应力及材料模型	42CrMo4
$k_f = K\exp(m_1\vartheta)\dot\varphi^{m_2}\varphi^{m_3}\exp(m_4\varphi)$	$K = 6\ 514.299\ 8$, $m_1 = -0.003\ 599\ 6$, $m_2 = 0.125\ 75$, $m_3 = 0.296\ 14$, $m_4 = -0.675\ 8$
$Z = \dot\varepsilon\exp\left(\dfrac{Q_{\text{def}}}{RT}\right)$	$Q_{\text{def}} = 301.413\ 8$ kJ/mol
$\varepsilon_{\max} = a_1 d_0^{a_2} Z^{a_3}$	$a_1 = 6.636\times 10^{-4}$, $a_2 = 0.5$, $a_3 = 0.148\ 5$
$\varepsilon_{\text{krit}} = a_4 \varepsilon_{\max}$	$a_4 = 0.8$
$\varepsilon_{\text{stat}} = e_1 \varepsilon_{\max} + e_2 d_0^{e_3} Z^{e_4}$	$e_1 = 0$, $e_2 = 5.802\ 576\times 10^{-4}$, $e_3 = 0.5$, $e_4 = 0.175\ 3$
$k_{f\max} = \dfrac{1}{o_3}\sinh^{-1}(o_1 Z^{o_2})$	$o_1 = 5.559\ 5\times 10^{-3}$, $o_2 = 1\ 657.129\times 10^{-4}$, $o_3 = 510.366\ 8\times 10^{-5}$
$\dfrac{k_f}{k_{f\max}} = \left[\dfrac{\varepsilon}{\varepsilon_{\max}}\exp\left(1-\dfrac{\varepsilon}{\varepsilon_{\max}}\right)\right]^C$ $C = C_1[1-\exp(C_2(\ln Z)^{C_3})]$	$C_1 = 323.735\times 10^{-3}$, $C_2 = 0$, $C_3 = 0$
$X_{\text{DRX}} = 1-\exp\left[d_1\left(\dfrac{\varepsilon-\varepsilon_{\text{krit}}}{\varepsilon_{\text{stat}}-\varepsilon_{\text{krit}}}\right)^{d_2}\right]$	$d_1 = -1$, $d_2 = 2.5$
$d_{\text{DRX}} = b_1 Z^{b_2}$	$b_1 = 1\ 104.607$, $b_2 = -1\ 280.542\times 10^{-4}$

7.4.2 模拟方法

1. 前处理

为了节省计算时间,考虑其几何对称性,只需建立 1/4 部分的二维(2D)模型。以下介绍建立 2D 有限元模型的方法。

(1) 工件

使用命令"PEP"启动前处理器 PEP 的主菜单界面,然后选择 2D 选项,如图 7.8 所示。

为了创建工件,要在主菜单上选择下一级菜单 Workpiece。在菜单 Workpiece 中选择按钮 Mesh 显示菜单 Workpiece Mesh,如图 7.9 所示。

在菜单 Construction 中激活按钮 Node 和 Label,如图 7.10 所示。

选择按钮 New 则出现菜单 New Node,如图 7.11 所示。

选择菜单 XYZ 用于输入节点坐标,这些节点位于工件 1/4 几何对称部分的角点。坐标系的原点位于工件 1/4 几何对称的交点 Node1(图 7.12)。输入每个节点的坐标后选择 OK 按钮。

输入并确认节点坐标后,选择 CANCEL 按钮退出菜单 Node,并通过选择

7.4 热压缩过程组织模拟

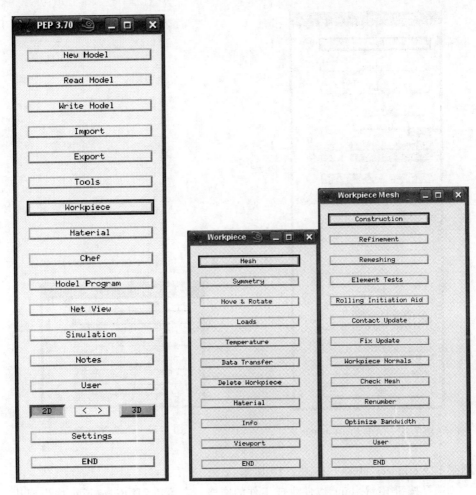

图 7.8 前处理器 PEP 的主菜单界面

图 7.9 菜单 Workpiece Mesh

按钮 END 返回到菜单 Construction。在菜单 Construction 中激活按钮 Element 和 Label,如图 7.13 所示。

选择按钮 New 以便将这 4 个节点连接成一个矩形。用鼠标左键分别选择第 1 个节点和第 2 个节点,再按一下鼠标右键则在这 2 个节点之间生成 1 个线单元。依此继续,可生成反映工件轮廓的 4 个 2 - 节点线单元(FLAN - elements);或者用鼠标左键逐个选择这 4 个节点,再按一下鼠标右键生成 1 个 4 - 节点单元(QUAD4 - element),如图 7.14 所示。

创建矩形后,再按一下鼠标右键回到菜单 Construction。选择按钮 END 回

第 7 章 金属热变形组织模拟应用举例

图 7.10 菜单 Construction

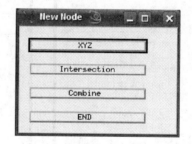

图 7.11 菜单 New Node

到菜单 Workpiece Mesh,如图 7.15 所示。

选择按钮 Remeshing 以便生成工件的网格。在菜单 2D Remeshing 中出现几种不同的网格类型供选择,如图 7.16 所示。

在这个算例中使用网格重划器 QuadGridMesh(4 - 节点四边形单元网格),在菜单 QuadGridMesh 中需要用户输入网格特征参数。这里将网格边长(Remeshing Edge Length)设定为 0.125 mm,如图 7.17 所示。

一旦输入希望的网格特征参数(网格边长等)并用 OK 确认该信息后,网格重划器 QuadGridMesh 就按给定的参数在工件轮廓内生成网格。当网格生成完毕,则弹出生成的网格特征参数一览表(图 7.18)。图 7.19 为生成的工件网格。

选择按钮 OK 和 END 回到菜单 Workpiece Mesh,用按钮 Check Mesh 检查生成网格中的错误(例如重复/分离的节点、重复的单元),如图 7.20 所示。

7.4 热压缩过程组织模拟

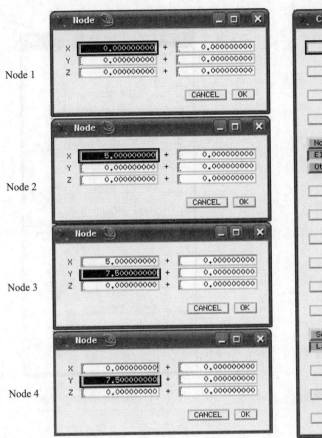

图 7.12 用菜单 XYZ 输入 4 个节点坐标

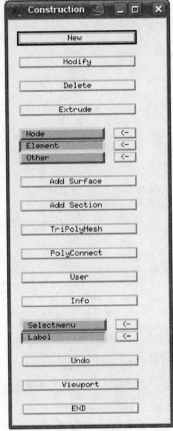

图 7.13 在菜单 Construction 中激活 Element 和 Label

为了节省计算时间,单元刚度矩阵的带宽(bandwidth)必须最小化。通过选择按钮 Optimize Bandwidth 进行带宽优化,如图 7.21 所示。出现一个对话框询问是否要对网格进行几何预分类处理,选择按钮 Yes,如图 7.22 所示。

在图 7.22 中选择按钮 Yes 后即开始带宽优化,结束时显示新的带宽,如图 7.23 所示。

选择按钮 OK 回到菜单 Workpiece Mesh,然后选择按钮 END 回到菜单 Workpiece。在菜单 Workpiece 中选择按钮 Symmetry 定义工件的对称性,如图 7.24 所示。

在菜单 Symmetry 中可定义工件的对称性,如图 7.25 所示。在总体对称(Global Symmetry)选项中,选择 x 轴方向(Direction of X - Axis)和 y 轴方向

第7章 金属热变形组织模拟应用举例

图 7.14 工件轮廓

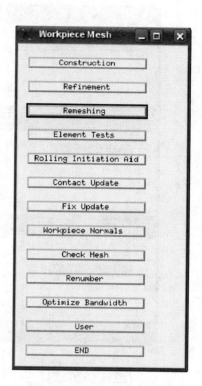

图 7.15 菜单 Workpiece Mesh

图 7.16 菜单 2D Remeshing

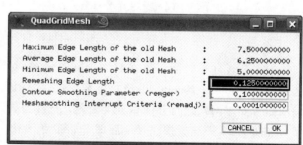

图 7.17 QuadGridMesh 特征参数的设定值

（Direction of Y‐Axis）定义总体对称。此外还要激活二维轴对称（Rotationssymmetrie 2D），如图 7.25 所示。这些选项用按钮 OK 确认后回到菜单 Workpiece。

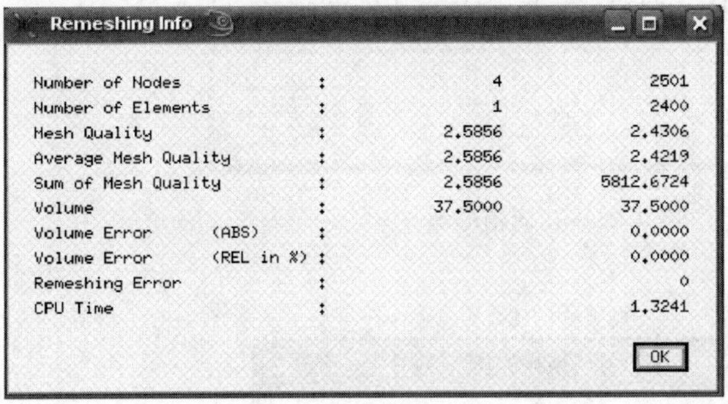

7.4 热压缩过程组织模拟

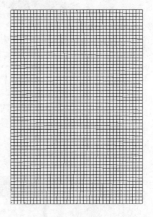

图 7.18 生成的网格特征参数一览表

图 7.19 生成的工件网格

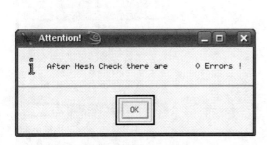

图 7.20 网格检查结果

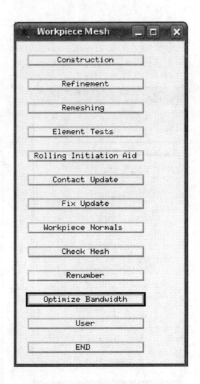

图 7.21 带宽优化

第7章 金属热变形组织模拟应用举例

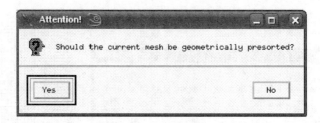

图 7.22 几何预分类

图 7.23 优化后的带宽

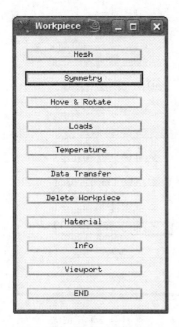

图 7.24 选择按钮 Symmetry

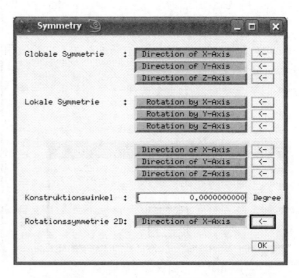

图 7.25 在 Symmetry 中定义工件对称性

7.4 热压缩过程组织模拟

下面定义工件的热边界条件。在菜单 Workpiece 中选择按钮 Temperature，如图 7.26 所示。在出现的菜单 Temperature 中，将工件的初始温度(Homogeneous Workpiece Temperature)定义为 1 100 ℃，环境温度(Ambient Temperature)定义为 25 ℃，传热系数(Heat Transfer Coefficient)定义为 0.004 W/(K·mm^2)，热辐射系数(Heat Radiation Coefficient)定义为 0.86，如图 7.27 所示。上述数据用按钮 OK 确认。

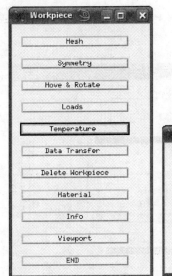
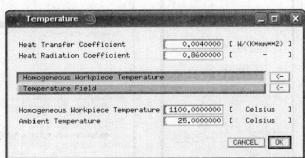

图 7.26 在菜单 Workpiece 中选择 Temperature

图 7.27 工件的热边界条件

当工件创建完毕，选择菜单 Workpiece 中的按钮 END 返回到主菜单，如图 7.28 所示。选择按钮 Write Model 并输入模型的名称(upsettingtest)以便保存创建的工件，生成的模型文件名称以 *.pep 结尾，如图 7.29 所示。

(2) 工具

在主菜单中选择按钮 Tools 创建压缩过程的工具(压板)。菜单 Tools 如图 7.30 所示。

在菜单 Tools 中选择按钮 Mesh 则出现菜单 Tool Mesh，如图 7.31 所示。菜单 Tool Mesh 包含多种工具类型，针对压缩过程选择按钮 Press Plate。

在菜单 Press Plate 中定义压板尺寸(图 7.32)，其中压板宽度(Width)的输入值为 10 mm，压板厚度(Depth)的输入值为 0。选择按钮 OK 确认。

新创建的压板位于工件底部，如图 7.33 所示。

为了将压板移到要求的初始位置，要回到菜单 Tools 选择按钮 Move &

第7章 金属热变形组织模拟应用举例

图 7.28 在主菜单中选择 Write Model

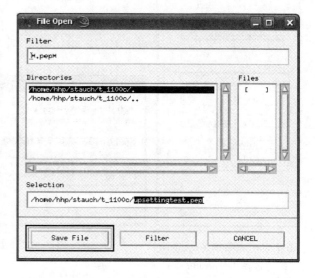

图 7.29 命名并保存模型文件

Rotate。在菜单 Move & Rotate(1) 中(图 7.34),输入合适的工具平移量和转动量。压板要向上移动 7.5 mm(D_y = 7.5 mm)。为了防止压缩过程工件可能推过压板(源于数值进位错误),要将工具向 x 轴的负方向少量移动,这里可取 D_x = -0.5 mm。

注意:工具最后的位置必须用按钮 Permanent 确认,只选择按钮 OK 是不够的!

现在压板位于矩形顶部并向左有少量偏移(-0.5 mm),如图 7.35 所示。

在菜单 Move & Rotate(1) 中,选择按钮 CANCEL 回到菜单 Tools。通过选择按钮 Velocities 定义工具速度(图 7.36)。在这个压缩过程中,工具沿 y 轴的速度分量为 V_y = -50.8 mm/s。

7.4 热压缩过程组织模拟

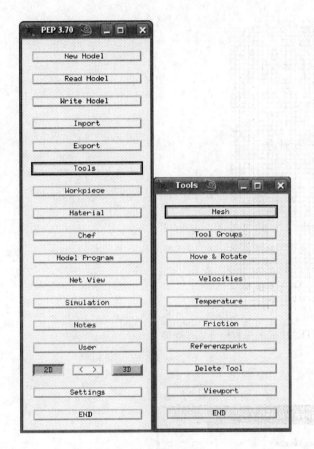

图 7.30 菜单 Tools

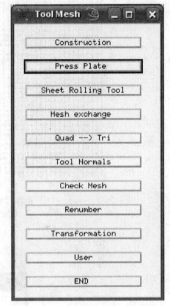

图 7.31 在菜单 Tool Mesh 中选择 Press Plate

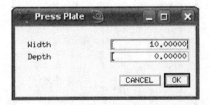

图 7.32 定义压板尺寸

选择按钮 OK 确认定义的工具速度,然后选择按钮 CANCEL 回到菜单 Tools。下一步要定义工具的温度,为此在菜单 Tools 中选择按钮 Temperature,工具的温度定义为 100 ℃,如图 7.37 所示。

第7章 金属热变形组织模拟应用举例

图 7.33 生成的压板位于工件底部

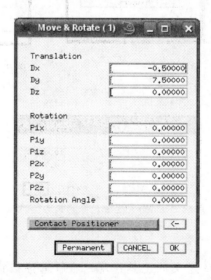

图 7.34 在菜单 Move & Rotate(1) 中输入工具的平移量和转动量

7.4 热压缩过程组织模拟

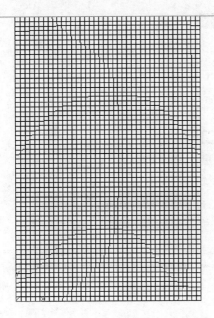

图 7.35 压板位于矩形的顶部

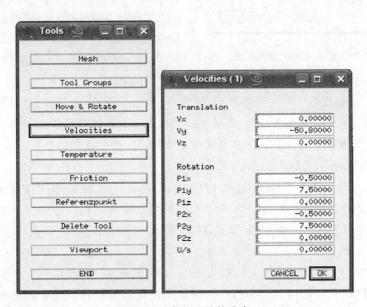

图 7.36 定义工具的速度

第 7 章 金属热变形组织模拟应用举例

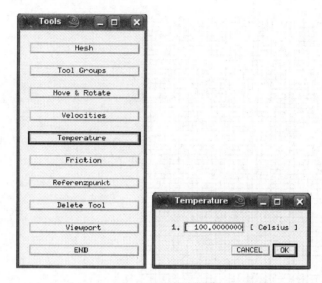

图 7.37 定义工具的温度

图 7.38 定义工具的摩擦系数

创建工具的最后一步是定义工具的摩擦，在菜单 Tools 中选择按钮 Friction。工具的摩擦系数定义为 0.2（图 7.38）。用按钮 OK 确认定义的工具摩擦系数并用按钮 CANCEL 回到菜单 Tools。至此完成了（压缩过程）工具模型的创建。

(3) 材料属性

创建工件和工具模型后，要从材料数据库中选择圆柱试样的材料。为此在主菜单中选择按钮 Material，在出现的菜单 Material 中选择按钮 Characteristics，出现菜单 Material (1)，如图 7.39 所示。

在菜单 Material (1) 中选择按钮 Data Base，出现菜单 PEP/MatDB（图 7.40）。选择按钮 Open Data Base 进入材料数据库中，在打开的对话窗口找到相应的文件目录以及所希望的材料数据文件（例如：< pepdir >/mdb/42crmo4.mdb）。

在菜单 PEP/MatDB 中选择按钮 Selection（图 7.41），则激活一个材料数据库浏览器（PEP/MatDB Browser），使用这个浏览器能从材料数据库中选择所希望的材料（例如 42CrMo4），如图 7.42 所示。

激活材料 42CrMo4 并用按钮 OK 确认，在显示的菜单 PEP/MatDB Browser

7.4 热压缩过程组织模拟

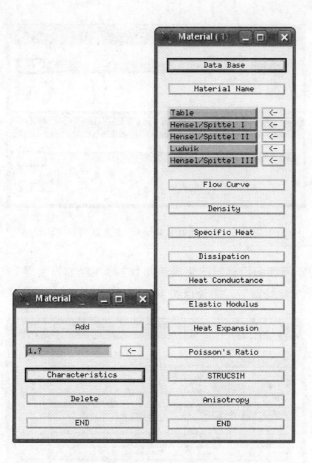

图 7.39 菜单 Material 及其下一级菜单 Material（1）

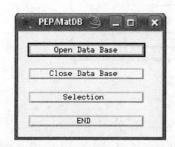

图 7.40 在菜单 PEP/MatDB 中选择 Open Data Base

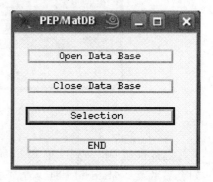

图 7.41 在菜单 PEP/MatDB 中选择按钮 Selection

第7章 金属热变形组织模拟应用举例

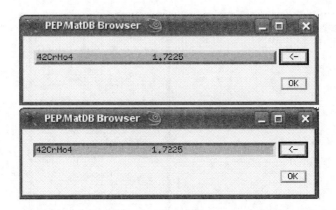

图 7.42　在 PEP/MatDB Browser 中激活材料 42CrMo4

(42CrMo4)中查阅和编辑材料的相关热物性参数(例如密度等),如图 7.43 所示。当查阅完材料数据后,选择按钮 Get Data 使数值模型接受该材料数据。

图 7.43　菜单 PEP/MatDB Browser(42CrMo4)

选择按钮 OK 回到菜单 PEP/MatDB 并用按钮 END 关闭这个对话窗口,此刻会显示菜单 Material (1)。为了描述流变曲线,在菜单 Material (1)中选择按钮 Table(图 7.44),然后选择按钮 END 回到主菜单。在主菜单中用 Write Model 保存模型文件。

7.4 热压缩过程组织模拟

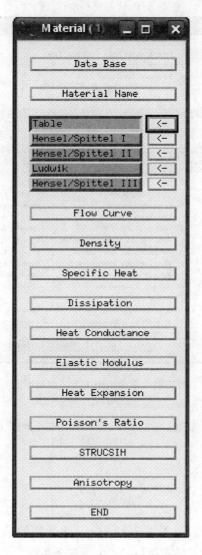

图 7.44 在菜单 Material (1) 中选择按钮 Table

(4) 控制参数

前处理过程的最后一步是定义变形过程(压缩)时间及时间步数等控制参数。为此需在主菜单中选择按钮 Chef。

如图 7.45 所示,在菜单 CHEF 中,输入时间步数(INCD)和时间步长(TIMS)或过程时间(PTIM)。按钮 TIMS/PTIM 用于时间步长与过程时间之间的转换,按钮 Suggestion 用于获取时间步数的推荐值。

第7章 金属热变形组织模拟应用举例

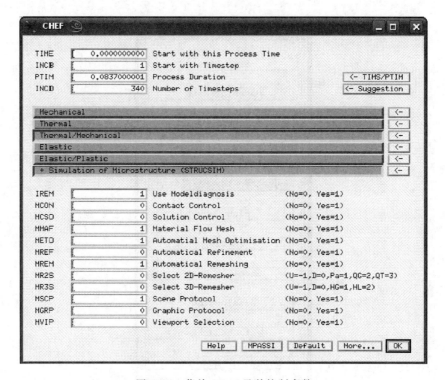

图 7.45　菜单 CHEF 及其控制参数

CHEF 菜单中控制参数(时间步长 TIMS、时间步数 INCD)的大小可用下列方法计算：

1) 时间步长(TIMS)

$$\Delta t \leqslant \frac{1}{10} \frac{l_{\min}}{v_{\max}} \tag{7.22}$$

式中：$l_{\min}$ 为最小单元边长(见图 7.17)；$v_{\max}$ 为预期的最大材料流动速度(多数情况下 $v_{\max} \approx v_w$，v_w 为工具速度)；1/10 为安全系数。

由此得出

$$\Delta t \leqslant \frac{1}{10} \frac{0.125 \text{ mm}}{50.8 \text{ mm/s}} = 0.000\ 246 \text{ s}(时间步长)$$

2) 时间步数(INCD)

$$n = \frac{t_{\text{ges}}}{\Delta t} \tag{7.23}$$

$$t_{\text{ges}} = \frac{4.25}{50.8} = 0.083\ 7$$

7.4 热压缩过程组织模拟

$$n = \frac{0.083\ 7}{0.000\ 246} = 340$$

另外必须规定计算类型,在这个算例中考虑热效应进行应力计算。当输入相关控制参数并选择按钮 Thermal/Mechanical 和按钮 STRUCSIM 后,选择按钮 OK 离开菜单 CHEF。

至此前处理过程已完成,在主菜单中选择按钮 Write Model 保存模型文件(文件名:upsettingtest.pep)。

2. 求解

下面开始热压缩过程的实际模拟计算。在主菜单中选择按钮 Simulation。必须针对求解器规定某种算法。一般情况下,最好采用一个针对问题的特别求解器,因此选择按钮 Problem specific solver 并且将选项 Model Backup 激活,如图 7.46 所示。

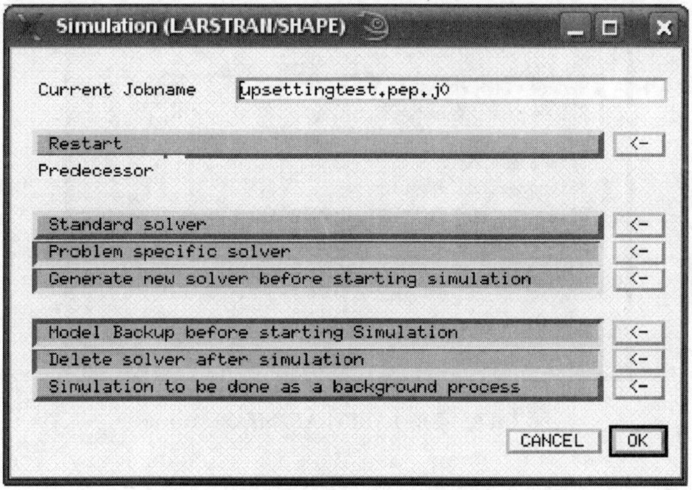

图 7.46 采用求解器 Problem specific solver

如图 7.47 所示,在菜单 LARSTRAN/SHAPE Driver 中对默认选项用按钮 OK 确认从而启动求解过程(图 7.48)。在 Graphics Display 窗口和 PEP - Protocol 窗口能观察求解过程的各个步骤。

求解过程完毕将出现一个结束告示框(图 7.49)并且在 Graphics Display 窗口显示工件的最终形状,如图 7.50 所示。这里选择按钮 OK 回到主菜单。

3. 后处理

为了观察求解的结果,需要在主菜单中选择按钮 Read Model 读入模型文件(图 7.51),之后选择按钮 Import 导入计算的数据。在菜单 Import(图 7.52)

第 7 章　金属热变形组织模拟应用举例

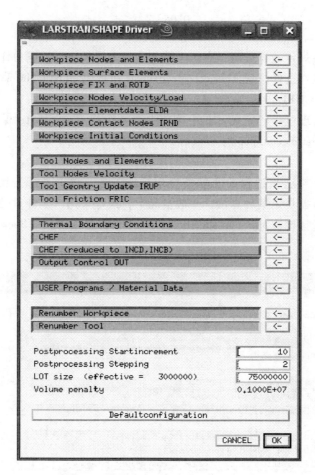

图 7.47　菜单 LARSTRAN/SHAPE Driver

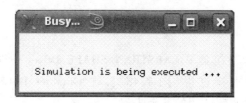

图 7.48　启动求解过程

中选择按钮 LARSTRAN/SHAPE BIN 和按钮 Workpiece，这些设置用按钮 OK 确认。然后在 File Open 对话框中选择结果文件（*.bin），文件名为 upsettingtest.pep.j0.bin，如图 7.53 所示。

7.4 热压缩过程组织模拟

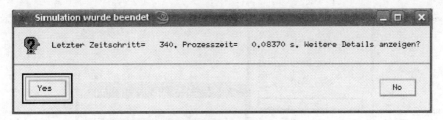

图 7.49 求解结束出现的告示框

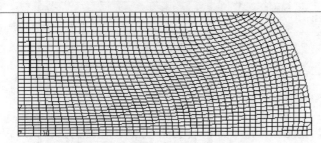

图 7.50 工件的最终网格形状

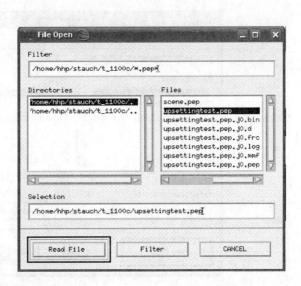

图 7.51 读入模型文件(upsettingtest.pep)

第7章 金属热变形组织模拟应用举例

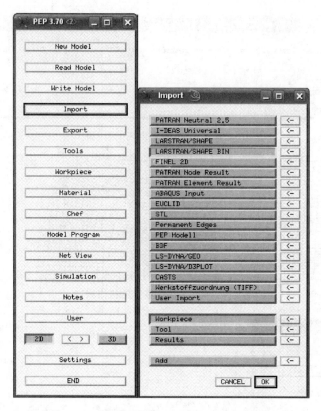

图 7.52 在菜单 Import 中选择按钮 LARSTRAN/SHAPE BIN 和 Workpiece

图 7.53 在 File Open 对话框中选择结果文件(*.bin)

7.4 热压缩过程组织模拟

选择希望的时间步将结果导入。为了观察压缩过程结束时的工件形状,选择最后的时间步(ISTP 340),如图 7.54 所示。用按钮 OK 确认并回到主菜单。

在主菜单中选择按钮 Net View(图 7.55);在菜单 Net View 中选择按钮 Options,在菜单 Net View Options 中不要激活按钮 ASTM(图 7.56);在菜单 Net View 中选择按钮 Results,在菜单 Results 中选择按钮 Fringe Plot(图 7.57)。

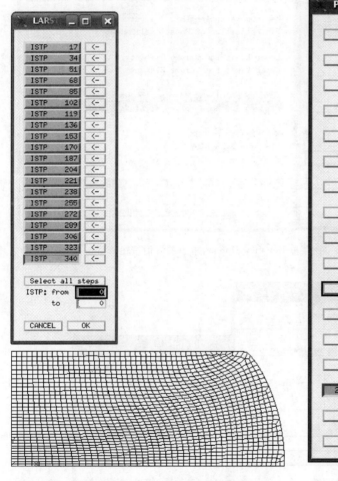

图 7.54　时间步(ISTP 340)及压缩结束时的形状　　图 7.55　在主菜单中选择按钮 Net View

各目标物理量的模拟结果的选项显示于菜单 Fringe Plot 中(图 7.58),其中可以显示压缩过程结束时圆柱试样的温度分布(TEMP),如图 7.59 所示。

压缩过程结束时的 von Mises 等效应力(SIGQ)、等效塑性应变(ETAQ)、

第 7 章 金属热变形组织模拟应用举例

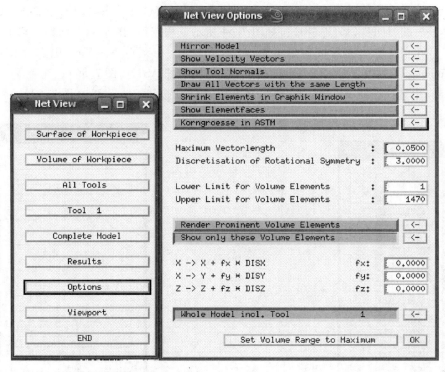

图 7.56 在菜单 Net View Options 中不要激活按钮 ASTM

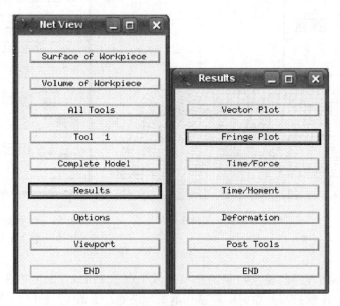

图 7.57 在菜单 Results 中选择按钮 Fringe Plot

7.4 热压缩过程组织模拟

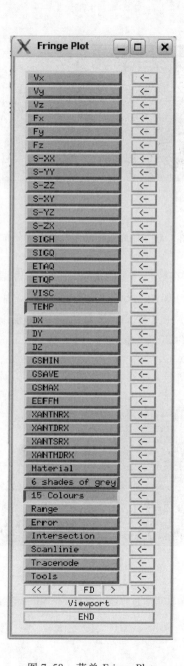

图 7.58 菜单 Fringe Plot

第7章 金属热变形组织模拟应用举例

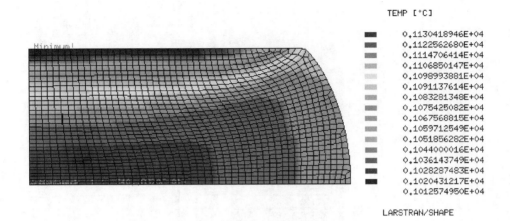

图 7.59 压缩过程结束时的温度分布

等效应变速率(ETQP)、有效应变(EEFFM)、动态再结晶百分数(XANTDRX)和平均晶粒大小(GSAVE)如图 7.60 ~ 图 7.65 所示。由此可见,在易变形区发生了显著的动态再结晶,在 XANTDRX 最大区域晶粒细化明显(原始平均晶粒大小从 85.0 μm 减小到约 22.8 μm)。

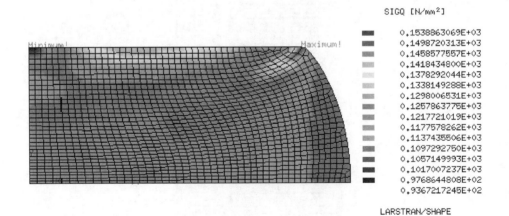

图 7.60 压缩过程结束时的 von Mises 等效应力

7.4 热压缩过程组织模拟

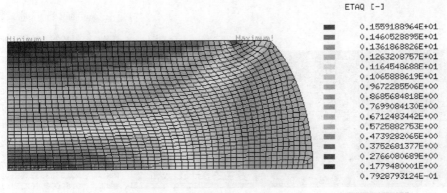

图 7.61　压缩过程结束时的等效塑性应变

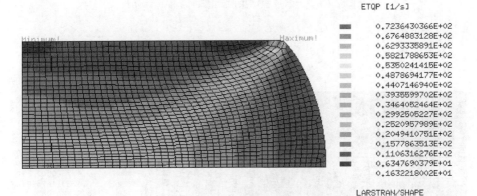

图 7.62　压缩过程结束时的等效应变速率

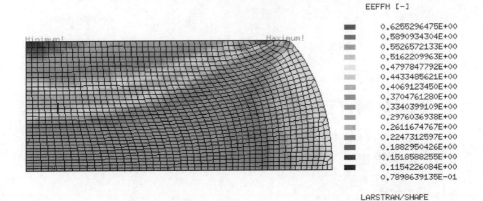

图 7.63　压缩过程结束时的有效应变

第7章 金属热变形组织模拟应用举例

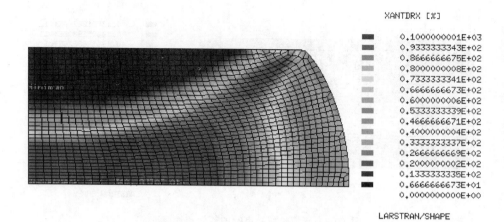

图 7.64 压缩过程结束时动态再结晶的百分数

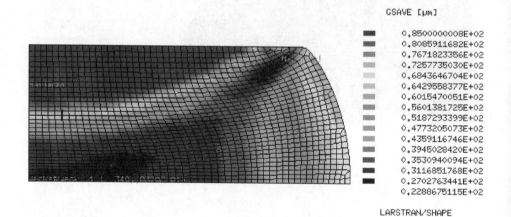

图 7.65 压缩过程结束时的平均晶粒大小

7.5 板材轧制过程组织模拟

7.5.1 问题提出

1. 初始条件

针对板材热轧过程动态组织变化(动态再结晶及晶粒长大等)进行数值模拟,轧件的材质是 42CrMo4 钢,相关初始条件为:轧前宽度(b_0)为 60 mm,轧前长度(l_0)为 150 mm，轧前厚度(h_0)为 30 mm，轧后厚度(h_1)为 20 mm，轧制速度(v_w)为 800 mm/s，摩擦系数(μ)为 0.3，轧辊直径(D)为 300 mm，轧辊温度(ϑ_w)为 100 ℃，开轧温度(ϑ_0)为 1 100 ℃，如图 7.66 所示。

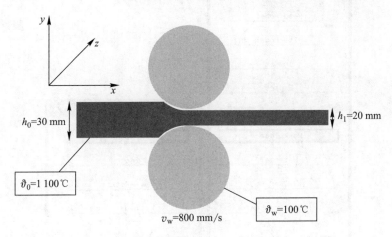

图 7.66 轧制过程初始条件

2. 材料模型及数据

轧件采用 42CrMo4 钢。材料模型及数据参照 7.4.1 节的表 7.1。

7.5.2 模拟方法

1. 前处理

（1）轧件

用命令 pep 启动前处理器 PEP 后显示主菜单（图 7.67）。首先创建 2D 结构然后转换为 3D 轧件，因此在主菜单中首先选择 2D 模式。考虑其几何对称性，只需建立 1/4 部分的 2D 模型。

为了建造轧件模型，在主菜单中选择下一级菜单 Workpiece（图 7.67）。

在菜单 Workpiece 中选择 Mesh 按钮后，出现菜单 Workpiece Mesh。在菜单 Workpiece Mesh 中选择按钮 Construction。在菜单 Construction 中激活按钮 Node 和 Label 并选择按钮 New（图 7.68）。

在菜单 New Node 中（图 7.69）选择按钮 XYZ 用于输入节点的坐标（图 7.70）。

在图 7.70 中，4 个节点坐标输入完毕后选择按钮 CANCEL，然后在菜单 New Node 中选择按钮 END 回到菜单 Construction。在菜单 Construction 中激活按钮 Element（图 7.71）。

选择按钮 New 将 4 个节点连成 1 个矩形。其具体操作方法是：首先用鼠标

第 7 章　金属热变形组织模拟应用举例

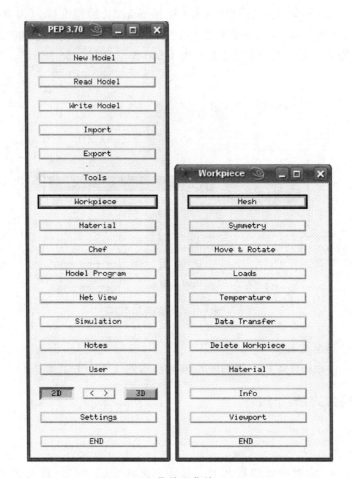

图 7.67　主菜单和菜单 Workpiece

左键选择相邻 2 个节点，然后用鼠标右键在 2 节点间生成 1 个线单元。依次进行这样的操作则能生成 4 个 2 节点线单元(FLAN - element)，其用于定义初始轧件的轮廓(图 7.72)。创建的矩形由 4 个节点和 4 个 FLAN 单元组成。

　　矩形创建完毕后点击鼠标右键回到菜单 Construction，再选择按钮 END 回到菜单 Workpiece Mesh。在菜单 Workpiece Mesh 中选择按钮 Remeshing 以便进行二维网格划分，如图 7.73 所示。

　　在菜单 2D Remeshing 中有不同类型网格的列表，如图 7.74 所示。

　　在这个算例中，用四边形 4 节点单元，选择网格生成器 QuadGridMesh。在 QuadGridMesh 中需要的网格特征参数可由用户人工输入。这里可将单元边长(Remeshing Edge Length)设定为 5 mm，而其他参数由程序给定(图 7.75)。

7.5 板材轧制过程组织模拟

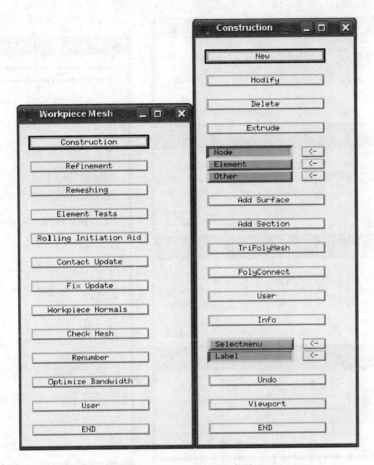

图 7.68 菜单 Workpiece Mesh 和菜单 Construction

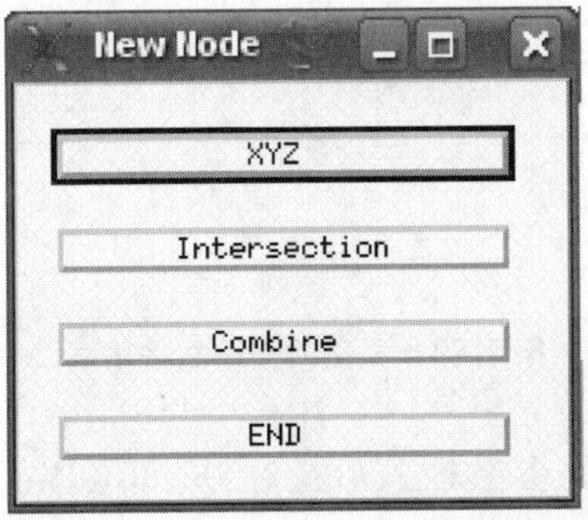

图 7.69 在菜单 New Node 中选择 XYZ

第7章　金属热变形组织模拟应用举例

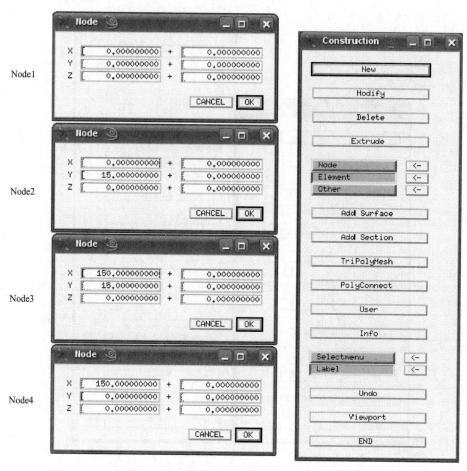

图 7.70　通过选择按钮 XYZ 输入节点的坐标　　图 7.71　在菜单 Construction 中激活 Element 和 Label

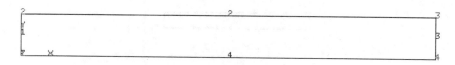

图 7.72　创建的初始轧件轮廓

　　单元边长等网格特征参数输入后，对 QuadGridMesh 中的信息用按钮 OK 确认，于是网格生成器按给定的参数在轧件轮廓线内划分网格。图 7.76 为生成的网格及其特征概要。

7.5 板材轧制过程组织模拟

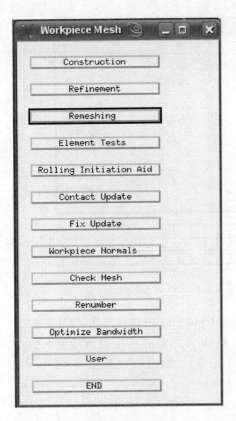

图 7.73 在菜单 Workpiece Mesh 中选择按钮 Remeshing

图 7.74 菜单 2D Remeshing

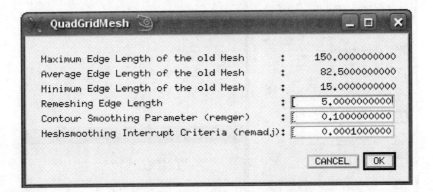

图 7.75 QuadGridMesh 的网格参数

第7章 金属热变形组织模拟应用举例

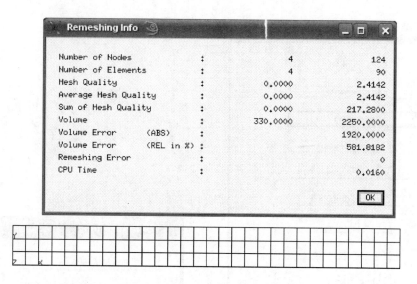

图 7.76 生成的网格及其特征概要

在图 7.76 中选择按钮 OK，在菜单 2D Remeshing 中选择按钮 END 从而回到菜单 Workpiece Mesh，选择按钮 Check Mesh 开始检查所生成网格中的错误（多余的双节点、孤立的节点、多余的双单元等），如图 7.77 所示。

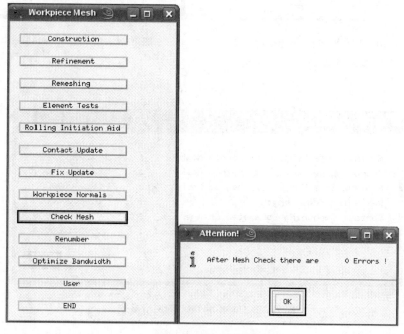

图 7.77 检查网格

为了节省计算时间，单元刚度矩阵的带宽必须最小化。为此在菜单 Workpiece Mesh 中选择按钮 Optimize Bandwidth 准备带宽优化(图 7.78)。

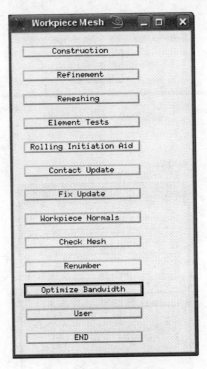

图 7.78 选择带宽优化

选择按钮 Optimize Bandwidth 后将弹出一个对话框询问是否对网格进行几何预分类，在本例中选择按钮 Yes，则开始带宽优化(图 7.79)。带宽优化完毕则更新带宽，如图 7.80 所示。

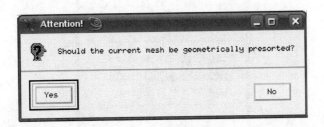

图 7.79 几何预分类

现在可将上述创建的二维网格转变为三维网格。为此打开菜单 Construction 选择按钮 Element 和 Selectmenu，然后选择按钮 Extrude，如图 7.81

第 7 章　金属热变形组织模拟应用举例

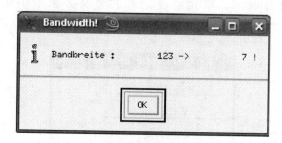

图 7.80　优化的带宽

所示。

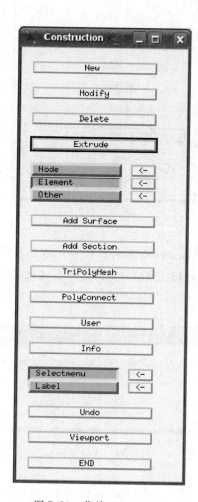

图 7.81　菜单 Construction

7.5 板材轧制过程组织模拟

选择按钮 Extrude 之后出现菜单 Extrude Element，如图 7.82 所示。

在图 7.82 中选择按钮 Linear 后出现菜单 Select，如图 7.83 所示。由于所有单元都要延伸成三维模型，因此在菜单 Select 中要先后选择按钮 Pick - Select、All 和 Select All。

在菜单 Select 中（图 7.83）选择按钮 END 则出现菜单 Extrude Linear，其中沿 z 轴方向延伸矢量（Extrude - Vector）的总长设定为 30 mm，需要的单元层数（Element Layer）设定为 6，如图 7.84 所示。

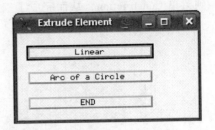

图 7.82　菜单 Extrude Element

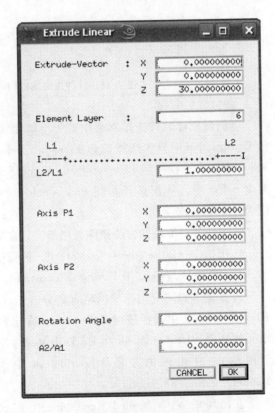

图 7.83　菜单 Select　　　　图 7.84　菜单 Extrude Linear

第7章 金属热变形组织模拟应用举例

在菜单 Extrude Linear 中选择按钮 OK 回到菜单 Select，再选择按钮 END 回到菜单 Construction，从而完成了三维网格的建造，如图 7.85 所示。

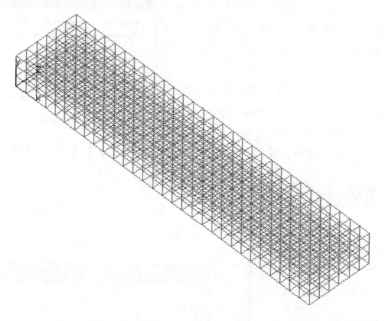

图 7.85 轧件三维网格（1/4 对称部分）

下面要剔除轧件三维网格中的一维单元和二维单元。其具体方法是：在菜单 Construction 中依次选择按钮 Element、Selectmenu 和 Delete。在出现的菜单 Select 中依次选择按钮 Pick‑Select、FLA、Select All，然后选择 END。然后在菜单 Select 中，依次选择按钮 Pick‑Select、QUAD 4K、Select All，然后选择 END，如图 7.86 所示。

还有一种更简便的方法剔除无用单元：在菜单 Select 中依次选择按钮 Pick‑Select、HEX、All the others、Select All，然后选择 END，如图 7.87 所示。在菜单 Select 中选择按钮 END 回到菜单 Construction。

为了显示如何应用三维网格重划分器，现将三维轧件进行重划分。在菜单 Workpiece Mesh 中选择按钮 Remeshing，在出现的菜单 Remeshing 中有不同类型单元的选项：HexGridMesh 和 HexLoReMesh。这里选择 HexGridMesh（六面体单元网格）。在出现的菜单 HexGridMesh 中选择按钮 Hexahedral Mesh 以及 Manual，如图 7.88 所示。

在出现的菜单 Manual Remeshing 中定义网格特征值，新的单元边长（Remeshing Edge Length）仍然设定为 5 mm，如图 7.89 所示。

7.5 板材轧制过程组织模拟

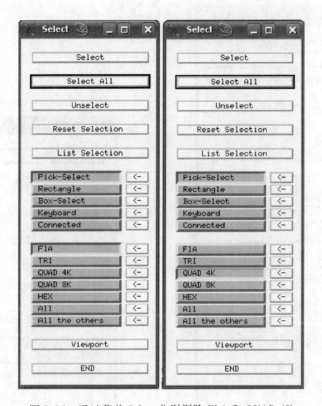

图 7.86　通过菜单 Select 分别剔除 FLA 和 QUAD 4K

网格重划分结束后出现一个关于生成网格特征的信息框（Remeshing Info），如图 7.90 所示。图 7.91 为生成的轧件三维网格。

在菜单 Workpiece Mesh 中选择按钮 Check Mesh 检查网格，网格检查完毕后出现网格无错误的信息框，如图 7.92 所示。

在菜单 Workpiece Mesh 中选择按钮 Optimize Bandwidth 进行带宽优化，带宽优化完毕出现更新带宽的信息框，如图 7.93 所示。

下面要定义轧件的对称性。在菜单 Workpiece 中选择按钮 Symmetry。在菜单 Symmetry 中出现轧件对称性的选项，在这个算例中具有沿 y 轴方向和 z 轴方向的总体对称（Global Symmetry），因此激活相应的按钮：Direction of Y - Axis 和 Direction of Z - Axis，如图 7.94 所示。

在菜单 Symmetry 中选择按钮 OK 确认后回到菜单 Workpiece，并同时显示正确的三维网格（其中的对称面已被取消），如图 7.95 所示。

由于在这个算例中要求计算轧制过程轧件的温度变化，因此需要定义相关

第 7 章　金属热变形组织模拟应用举例

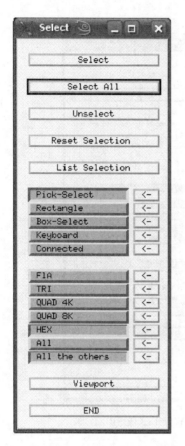

图 7.87　剔除无用单元的另一种方法

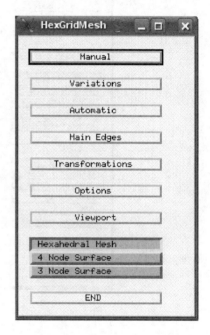

图 7.88　菜单 HexGridMesh

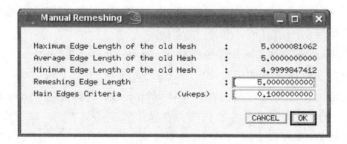

图 7.89　菜单 Manual Remeshing 及单元边长

传热边界条件，为此在菜单 Workpiece 中选择按钮 Temperature。

在菜单 Temperature 中，传热系数（Heat Transfer Coefficient）设定为 0.004

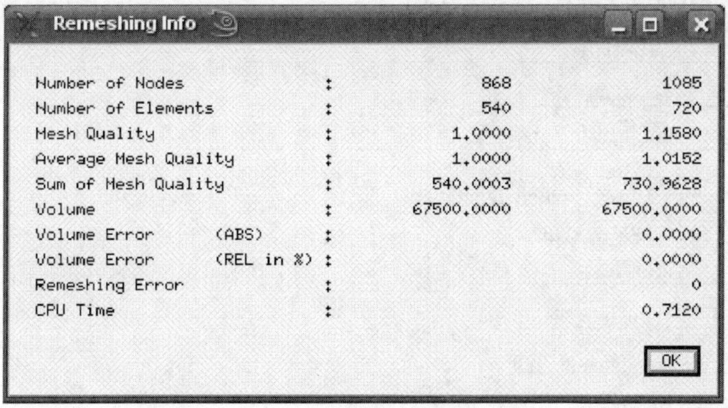

7.5 板材轧制过程组织模拟

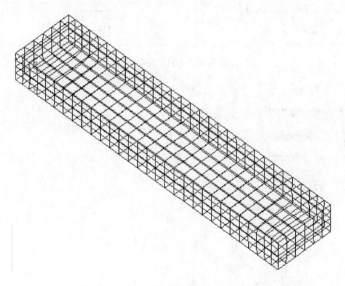

图7.90 生成轧件网格的特征信息

图7.91 生成的轧件三维网格(1/4对称部分)

W/(K·mm^2),热辐射系数(Heat Radiation Coefficient)为0.86,轧件初始温度(Homogeneous Workpiece Temperature)为1 100 ℃,环境温度(Ambient Temperature)为25 ℃,点击按钮OK确认,如图7.96所示。

在菜单Workpiece中点击按钮END返回主菜单。在主菜单中选择按钮Write Model保存建立的轧件模型并生成一个PEP文件(*.pep),本例中输入一个模型名:rolling,则生成模型文件rolling.pep。至此轧件模型建立完毕。

第 7 章　金属热变形组织模拟应用举例

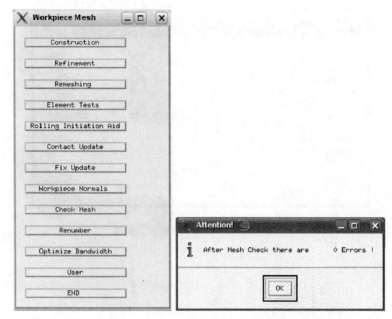

图 7.92　网格检查结果

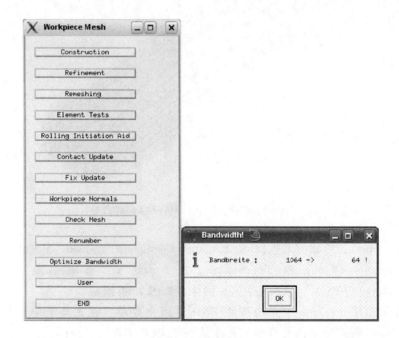

图 7.93　带宽优化

7.5 板材轧制过程组织模拟

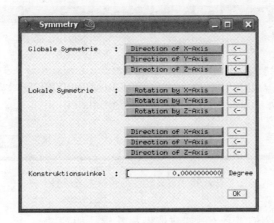

图 7.94 定义轧件的对称性

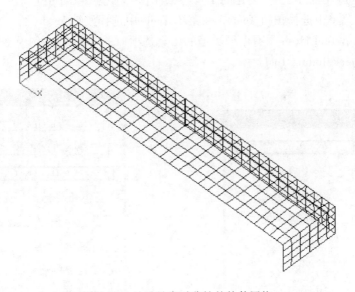

图 7.95 显示具有对称性的轧件网格

(2) 工具

1) 轧辊(Tool 1)。

有多种方法创建轧辊模型。方法一是：在主菜单中选择工具按钮 Tools 直接建造轧辊模型，常用于建造几何形状简单的工具，例如创建平轧辊等；方法二是：在菜单 Tools 中人工建造轧辊工具；方法三是：在主菜单中选择按钮 Import 将已有的轧辊 CAD 模型直接导入 PEP 环境中。方法二和方法三常用于

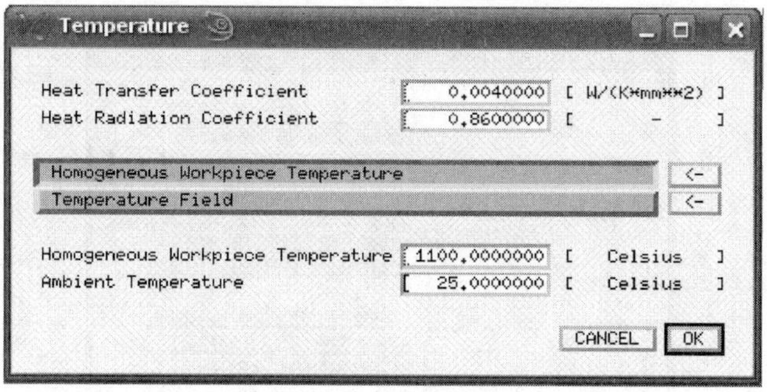

第7章　金属热变形组织模拟应用举例

图7.96　定义轧件的传热边界条件

建造几何形状复杂的工具，例如建造型材轧辊孔型等。

下面介绍在PEP环境中建造轧辊几何模型的3种常用方法。

① 建造轧辊方法一（创建的工具与工件在一个模型文件中）。

在主菜单中选择按钮Tools，在菜单Tools中选择按钮Mesh（图7.97）。

在菜单Tool Mesh中有不同类型的工具选项（图7.98）。本例为平辊，可选择按钮Sheet Rolling Tool。

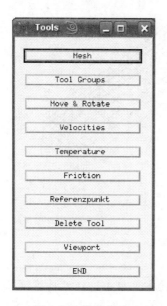

图7.97　菜单Tools

图7.98　菜单Tool Mesh

7.5 板材轧制过程组织模拟

在 Sheet Rolling Tool 对话框中定义轧辊尺寸(直径、宽度),这里轧辊直径(Diameter)为 300 mm。由于轧制过程有宽展,因此轧辊宽度要大于轧件的宽度,为此轧辊宽度(Width)取 65 mm。另外,圆周上的节点数(Circumf. nodes)取 2 000,然后选择按钮 OK 确认,如图 7.99 所示。

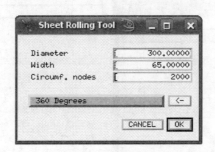

图 7.99　定义轧辊尺寸

在 Sheet Rolling Tool 对话框中选择按钮 CANCEL 回到菜单 Tool Mesh,选择按钮 END 回到菜单 Tools 中。建造的轧辊模型如图 7.100 所示。

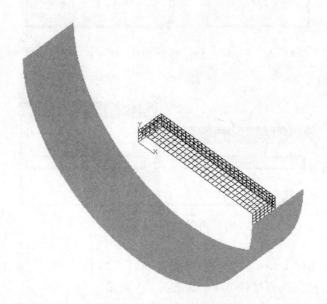

图 7.100　轧辊及轧件模型

② 建造轧辊方法二(创建的工具与工件在一个模型文件中)。
也可用另一方法在 PEP 的菜单 Tools 中建造该工具(轧辊),具体过程如下:在主菜单中选择按钮 Tools,在菜单 Tools 中选择按钮 Mesh,在菜单 Tool

Mesh 中选择按钮 Construction(图 7.101)，在菜单 Construction 中选择按钮 New，这时在菜单 Construction 中弹出一个新按钮 Tool 1，如图 7.102 所示。

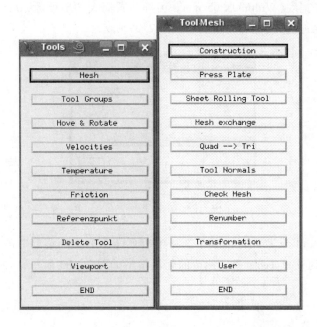

图 7.101　菜单 Tool Mesh

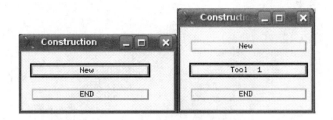

图 7.102　菜单 Construction

在菜单 Construction 中选择按钮 Tool 1，则出现关于 Tool 1 的菜单 Construction，这里选择按钮 New，如图 7.103 所示。

在菜单 New Node 中选择按钮 XYZ，通过 Node 对话框创建两个节点，如图 7.104 所示。

返回到菜单 Construction，先后激活按钮 Label、Selectmenu、Element 并选择按钮 New，如图 7.105 所示。在菜单 Select 中激活按钮 Pick – Select，选择按钮 Select。

7.5 板材轧制过程组织模拟

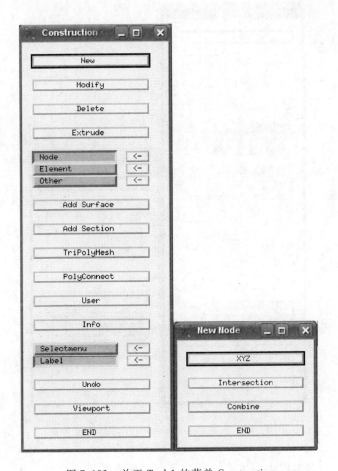

图 7.103 关于 Tool 1 的菜单 Construction

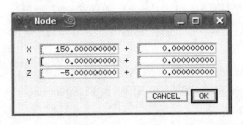 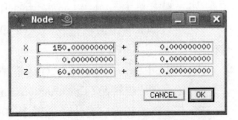

图 7.104 通过 Node 对话框创建两个节点

第7章 金属热变形组织模拟应用举例

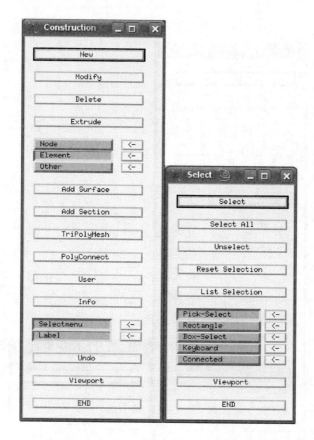

图 7.105 在菜单 Construction 中选择按钮 New

用鼠标左键拾取上面生成的两个节点,用右键结束拾取。回到菜单 Select 中,选择按钮 END 结束,这样生成一条 FLA 单元,如图 7.106 所示。

在菜单 Construction 中,激活按钮 Selectmenu、Element 并选择按钮 Extrude,在菜单 Extrude Element 中选择按钮 Arc of a Circle,如图 7.107 所示。

在菜单 Select 中激活按钮 All、Pick – Select,选择按钮 Select All 后选择按钮 END,如图 7.108 所示。

在 Extrude Arc of a Circle 对话框中,在旋转轴上取两个点 $P_1(0,0,0)$、$P_2(0,0,1)$,旋转角(Construction Angle)取 180°,单元层数(Element Layer)取 800,选择按钮 OK 确认,如图 7.109 所示。

回到菜单 Construction 中选择按钮 Info,在弹出的信息框 Info 中显示 Tool 1 中有不同类型单元(800 个 QUAD 4K 单元、1 个 FLA 单元),如图 7.110 所示。

7.5 板材轧制过程组织模拟

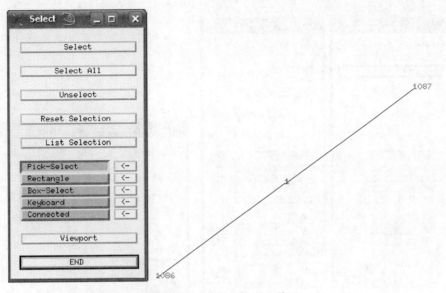

图 7.106 生成一条 FLA 单元

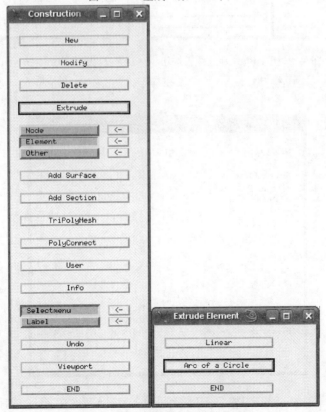

图 7.107 菜单 Extrude Element

第7章　金属热变形组织模拟应用举例

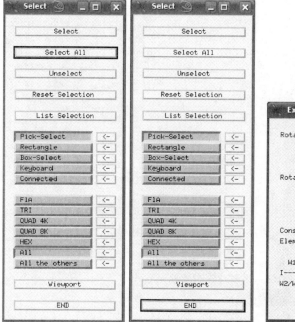

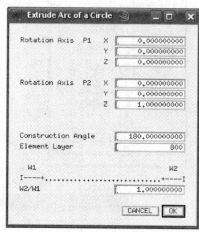

图 7.108　在菜单 Select 中分别选择各按钮　　图 7.109　Extrude Arc of a Circle 对话框

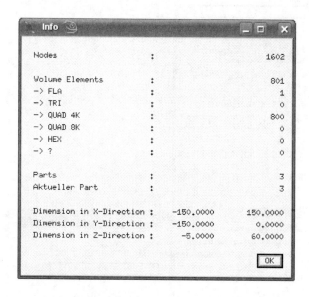

图 7.110　信息框 Info(有 1 个 FLA 单元)

7.5 板材轧制过程组织模拟

下面保留单元 QUAD 4K，剔除单元 FLA。为此在菜单 Construction 中选择 Selectmenu、Element 和 Delete，在菜单 Select 中选择 FLA、Pick – Select、Select All，然后选择按钮 END 结束，如图 7.111 所示。

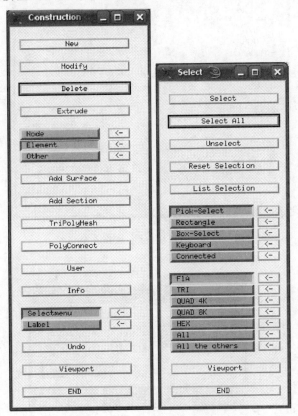

图 7.111　剔除工具中单元 FLA 的方法

回到菜单 Construction 中打开信息框 Info 后显示工具 Tool 1（轧辊）已无 FLA 单元，如图 7.112 所示。

③ 建造轧辊方法三（用于创建独立的工具模型文件）。

上述工具（轧辊）还可在 PEP 的菜单 Workpiece 中建造，具体过程如下：首先建立一个新 PEP 文件（文件名可取 tool2.pep），在主菜单中依次选择按钮 Workpiece 和 Mesh。在菜单 Construction 中激活 Node 和 Label，选择按钮 New，按图 7.113 所示的坐标值分别作出两个点 Node1 和 Node2。

在菜单 Construction 中，激活按钮 Element、Selectmenu 和 Label，选择按钮 New（图 7.114）。

在菜单 Select 中激活 Pick – Select 后选择按钮 Select（图 7.115），然后用鼠

339

第 7 章　金属热变形组织模拟应用举例

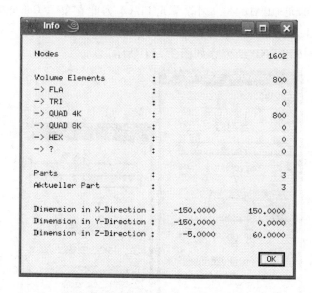

图 7.112　信息框 Info(无 FLA 单元)

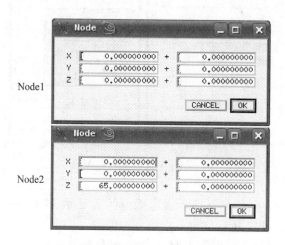

图 7.113　作出两个点 Node1 和 Node2

标左键拾取上述两个节点 Node1 和 Node2 并用鼠标右键结束，由此生成一个 FLA 线单元(表示辊身长度)。

考虑到轧辊半径及辊身两端的位置，在菜单 Move & Rotate (1) 中分别设定 $D_x = 150$ mm，$D_y = 0$，$D_z = -5$ mm，然后选择按钮 Permanent 平移该 FLA 线单元，如图 7.116 所示。选择按钮 CANCEL 离开菜单 Move & Rotate (1)，回到菜单 Construction。

7.5 板材轧制过程组织模拟

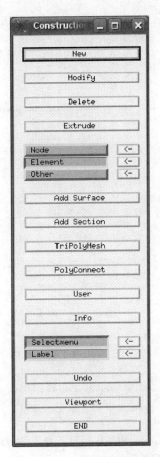

图 7.114 菜单 Construction

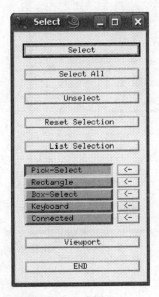

图 7.115 菜单 Select

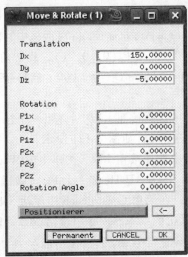

图 7.116 平移 FLA 线单元

341

第7章 金属热变形组织模拟应用举例

在菜单 Construction 中选择按钮 Viewport，在菜单 Viewport 中选择按钮 Reset 显示建立的 FLA 单元，如图 7.117 所示。

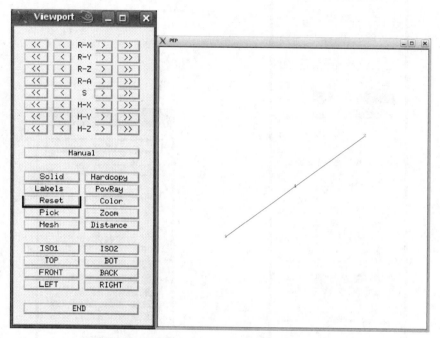

图 7.117 用菜单 Viewport 中的按钮 Reset 显示 FLA 单元

在菜单 Construction 中，激活按钮 Selectmenu 和 Element，然后选择按钮 Extrude，在菜单 Extrude Element 中选择按钮 Arc of a Circle（图 7.118）。

如图 7.119 所示，在菜单 Select 中激活按钮 All 和 Pick - Select，选择按钮 Select All。在弹出的 Extrude Arc of a Circle 对话框中，将旋转轴上的两个点的坐标分别设定为 $P_1(0,0,0)$、$P_2(0,0,1)$，旋转角度（Construction Angle）取 180°，单元层数（Element Layer）取为 2 000，选择按钮 OK 确认后则生成旋转曲面（图 7.120）。

在菜单 Construction 中选择按钮 END 后弹出一个注意窗口，提醒上述旋转模型含有不止一种类型的单元，如图 7.121 所示。

在菜单 Construction 中选择按钮 Info，在弹出的 Workpiece Info 对话框中可见该旋转模型中有 2 000 个 QUAD 4K 和 1 个 FLA，如图 7.122 所示。

为了剔除 FLA 单元，在菜单 Construction 中激活 Selectmenu 和 Element，然后选择按钮 Delete。在弹出的菜单 Select 中激活 FLA、Pick - Select，然后选择按钮 Select All，最后用按钮 END 结束，如图 7.123 所示。

打开 Workpiece Info 对话框，可见轧辊曲面只含有一种单元（QUAD 4K），

7.5 板材轧制过程组织模拟

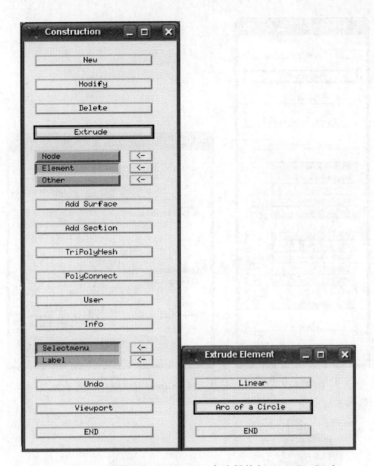

图 7.118 在菜单 Extrude Element 中选择按钮 Arc of a Circle

用按钮 OK 确认退出，如图 7.124 所示。

在菜单 Workpiece Mesh 中分别选择按钮 Check Mesh 和 Optimize Bandwidth，结果如图 7.125 所示。

由于上述旋转面是在 Workpiece 中创建的，因此要在主菜单中用 Export 输出成为一个图形文件（本例通过 PATRAN Neutral 2.5 生成一个 *.out 文件），然后再用 Import 导入 PEP 中形成工具。

首先在主菜单中选择按钮 Export，在菜单 Export 中激活按钮 PATRAN Neutral 2.5，用按钮 OK 确认，如图 7.126 所示。

在 File Open 对话框中键入 *.out 文件名（本例取 tool1.out），选择按钮 Save File 保存，如图 7.127 所示。

在菜单 PATRAN Driver 中（默认状态：激活按钮 Workpiece Volume）选择按

第 7 章　金属热变形组织模拟应用举例

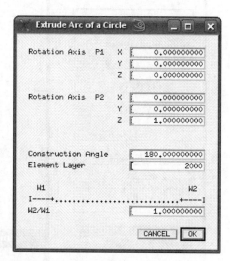

图 7.119　在 Extrude Arc of a Circle 对话框中设置参数

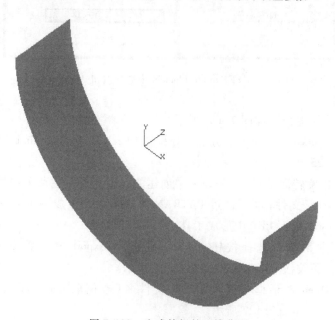

图 7.120　生成轧辊的三维曲面

7.5 板材轧制过程组织模拟

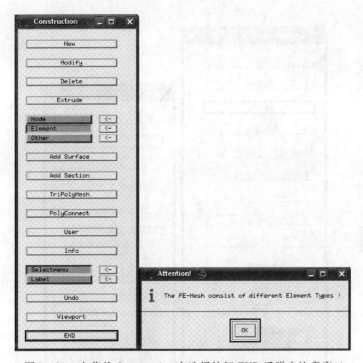

图 7.121　在菜单 Construction 中选择按钮 END 后弹出注意窗口

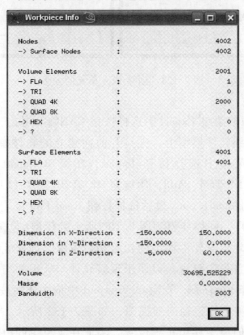

图 7.122　轧辊曲面中包含 FLA 单元

第7章 金属热变形组织模拟应用举例

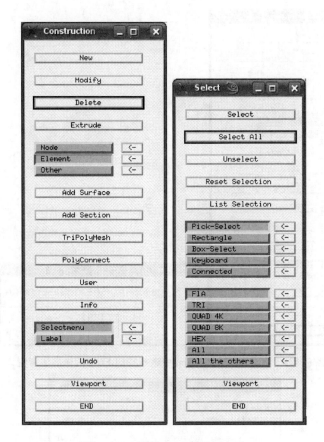

图 7.123 剔除 FLA 单元的方法

钮 OK，在随后出现的菜单 Export 中选择按钮 CANCEL 退出，如图 7.128 所示。

为了将轧辊加到轧件模型上，先打开前面建立的轧件模型文件 rolling.pep（图 7.95），在主菜单中选择按钮 Import，在菜单 Import 中分别激活按钮 PATRAN Neutral 2.5、Tool、Add，用按钮 OK 确认（图 7.129）。在 File Open 对话框中找到轧辊文件 tool1.out，最后选择按钮 Read File 将轧辊模型引入轧件模型文件中（图 7.130），同样能得到图 7.100 所示的模型（包含轧件和轧辊）。

下面需要调整轧辊与轧件模型的初始相对位置，即使轧件头部接近但并未接触到轧辊辊面。首先调整视角以便于观察轧件与轧辊的当前相对位置，为此在菜单 Tools 中选择 Viewport。在菜单 Viewport 中依次选择按钮 Reset 和 FRONT（图 7.131），可观测沿轧辊轴向的视图，如图 7.132 所示。

下面将轧辊几何模型移至正确位置，为此在菜单 Tools 中选择按钮 Move & Rotate。在 Move & Rotate(1) 对话框中，D_x、D_y、D_z 为工具相对于总体坐标系

7.5 板材轧制过程组织模拟

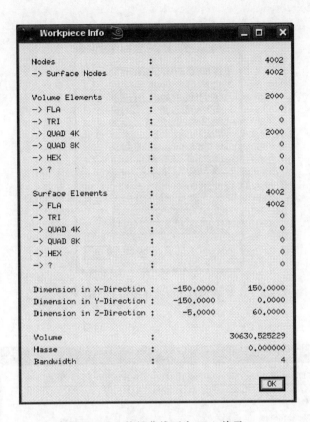

图 7.124 轧辊曲线不含 FLA 单元

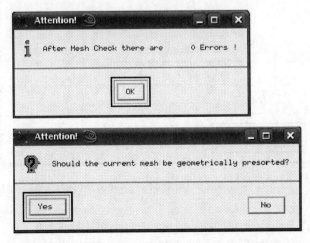

图 7.125 进行 Check Mesh 和 Optimize Bandwidth

第 7 章　金属热变形组织模拟应用举例

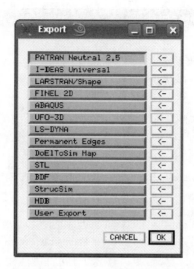

图 7.126　在菜单 Export 中选择按钮 PATRAN Neutral 2.5

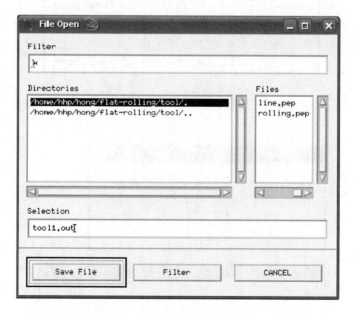

图 7.127　生成工具(轧辊)的 *.out 文件(tool1.out)

的平移量,如图 7.133 所示。

本例中轧件的厚度从 30 mm 减小到 20 mm,轧辊半径为 150 mm,因此轧辊沿 y 轴方向的平移量取为

7.5 板材轧制过程组织模拟

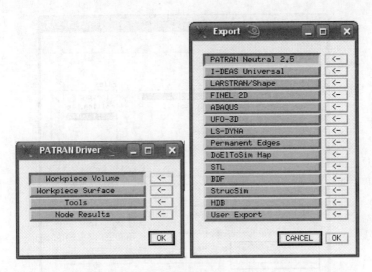

图 7.128 菜单 PATRAN Driver(激活 Workpiece Volume)及 Export

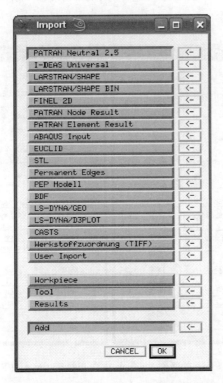

图 7.129 通过菜单 Import 引入轧辊模型

第 7 章　金属热变形组织模拟应用举例

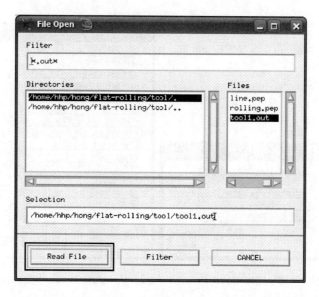

图 7.130　用按钮 Read File 将轧辊模型引入轧件模型中

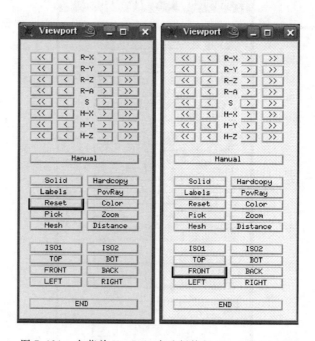

图 7.131　在菜单 Viewport 中选择按钮 Reset 和 FRONT

7.5 板材轧制过程组织模拟

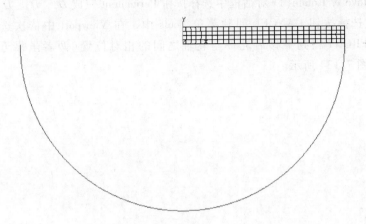

图 7.132　轧件与轧辊的当前相对位置

$$D_y = \frac{300 \text{ mm} + 20 \text{ mm}}{2} = 160 \text{ mm}$$

为使轧件头部快要碰到轧辊，轧辊沿 x 轴方向的平移量取为

$$D_x = -39 \text{ mm}$$

另外轧辊沿 z 轴方向也要取一个小平移量

$$D_z = -5 \text{ mm}$$

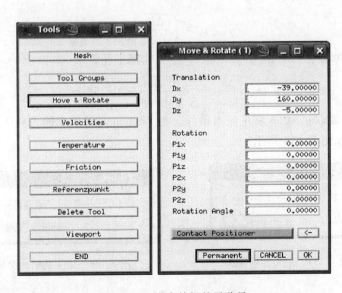

图 7.133　设定轧辊的平移量

在 Move & Rotate(1)对话框中选择按钮 Permanent 完成 D_x、D_y、D_z 的平移量,然后选择按钮 CANCEL 回到菜单 Tools 中,在 Viewport 中依次选择按钮 Reset 和 FRONT 得到平移后轧件与轧辊之间的相对位置(两者虽靠近但未接触),如图 7.134 所示。

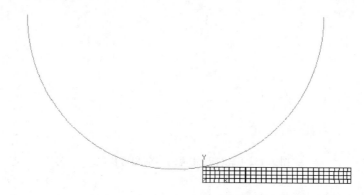

图 7.134　平移后轧件与轧辊的相对位置

在菜单 Tools 中选择按钮 Temperature 定义轧辊温度,这里轧辊温度取 100 ℃,如图 7.135 所示。在菜单 Tools 中选择按钮 Friction 定义轧辊与轧件之间的摩擦系数(μ)。

下面验算咬入条件

$$\mu \geqslant \sqrt{\frac{\Delta h}{r_{\text{Tool}}}}$$

式中:μ 为摩擦系数;Δh 为压下量;r_{Tool} 为轧辊半径。

$$\mu \geqslant \sqrt{\frac{\Delta h}{r_{\text{Tool}}}} = \sqrt{\frac{10 \text{ mm}}{150 \text{ mm}}} = 0.258\ 2$$

因此摩擦系数取 $\mu = 0.3$ 满足咬入条件,在 Friction 对话框中输入 0.3 并用按钮 OK 确认,如图 7.136 所示。

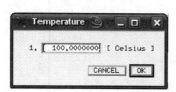

图 7.135　定义轧辊温度

图 7.136　定义轧辊的摩擦系数

在菜单 Tools 中选择按钮 Velocities 定义轧辊转速。注意:在 Velocities(1)对话框中,轧辊转速(U_{Toll})是用每秒轧辊转数(U/s)定义的。

7.5 板材轧制过程组织模拟

轧辊转速大小的计算方法如下:
轧辊转速

$$U_\mathrm{w} = \frac{\omega}{2\pi}$$

轧辊角速度

$$\omega = \frac{v_\mathrm{Tool}}{r_\mathrm{Tool}} = \frac{800 \text{ mm/s}}{150 \text{ mm}}$$

式中: v_Tool 为轧辊圆周速度(mm/s); r_Tool 为轧辊半径(mm)。

因此,轧辊转速

$$U_\mathrm{w} = \frac{\omega}{2\pi} = 0.848\ 83\ (\text{r/s})$$

轧辊的旋转方向依赖于 U_w 是正号还是负号,可用菜单 Velocities(1)进行检查,如图 7.137 所示。轧辊的旋转方向(由此决定 U_w 是正号还是负号)必须使入口侧转速矢量指向辊缝。

轧辊旋转方向的调整方法是:首先在菜单 Tools 中选择按钮 Viewport,再用 Zoom 聚焦放大轧辊表面,只要轧辊转速被赋予了一个值,当选择按钮 Velocities 时就会在图形窗口显示轧辊转速矢量。在菜单 Net View 的选项中能改变表示转速的箭头大小。

如图 7.137 所示,在本例中 U/s = -0.848 83 r/s。

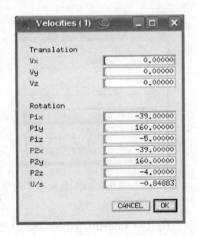

图 7.137 定义轧辊的转速(U/s)及旋转轴

在图 7.137 中选择按钮 CANCEL 离开菜单 Velocities(1)并返回主菜单,选择按钮 Write Model 保存文件。至此轧辊工具的模型建造完毕。

2) 推板(Tool 2)。

下面要建造推板工具,用于轧制开始时将轧件推向辊缝(也可在菜单 Workpiece Mesh 中使用 Rolling Initiation Aid 功能)。

首先在主菜单中选择按钮 Tools,在菜单 Tools 中选择按钮 Mesh,在菜单 Mesh 中选择按钮 Construction,在菜单 Construction 中选择按钮 New,则出现图 7.138。这里工具 Tool 1 表示轧辊,工具 Tool 2 表示推板。

在菜单 Construction 中选择按钮 Tool 2,出现菜单 Construction <2>,激活按钮 Node 和 Label,如图 7.139 所示。

第 7 章　金属热变形组织模拟应用举例

图 7.138　轧辊 Tool 1 与推板 Tool 2

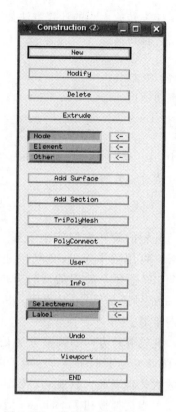

图 7.139　菜单 Construction <2>

在菜单 Construction <2> 中选择按钮 New,开始定义矩形推板的 4 个顶点(用节点定义),如图 7.140 所示。

下面根据上述生成的 4 个节点,形成一个四边形 4 节点单元(QUAD 4K),具体方法是:在菜单 Construction <2> 中依次选择按钮 Element、Label、New,如图 7.141 所示。

用鼠标左键依次选择上述 4 个节点并用鼠标右键结束选择,从而创建一个 QUAD 4K 单元表示推板(图 7.142)。注意:这里创建的单元是一个 QUAD 4K 而不是 4 个 FLA 线单元。点击鼠标右键后回到菜单 Construction <2>。

在菜单 Construction <2> 中,选择按钮 Info 检查 Tool 2 的单元类型,如图 7.143 所示。

上述创建的推板紧贴轧辊端部,如图 7.144 所示。

下面回到菜单 Tools 中,选择按钮 Temperature 定义推板工具 Tool 2 的温度,这里将推板 Tool 2 的温度定义为 1 100 ℃,如图 7.145 所示。

7.5 板材轧制过程组织模拟

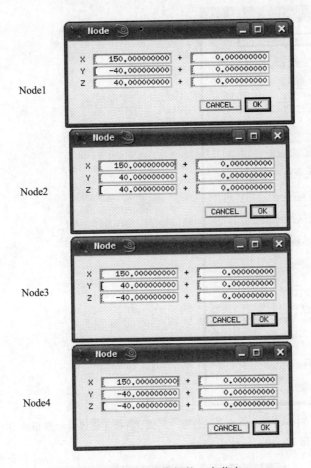

图 7.140 生成推板的 4 个节点

在菜单 Tools 中选择按钮 Friction，定义推板 Tool 2 的摩擦系数 $\mu = 0.3$，如图 7.146 所示。

在菜单 Tools 中选择按钮 Velocities，在菜单 Velocities(2) 中定义推板 Tool 2 的速度，推板沿 x 轴负方向的速度大小定义为 10 mm/s，即 $V_x = -10$ mm/s，如图 7.147 所示。

(3) 工具法线的方向

工具建模的最后一步是检查和改正工具法线的方向。工具的法线定义工具单元的外表面。在本例中，采用 LARSTRAN 求解器要求工具的法线必须指向工具的里面。

工具法线的检查和改正方法如下：首先回到 PEP 主菜单，选择按钮 Net View，在菜单 Net View 中选择按钮 All Tools(图 7.148)可在图形窗口中仅显示

第7章 金属热变形组织模拟应用举例

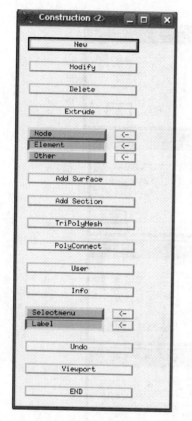

图 7.141 在菜单 Construction <2> 中选择按钮 Element、Label、New

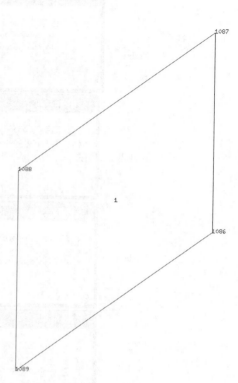

图 7.142 创建表示推板的 QUAD 4K 单元

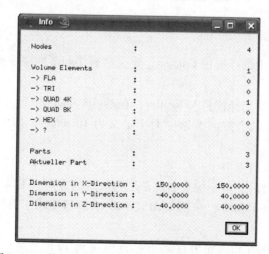

图 7.143 推板 Tool 2 为 QUAD 4K 单元（不含 FLA 单元）

7.5 板材轧制过程组织模拟

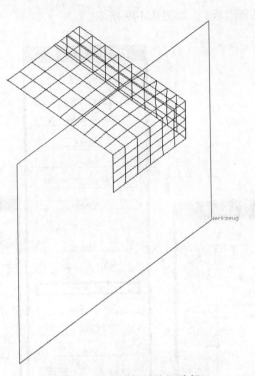

图 7.144 推板紧贴轧辊端部

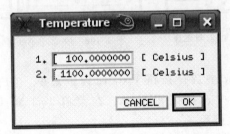

图 7.145 定义工具温度(1.—Tool 1；2.—Tool 2)

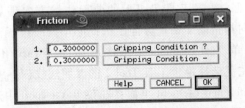

图 7.146 定义工具摩擦系数(1.—Tool 1；2.—Tool 2)

第7章　金属热变形组织模拟应用举例

所有的工具(轧辊和推板)，如图 7.149 所示。

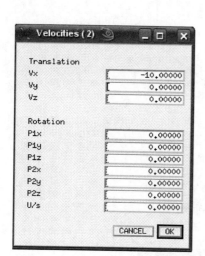

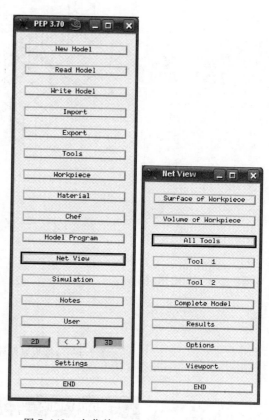

图 7.147　定义推板 Tool 2 的速度　　图 7.148　在菜单 Net View 中选择 All Tools

　　在菜单 Net View 中选择按钮 END 回到主菜单。在主菜单中选择按钮 Tools，在菜单 Tools 中选择按钮 Mesh，在菜单 Tool Mesh 中选择按钮 Tool Normals，如图 7.150 所示。

　　在菜单 Tool Normals 中(图 7.151)选择按钮 Viewport，使用按钮 Zoom 放大每个工具并观察工具法线是否指向工具的里面。

　　从图 7.151 可见，轧辊工具 Tool 1 的曲面法线方向满足要求，但是推板 Tool 2 曲面法线方向却指向 x 轴负方向，因此必须修改推板法线的方向。具体方法是：首先在菜单 Tool Normals 中依次选择按钮 Turn Reference Normal 和 Pick，然后用鼠标左键选择推板工具 Tool 2 的参照法线(另一种方法是将 Tool 2 的单元号输入到 Reference Element 里面：在菜单 Viewport 中选择按钮 Pick，再用鼠标左键点击工具 Tool 2 单元即可得到一个单元号，本例中其单元号为 2000，如图 7.152 所示)。最后选择按钮 Apply 即可改正推板法线的方向，如

7.5 板材轧制过程组织模拟

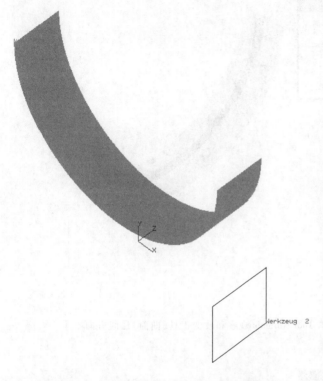

图 7.149 仅显示所有的工具(轧辊和推板)

图 7.150 选择按钮 Tool Normals

图 7.152 所示。

在菜单 Tool Normals 中，选择按钮 CANCEL 离开菜单 Tool Normals。至此本例涉及的所有工具创建完毕。回到主菜单选择按钮 Write Model 保存 PEP 模型文件(rolling.pep)。

在主菜单的 Net View 中先后选择按钮 Complete Model 和 Viewport，在菜单 Viewport 中依次选择按钮 Reset、Solid 即可显示所有接触体(轧件、轧辊和推板)，如图 7.153 所示。

(4) 材料属性

在主菜单中选择按钮 Material 定义材料属性，在菜单 Material 中选择 Characteristics，如图 7.154 所示。

在菜单 Material(1)中选择按钮 Data Base，在菜单 PEP/MatDB 中选择按钮 Open Data Base，如图 7.155 所示。

在弹出的 File Open 对话框中，先从文件目录(Directories)里找到希望的材

第 7 章 金属热变形组织模拟应用举例

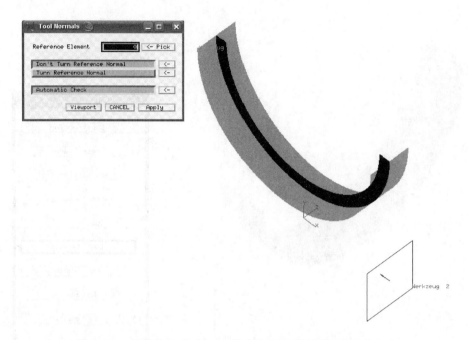

图 7.151 用菜单 Tool Normals 观察和改变工具(曲面)法线方向

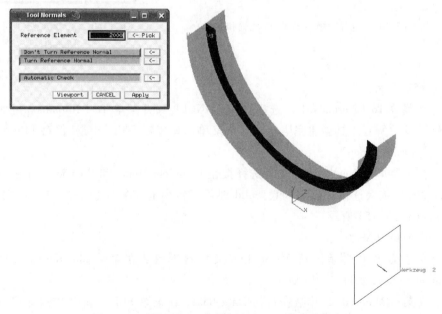

图 7.152 轧辊 Tool 1 和推板 Tool 2 正确的法线方向

7.5 板材轧制过程组织模拟

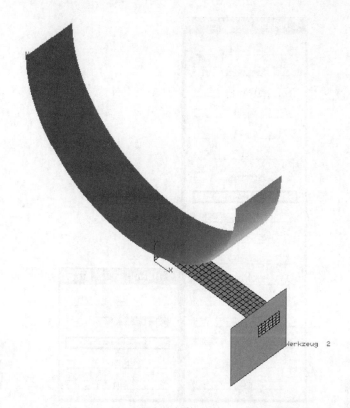

图 7.153 显示所有接触体(轧件、轧辊和推板)

料数据文件 *.mdb(本例选择 42CrMo4.mdb),并用鼠标左键点击 Files 中的 42crmo4.mdb,然后选择按钮 Read File 读入,如图 7.156 所示。

在菜单 PEP/MatDB 中选择按钮 Selection,在 PEP/MatDB Browser 对话框中用鼠标左键激活其中的选项(42CrMo4 1.7225),即用鼠标左键点击按钮(←),如图 7.157 所示。

在弹出的菜单 PEP/MatDB Browser(42CrMo4)中选择按钮 Get Data 以便读入其中包含的所有材料数据,选择按钮 OK 确认(图 7.158)。在重新弹出的 PEP/MatDB Browser 对话框中显示(←)已被激活,选择按钮 OK(图 7.159)。

在菜单 Material(1)中激活按钮 Hensel/Spittel Ⅰ,这表明采用 Hensel/Spittel Ⅰ形式的流变应力模型[参见公式(7.2)],如图 7.160 所示。

在菜单 Material(1)中选择按钮 STRUCSIM 可显示 42crmo4.mat 文件所在目录位置(图 7.161),点击按钮 OK 回到 Material(1)。在菜单 Material(1)中选择按钮 END 回到菜单 Material。菜单 Material 将显示 42CrMo4(图 7.162),至此材料属性已赋予轧件,选择按钮 END 返回主菜单。

第7章 金属热变形组织模拟应用举例

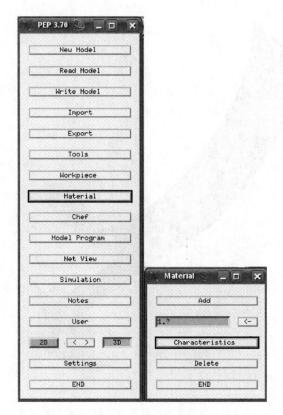

图 7.154 在菜单 Material 中选择按钮 Characteristics

(5) 控制参数

在主菜单中选择按钮 Chef 定义模型的控制参数,其中包括变形过程时间(PTIM)、时间步长数(INCD)等。在菜单 CHEF 中,可按以下经验公式计算相关控制参数。

1) 计算轧制过程时间。

轧制过程时间(PTIM)计算公式为

$$t_{process} = \frac{l_1}{v_{workpiece}} \tag{7.24}$$

假定轧件体积不变:

$$V_1 = V_0$$

式中:V_1 为轧制过程结束时的轧件体积;V_0 为轧制过程之前的轧件体积。

由此得到

$$l_1 A_1 = l_0 A_0 \tag{7.25}$$

7.5 板材轧制过程组织模拟

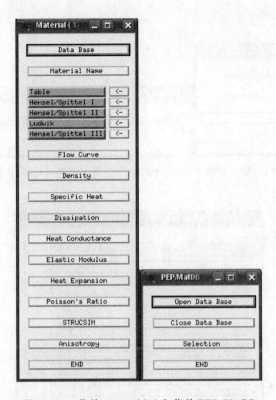

图 7.155 菜单 Material(1) 和菜单 PEP/MatDB

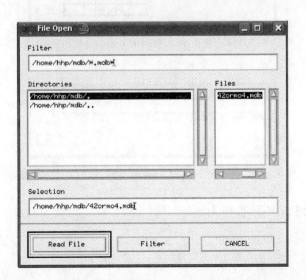

图 7.156 从 File Open 对话框中读入材料数据文件（*.mdb）

第7章 金属热变形组织模拟应用举例

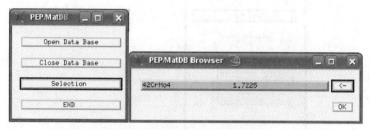

图 7.157 菜单 PEP/MatDB 和 PEP/MatDB Browser 对话框

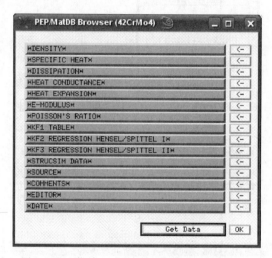

图 7.158 菜单 PEP/MatDB Browser(42CrMo4)

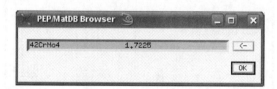

图 7.159 在 PEP/MatDB Browser 对话框中(←)已被激活

若轧制宽展量忽略不计,即 $b_1 \approx b_0$,则

$$l_1 = l_0 \times \frac{h_0}{h_1}$$

这里可取

$$v_\text{workpiece} \approx v_\text{Tool} \qquad (7.26)$$

式中:v_Tool 为轧辊的圆周速度(本例 $v_\text{Tool} = 800$ mm/s)。

7.5 板材轧制过程组织模拟

图 7.160 在菜单 Material(1)中激活按钮 Hensel/Spittel Ⅰ

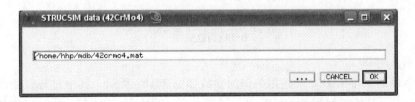

图 7.161 显示 42crmo4.mat 文件所在的目录

因此

$$t_{process} = \frac{l_0 \times \dfrac{h_0}{h_1}}{v_{workpiece}} = \frac{150 \times \dfrac{30}{20}}{800} = 0.28125$$

第7章 金属热变形组织模拟应用举例

图 7.162 菜单 Material 包含所选材料(42CrMo4)

2) 计算时间步长数(INCD)。

$$n = \frac{t_{process}}{\Delta t}$$

$$\Delta t \leqslant \frac{1}{10} \frac{l_{min}}{v_{max}}$$

式中：l_{min} 为最小单元边长(参见关于轧件网格重划分的图 7.89)；v_{max} 为预期的最大材料速度(多数情况下 $v_{max} \approx v_{Tool}$)；$\frac{1}{10}$ 为安全因子。

因此

$$\Delta t \leqslant \frac{1}{10} \times \frac{5 \text{ mm}}{800 \text{ mm/s}} = 0.000\ 625 \text{ s}$$

$$n \geqslant \frac{0.281\ 25}{0.000\ 625} = 450$$

在此取 $n = 600$。

本例的菜单 CHEF 及其相关控制参数如图 7.163 所示，其中过程开始时刻 TIME = 0，开始时间步长 INCB = 1，过程时间 PTIM = 0.281 25 s，时间步长数 INCD = 600。激活按钮 Thermal/Mechanical 和按钮 + Simulation of Microstructure (STRUCSIM)进行热力耦合分析并计算组织变化。

至此完整的有限元模型建立完毕，在主菜单中选择按钮 Write Model 保存 PEP 模型文件(文件名：rolling.pep)。

2. 求解

在主菜单中选择按钮 Simulation，这时弹出一个关于 Tool 2 的对话框(图

7.5 板材轧制过程组织模拟

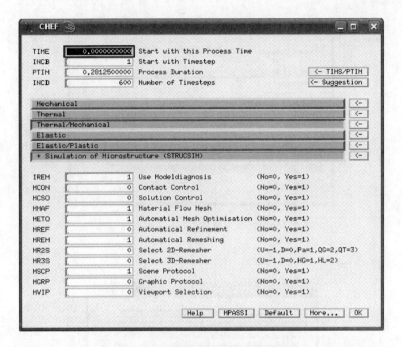

图 7.163　菜单 CHEF 及其控制参数

7.164），因工具 Tool 2(推板)仅做过程启动之用，因此这里选择按钮 Yes。

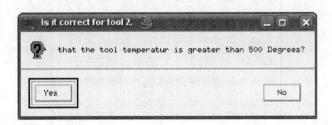

图 7.164　关于 Tool 2(推板)的对话框

在菜单 Simulation(LARSTRAN/SHAPE)中要规定求解器的具体算法，这里选择按钮 Problem specific solver，另外需要激活的一些按钮如图 7.165 所示，然后选择按钮 OK 确认。

对菜单 LARSTRAN/SHAPE Driver 中的所有默认项均用按钮 OK 确认，如图 7.166 所示。

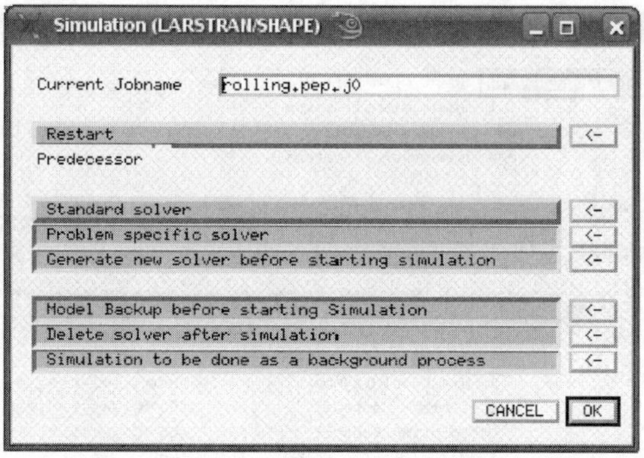

第 7 章 金属热变形组织模拟应用举例

图 7.165 选择求解器 Problem specific solver

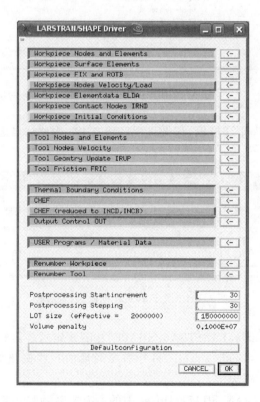

图 7.166 菜单 LARSTRAN/SHAPE Driver

7.5 板材轧制过程组织模拟

弹出的信息窗口 Info！用按钮 OK 确认（即求解过程在后台进行），如图 7.167 所示。

图 7.167　求解过程在后台进行

求解过程可显示在窗口 LARSTRAN.rolling.pep.j0 中，如图 7.168 所示。也可关闭该窗口，在当前工作目录下打开日志文件 pep_lajob.log 观察各时间步的迭代计算过程。

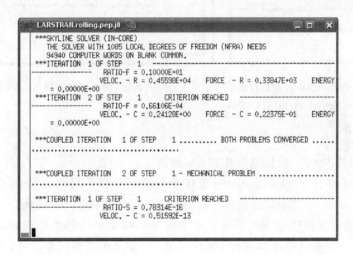

图 7.168　用窗口 LARSTRAN.rolling.pep.j0 观察求解过程

3. 后处理

在主菜单中打开 Import（图 7.169），选择按钮 LARSTRAN/SHAPE BIN 和 Workpiece，用按钮 OK 确认。

下面将结果文件（*.bin）导入 PEP。为此在 File Open 对话框选择本例的结果文件 rolling.pep.j0.bin，然后选择按钮 Read File，如图 7.170 所示。

将结果文件（*.bin）导入 PEP 后，菜单 LARSTRAN 会显示模拟结果的各时间步供选择（图 7.171）。若想观察整个过程的模拟结果则选择所有的时间步，即选择按钮 Select all steps。若仅观察过程结束时（第 600 步）的结果，则

第 7 章 金属热变形组织模拟应用举例

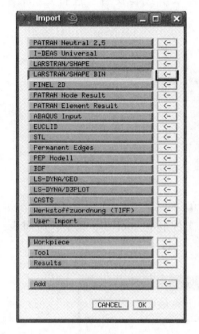

图 7.169　在菜单 Import 中选择按钮
　　　　　LARSTRAN/SHAPE BIN
　　　　　和 Workpiece

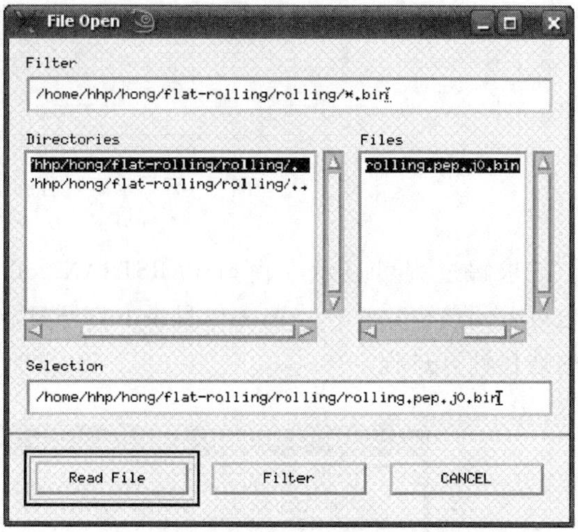

图 7.170　输入结果文件(*.bin)

选择按钮 ISTP 600，然后选择按钮 OK 确认。

在主菜单里的 Workpiece 中选择 Symmetry(图 7.172)，取消总体对称(Global Symmetry)选项以便在工件观察计算结果，用按钮 OK 确认。

在主菜单选择按钮 Net View，在菜单 Net View 中选择按钮 Options。在菜单 Net View Options 中激活按钮 Mirror Model 以便显示完整模型，并且取消按钮 Korngroesse in ASTM 以便用单位 μm 显示晶粒大小。菜单 Net View Options 中的其余选项取原始默认值(图 7.173)，然后用按钮 OK 确认。

在菜单 Net View 中选择按钮 Results，在菜单 Results 中选择按钮 Fringe Plot，如图 7.174 所示。

在菜单 Fringe Plot 中有不同模拟结果的选项(图 7.175)。例如，若选择 TEMP 则显示温度模拟结果(图 7.176)；若选择 SIGQ 则显示 von Mises 等效应力(图 7.177)；若选择 ETAQ 则显示(总)等效塑性应变(图 7.178)；若选择 ETQP 则显示等效塑性应变速率(图 7.179)；若选择 EEFFM 则显示考虑动态再结晶影响后的有效应变(图 7.180)；若选择 XANTDRX 则显示动态再结晶百分数(图 7.181)；若选择 GSAVE 则显示平均晶粒大小(图 7.182)。

7.5 板材轧制过程组织模拟

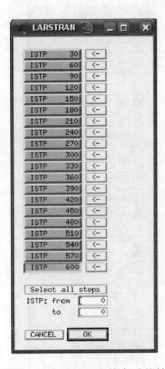

图 7.171 选择过程结束时的结果(ISTP：600)

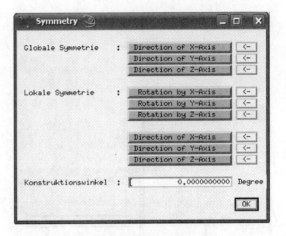

图 7.172 菜单 Symmetry

图 7.173 菜单 Net View Options

第 7 章　金属热变形组织模拟应用举例

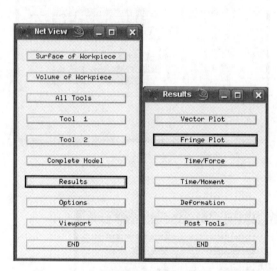

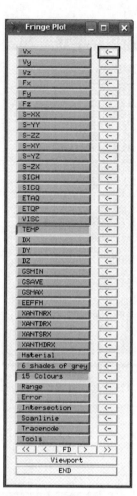

图 7.174　在菜单 Results 中选择 Fringe Plot　　　图 7.175　菜单 Fringe Plot

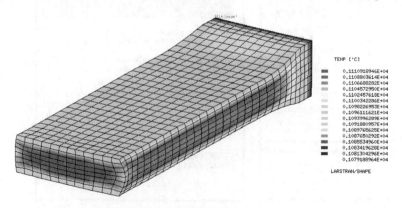

图 7.176　温度模拟结果（ISTP：600）

7.5 板材轧制过程组织模拟

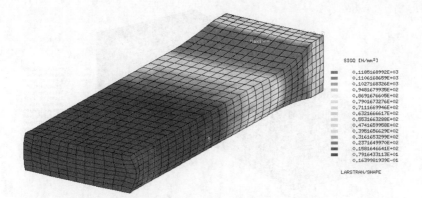

图 7.177 等效应力模拟结果(ISTP:600)

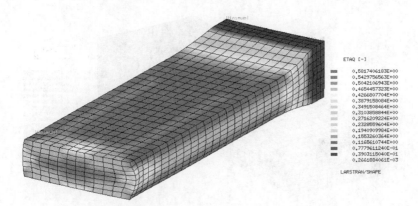

图 7.178 等效塑性应变模拟结果(ISTP:600)

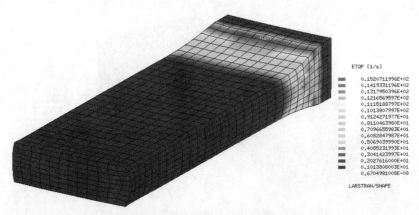

图 7.179 等效塑性应变速率模拟结果(ISTP:600)

第7章 金属热变形组织模拟应用举例

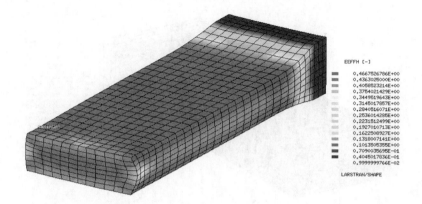

图 7.180 考虑动态再结晶影响后的有效应变模拟结果(ISTP:600)

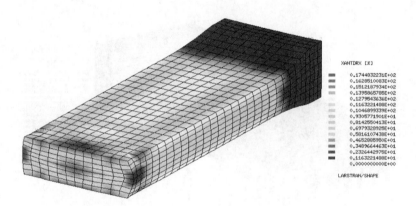

图 7.181 动态再结晶百分数模拟结果(ISTP:600)

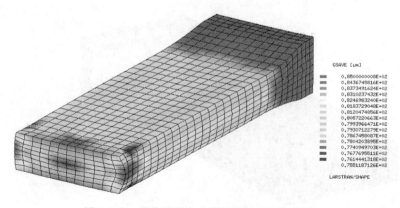

图 7.182 平均晶粒大小模拟结果(ISTP:600)

7.6 孔型轧制过程组织模拟

图 7.183 和图 7.184 分别为动态再结晶百分数和平均晶粒大小沿纵向截面的分布。由此可见轧制变形使晶粒细化(原始晶粒尺寸从 85.0 μm 减小到约 75.6 μm)。

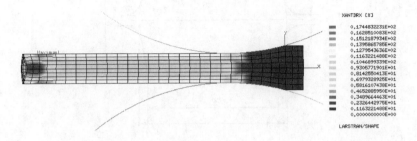

图 7.183　动态再结晶百分数模拟结果(纵向截面, ISTP: 600)

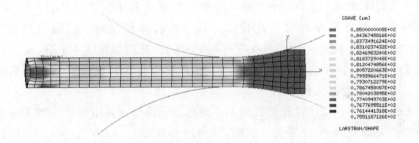

图 7.184　平均晶粒大小模拟结果(纵向截面, ISTP: 600)

7.6 孔型轧制过程组织模拟

7.6.1 问题提出

以箱形孔型为例介绍孔型轧制过程金属组织变化的模拟方法。已知条件包括: 箱形孔型的槽口宽度 B_k = 226 mm, 槽底宽度 b_k = 200 mm, 孔型高度 h = 158 mm, 辊缝 s = 35 mm, 内圆角 R = 18 mm, 外圆角 r = 10 mm, 凸度 f = 2.5 mm, 如图 7.185 所示。42CrMo4 钢坯的初始横截面尺寸为 200 mm × 200 mm, 其圆角半径为 6 mm。另外, 轧辊直径 D = 700 mm, 开轧温度 θ_0 = 1 100 ℃。轧制速度 v_w = 233 mm/s。

在有限元模型中, 轧件原始长度取为 550 mm。建立 1/4 对称性模型。沿轧

第7章 金属热变形组织模拟应用举例

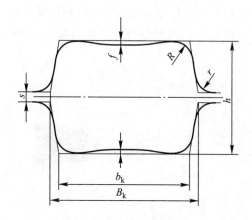

图 7.185 矩形箱形孔型

件长度方向取 50 等份,对于轧件横截面圆角区域进行网格细化,采用 6 400 个八节点六面体单元和 7 803 个节点。在模拟计算过程中应用 PEP&LARSTRAN/SHAPE 的模型诊断及网格优化技术。其主要边界量包括:热辐射系数 $\varepsilon = 0.86$,接触传热系数 $\alpha = 0.004\ 4\ \text{W}/(\text{mm}^2 \cdot \text{K})$,轧辊温度 $T_{\text{roll}} = 300\ ℃$,环境温度 $T_{\text{um}} = 30\ ℃$,库仑摩擦系数 $\mu = 0.3$。塑性应变功转换为变形热的系数为 0.9。其他材料数据见表 7.1。

考虑对称性,仅建立轧辊孔型 1/4 对称部分模型,其中箱形孔型 1/4 部分线段的各关键点坐标分别为(单位:mm):$p_1(130,\ 17.5)$、$p_2(121.061\ 3,\ 17.5)$、$p_3(114.760\ 6,\ 19.734\ 7)$、$p_4(111.275\ 8,\ 25.439\ 9)$、$p_5(103.008\ 8,\ 64.708\ 2)$、$p_6(96.736\ 3,\ 74.977\ 6)$、$p_7(85.394\ 9,\ 79)$、$p_8(42.715\ 9,\ 77.119\ 3)$、$p_9(0,\ 76.5)$、$p_{10}(-0.2,\ 76.5)$,如图 7.186 所示。

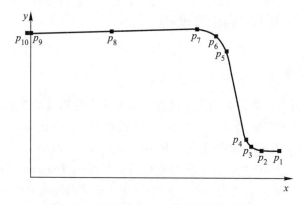

图 7.186 箱形孔型 1/4 部分线段的关键点

7.6.2 模拟方法

1. 前处理

(1) 建立轧辊孔型模型

对于复杂断面孔型，可通过 PEP -> Import 将轧辊孔型曲线的 CAD 文件（例如：*.BDF 文件）直接导入 PEP 中。对于简单断面孔型也可根据孔型曲线的关键点直接在 PEP 中建立轧辊孔型模型。

下面介绍在 PEP 中建立轧辊孔型模型的步骤方法。

首先启动 PEP 的主菜单界面，然后依次选择 2D 选项、按钮 Workpiece、按钮 Mesh、按钮 Construction，如图 7.187 所示。

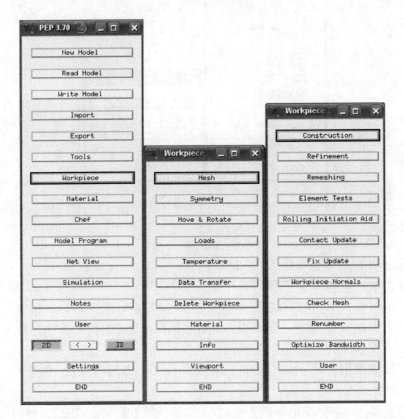

图 7.187 分别选择按钮 Workpiece、Mesh 和 Construction

在菜单 Construction 中激活按钮 Node 和 Label，然后选择按钮 New，如图 7.188 所示。

在菜单 New Node 中选择按钮 XYZ，分别输入 $p_1 \sim p_{10}$ 点坐标建立 Node 1 ~

第7章 金属热变形组织模拟应用举例

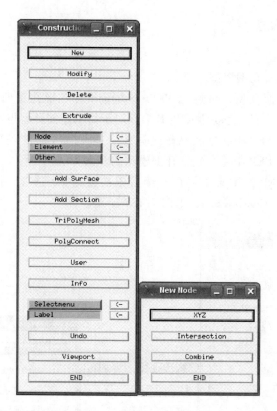

图7.188 在菜单Construction中选择按钮Node、Label和New

Node 10，如图7.189所示。

建立的10个节点如图7.190所示。

在菜单Construction中分别选择按钮Label、Selectmenu、Element和New，在弹出的菜单Select中选择按钮Pick-Select和Select（图7.191），用鼠标左键点击点1和点2，用鼠标右键结束，最后用鼠标左键点击按钮END，则生成两点间的线段（辊缝），如图7.192所示。

同理继续用上述Select菜单生成点4和点5之间的线段（侧壁），如图7.193所示。

用菜单Viewport中的按钮Zoom放大孔型外圆角部分，如图7.194所示。

在菜单Construction中选择按钮Other、Selectmenu、Label和New，如图7.195所示。

下面用3个点（点2、点3、点4）制作外圆角，为此在菜单New Other中选择按钮Circle(P1，P2，P3)，如图7.196所示。

7.6 孔型轧制过程组织模拟

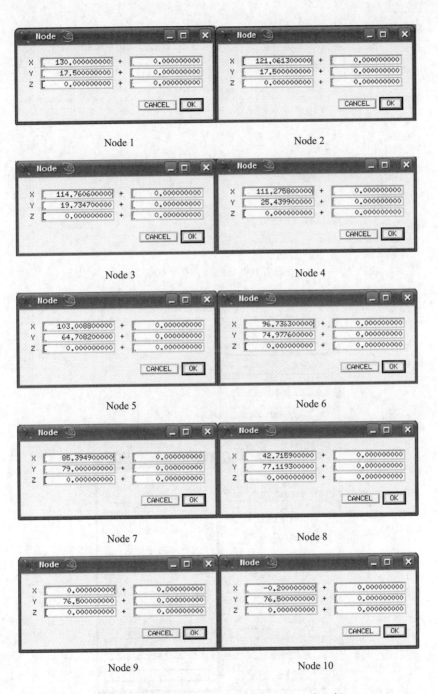

图 7.189 选择按钮 XYZ 分别输入 $p_1 \sim p_{10}$ 点坐标

第7章 金属热变形组织模拟应用举例

图7.190 建立的10个节点

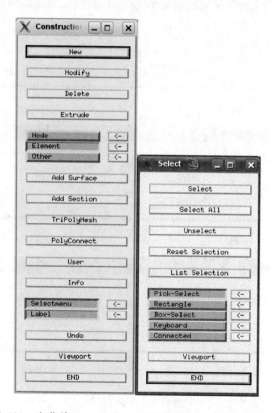

图7.191 在菜单 Construction 中选择按钮 New 弹出菜单 Select

7.6 孔型轧制过程组织模拟

图 7.192 在点 1 和点 2 之间生成线段（辊缝）

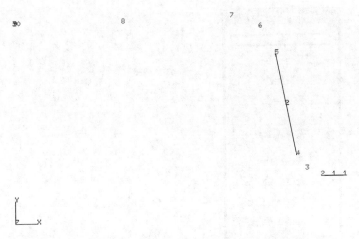

图 7.193 在点 4 和点 5 之间生成线段（侧壁）

在弹出的菜单 Select 中选择按钮 Pick – Select 和 Select，用鼠标左键依次点击 3 个点（逆时针顺序：点 4、点 3、点 2），点击鼠标右键，之后选择按钮 END，如图 7.197 所示。

在弹出的 Circle 对话框中取节点数（Number of New Nodes）为 6，如图 7.198 所示。

如图 7.198 所示，在菜单 Circle 中选择按钮 OK 确认后生成外圆角的圆弧，

第 7 章　金属热变形组织模拟应用举例

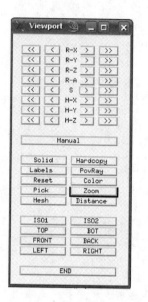

图 7.194　用菜单 Viewport 中的按钮 Zoom 放大孔型外圆角

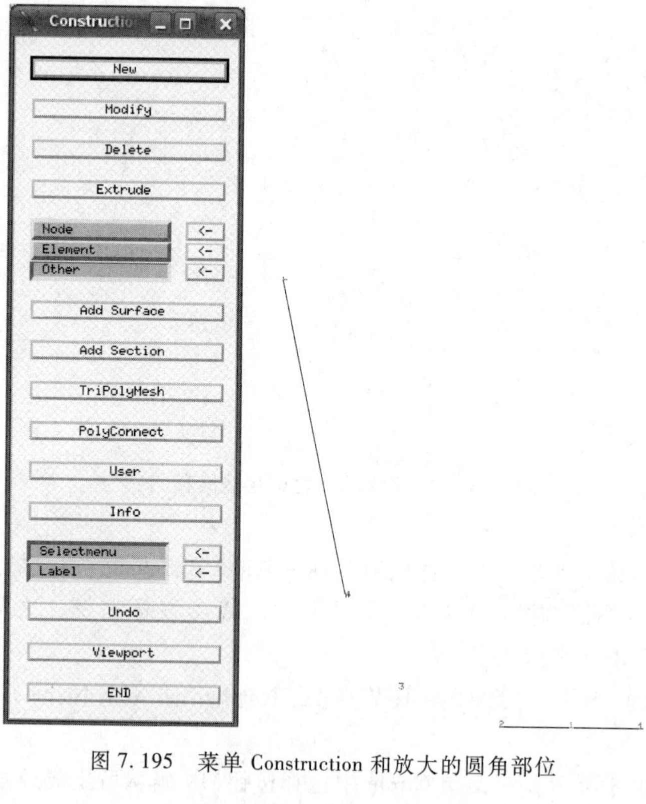

图 7.195　菜单 Construction 和放大的圆角部位

7.6 孔型轧制过程组织模拟

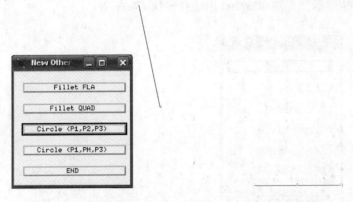

图 7.196 在菜单 New Other 中选择 Circle(P1, P2, P3)

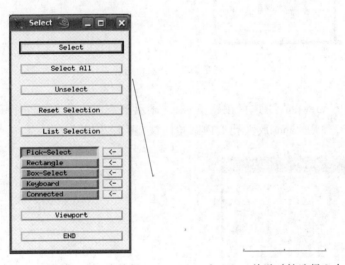

图 7.197 在菜单 Select 中选择 Pick – Select 和 Select 并逆时针选择 3 个点

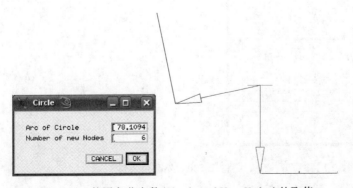

图 7.198 外圆角节点数(Number of New Nodes)的取值

383

第 7 章　金属热变形组织模拟应用举例

如图 7.199 所示。在菜单 Select 中选择按钮 Viewport。

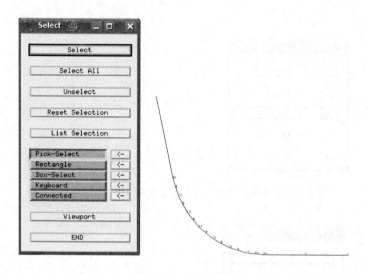

图 7.199　外圆角圆弧

在菜单 Viewport 中选择按钮 Reset，显示整个 1/4 对称部分的孔型轮廓线（图 7.200），用 Zoom 放大孔型内圆角区域（图 7.201）。

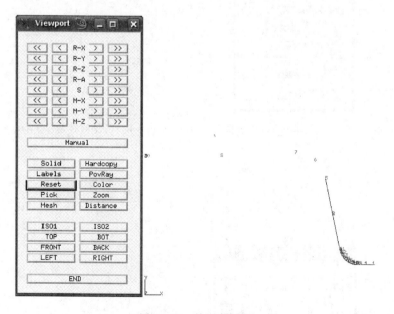

图 7.200　外圆角圆弧

7.6 孔型轧制过程组织模拟

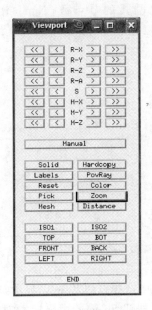

图 7.201 用 Zoom 放大孔型内圆角区域

在菜单 Select 中选择按钮 Select，用鼠标左键依次点击孔型内圆角上的 3 个点（逆时针顺序：点 5、点 6、点 7），点击鼠标右键，之后选择按钮 END，如图 7.202 所示。

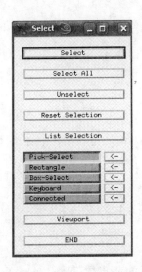

图 7.202 逆时针顺序选择点 5、点 6、点 7

在弹出的 Circle 对话框中将孔型内圆角圆弧的节点数（Number of New Nodes）取 8，选择按钮 OK 生成孔型内圆角圆弧，如图 7.203 所示。

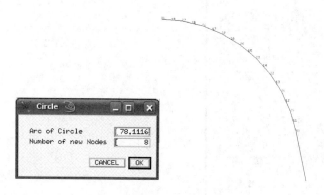

图 7.203　孔型内圆角圆弧节点数

下面制作孔型槽底曲线，在菜单 Viewport 中选择按钮 Reset，显示整个 1/4 对称部分的孔型轮廓线。在菜单 Select 中选择按钮 Select，用鼠标左键依次点击孔型槽底上的 3 个点（逆时针顺序：点 9、点 8、点 7），点击鼠标右键，之后选择按钮 END，如图 7.204 所示。

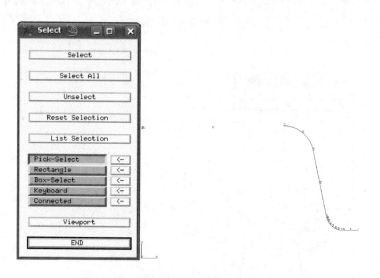

图 7.204　逆时针顺序选择点 9、点 8、点 7

在弹出的 Circle 对话框中将孔型槽底圆弧的节点数（Number of New Nodes）取 8，选择按钮 OK 生成孔型槽底圆弧，如图 7.205 所示。

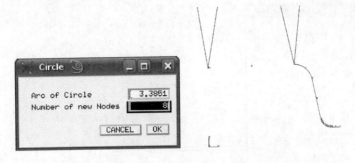

图 7.205 孔型槽底的节点数

在菜单 Viewport 中用按钮 Reset 显示生成的孔型曲线，如图 7.206 所示。

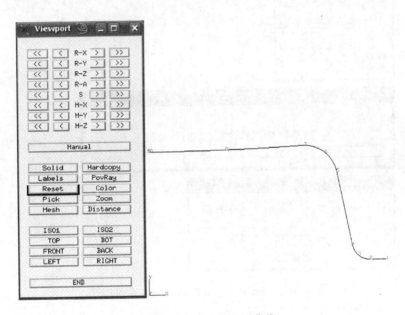

图 7.206 生成的孔型曲线

在菜单 Workpiece Mesh 中用按钮 Check Mesh 检查生成的孔型：点击按钮 Check Mesh，在出现的对话框中选择 Yes for All 并用按钮 OK 确认，如图 7.207 所示。

用按钮 Optimize Bandwidth 进行带宽优化：选择按钮 Optimize Bandwidth 后，在弹出的对话框中分别选择按钮 Yes 和 OK 确认，从中可见带宽从 25 减小为 2，如图 7.208 所示。

下面将孔型配置到轧辊上，为此要将孔型沿 y 方向平移，其位移为 $D_y =$

第 7 章　金属热变形组织模拟应用举例

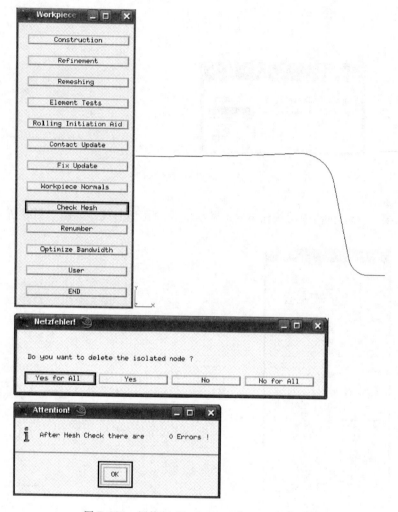

图 7.207　用按钮 Check Mesh 检查生成的孔型

$-(D+s)/2$，其中 D 和 s 分别为轧辊直径和辊缝。因此 $D_y = -(700 \text{ mm} + 35 \text{ mm})/2 = -367.5 \text{ mm}$。

在菜单 Workpiece 中选择按钮 Move & Rotate，在菜单 Move & Rotate(1) 中取 D_y 为 -367.5 mm，选择按钮 Permanent，最后选择按钮 CANCEL 回到菜单 Workpiece，如图 7.209 所示。

用菜单 Viewport 中的按钮 Reset 和 FRONT 显示平移后的孔型，如图 7.210 所示。

在菜单 Construction 中依次选择按钮 Element、Selectmenu 和 Extrude，在菜

7.6 孔型轧制过程组织模拟

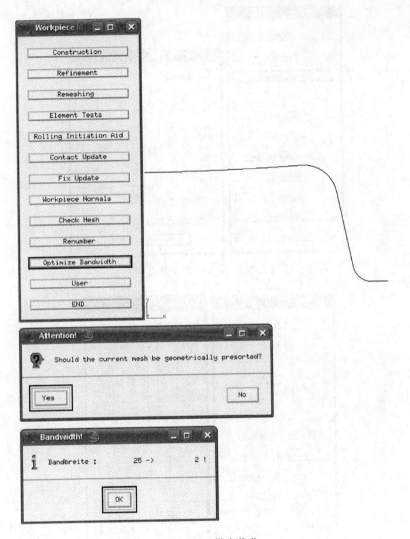

图 7.208 带宽优化

单 Extrude Element 中选择按钮 Arc of a Circle，在弹出的菜单 Select 中依次选择按钮 All、Pick – Select 和 Select All，最后选择按钮 END，如图 7.211 所示。

为简化模型，仅对轧辊孔型在变形区范围建模，为此在菜单 Extrude Arc of a Circle 中，取旋转轴上的两个点坐标为：$P_1(0,0,0)$、$P_2(1,0,0)$，旋转角度（Construction Angle）取 60°，单元层数（Element Layer）取 60，如图 7.212 所示。

在菜单 Extrude Arc of a Circle 中用按钮 OK 确认，返回菜单 Select 和

第 7 章　金属热变形组织模拟应用举例

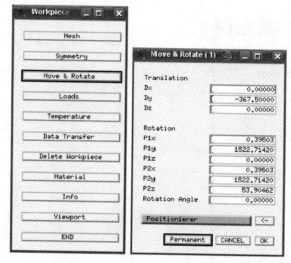

图 7.209　沿 y 方向平移孔型

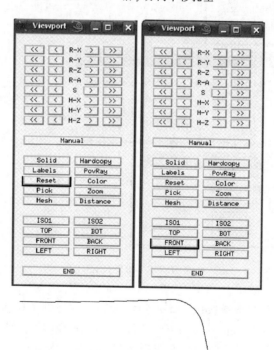

图 7.210　平移后的孔型

7.6 孔型轧制过程组织模拟

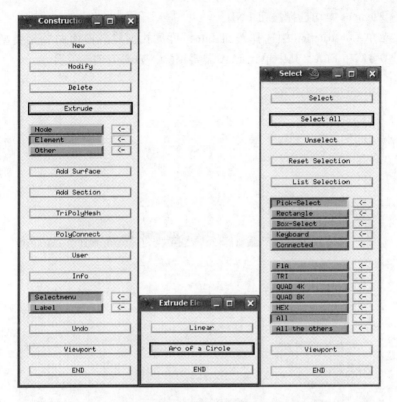

图 7.211 菜单 Construction、Extrude Element 和 Select

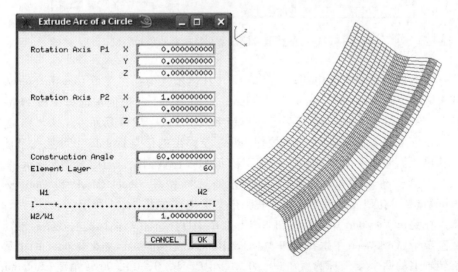

图 7.212 旋转轴、旋转角及孔型旋转曲面

Extrude Element 中均选择按钮 END。

在菜单 Construction 中选择按钮 Info，可见孔型旋转曲面的单元类型有单元 QUAD 4K 和 FLA，其中单元 FLA 需要剔除，如图 7.213 所示。

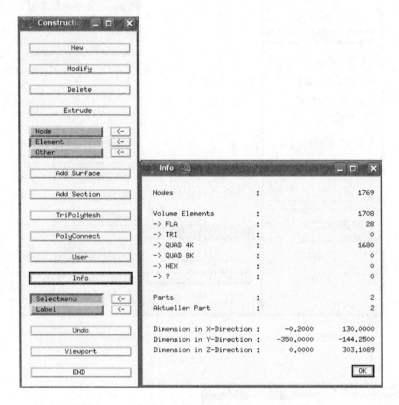

图 7.213　信息框 Info 以及孔型曲面的单元类型

下面剔除孔型曲面中的单元 FLA，其具体步骤为：在菜单 Construction 中依次选择 Element、Selectmenu 和 Delete；在菜单 Select 中依次选择按钮 FLA、Pick - Select 和 Select All，最后选择按钮 END，如图 7.214 所示。

在菜单 Construction 中选择按钮 Info，在弹出的信息框 Info 中可见孔型曲面的单元类型仅有单元 QUAD 4K，即单元 FLA 已被剔除，如图 7.215 所示。

下面在菜单 Workpiece Mesh 中分别选择按钮 Check Mesh 和 Optimize Bandwidth 对孔型曲面单元进行检查和带宽优化，如图 7.216 所示。

在菜单 Viewport 中选择按钮 Reset 和 RIGHT 显示孔型曲面的右视图，然后回到菜单 Workpiece 中选择按钮 Move & Rotate。在菜单 Move & Rotate(1) 中取旋转轴上的两个点坐标为：$P_1(0, 0, 0)$、$P_2(1, 0, 0)$，旋转角度(Rotation Angle)取 $-5°$，选择按钮 Permanent，如图 7.217 所示。

7.6 孔型轧制过程组织模拟

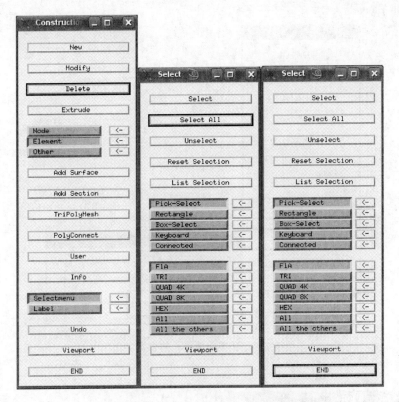

图 7.214 剔除孔型曲面中单元 FLA 的步骤

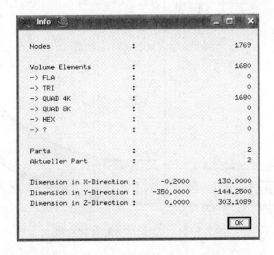

图 7.215 孔型曲面单元类型仅为 QUAD 4K

第7章 金属热变形组织模拟应用举例

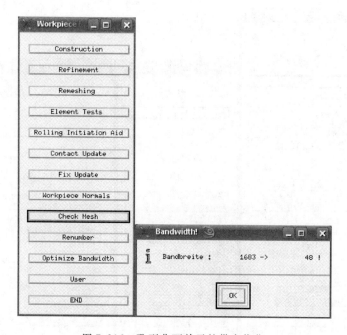

图 7.216 孔型曲面单元的带宽优化

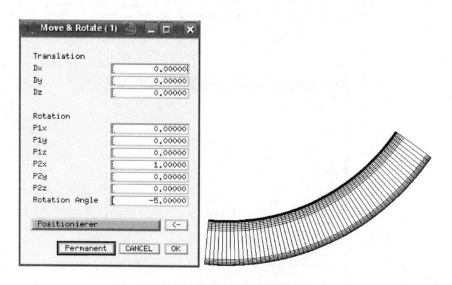

图 7.217 孔型的旋转轴及旋转角

在菜单 Move & Rotate(1) 中取位移 $D_y = 367.5$ mm，选择按钮 Permanent，将轧辊孔型回复至原来位置，如图 7.218 所示。

7.6 孔型轧制过程组织模拟

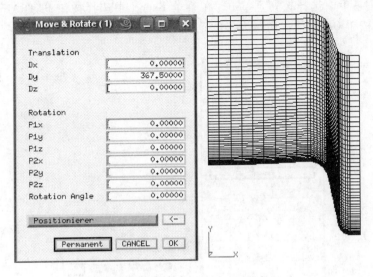

图 7.218 沿 y 方向平移轧辊孔型

在菜单 Viewport 中用按钮 Reset 显示三维孔型网格模型，如图 7.219 所示。

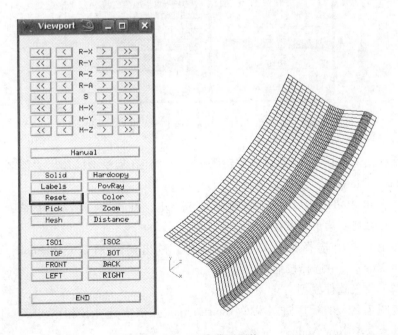

图 7.219 三维孔型网格

在主菜单中选择按钮 Export，在菜单 Export 中选择按钮 PATRAN Neutral 2.5，用按钮 OK 确认，如图 7.220 所示。

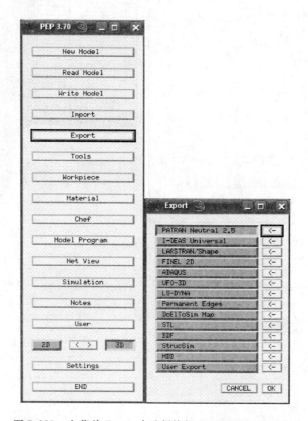

图 7.220　在菜单 Export 中选择按钮 PATRAN Neutral 2.5

在弹出的 File Open 对话框中键入 roll_1.out（孔型模型的输出文件名），用按钮 Save File 确认，如图 7.221 所示。

在菜单 PATRAN Driver 中选择按钮 OK，在菜单 Export 中选择按钮 CANCEL 回到主菜单，如图 7.222 所示。

在主菜单中选择按钮 New Model，在弹出的对话框（Attention：SAVE Current Model?）中选择按钮 No。

（2）建立轧件模型

按图 7.223 的顺序进入菜单 Construction 并依次选择按钮 Node、Label 和 New 进入菜单 New Node。

在菜单 New Node 中选择按钮 XYZ，在弹出的 Node 窗口分别输入 4 个节点的坐标（表示轧前方坯横截面 1/4 对称部分的 4 个顶点），如图 7.224 和图

7.6 孔型轧制过程组织模拟

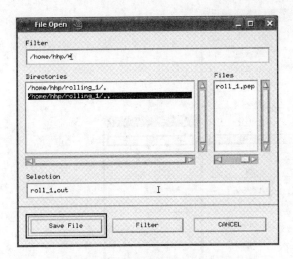

图 7.221　孔型模型的输出文件名

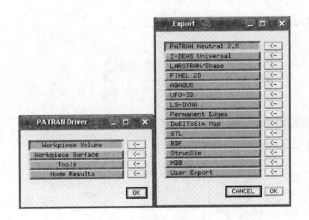

图 7.222　退出菜单 Export

7.225 所示。

在菜单 Construction 中选择按钮 Element、Selectmenu、Label，之后选择按钮 New，在弹出的菜单 Select 中依次选择按钮 Pick - Select 和 Select，如图 7.226 所示。

用鼠标左键点击节点 1 和节点 2，点击鼠标右键结束，之后在菜单 Select 中（鼠标左键）选择按钮 END，这样在节点 1 和节点 2 之间生成一个 FLA 单元，如图 7.227 所示。

同理，在节点 2 和节点 3 之间生成 FLA 单元，如图 7.228 所示。在坯料横

第 7 章 金属热变形组织模拟应用举例

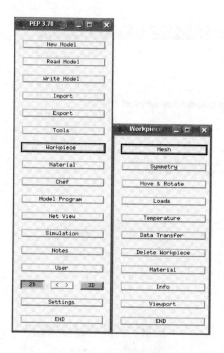

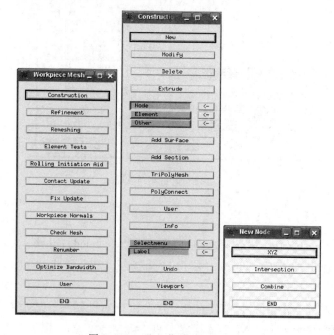

图 7.223　进入菜单 Construction

7.6 孔型轧制过程组织模拟

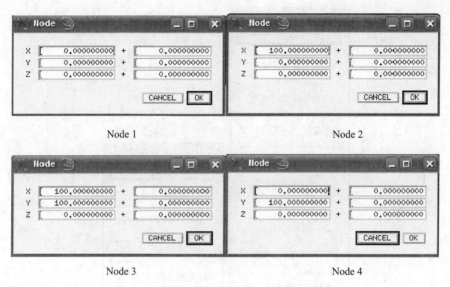

图 7.224　方坯横截面的 4 个节点坐标

图 7.225　方坯横截面的 4 个节点号

截面边界生成 4 个 FLA 单元,如图 7.229 所示。

下面在节点 3 处制作半径为 6 mm 圆角,为此在菜单 Construction 中选择按钮 Other、Selectmenu、Label,之后选择按钮 New,在弹出的菜单 New Other 中

第7章 金属热变形组织模拟应用举例

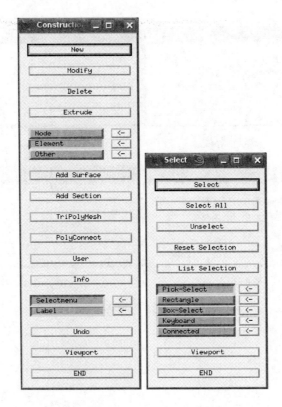

图 7.226 菜单 Construction 及菜单 Select

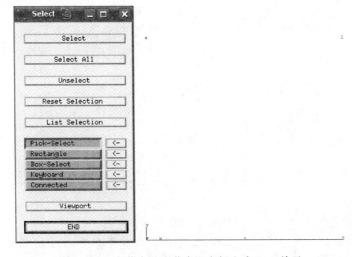

图 7.227 在节点 1 和节点 2 之间生成 FLA 单元

7.6 孔型轧制过程组织模拟

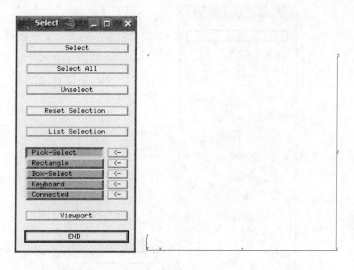

图 7.228 在节点 2 和节点 3 之间生成 FLA 单元

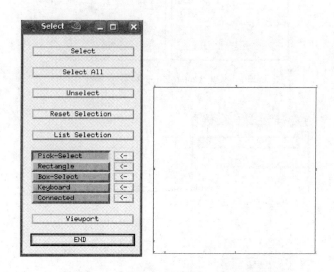

图 7.229 在横截面边界生成 4 个 FLA 单元

选择按钮 Fillet FLA,如图 7.230 所示。

在菜单 Select 中选择按钮 Select,用鼠标左键点击节点 3,点击鼠标右键结束选择,之后选择按钮 END,如图 7.231 所示。

在弹出的菜单 Replace Corner with Fillet 中圆角半径(Fillet Radius)取 6 mm,新节点数(Number of New Nodes)取 2,用按钮 OK 确认,由此生成带圆角的坯

第 7 章 金属热变形组织模拟应用举例

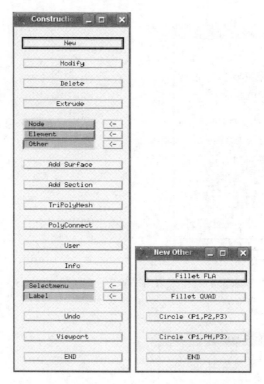

图 7.230 菜单 Construction 和菜单 New Other

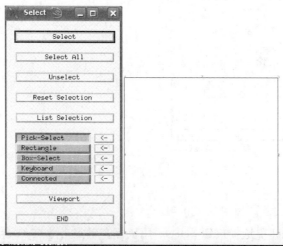

图 7.231 用按钮 Select 选择节点 3

料横截面边界线(1/4对称部分),如图7.232所示。之后选择按钮 END 分别退出菜单 Select 和 New Other。

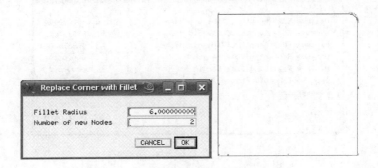

图 7.232 圆角半径及新节点数

在菜单 Workpiece Mesh 中选择按钮 Remeshing,在弹出的菜单 2D Remeshing 中选择按钮网格生成器 QuadTreeMesh,如图 7.233 所示。

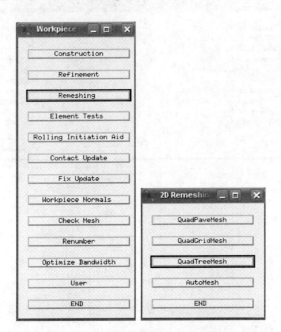

图 7.233 网格生成器 QuadTreeMesh

在 QuadTreeMesh 特征参数界面中,最大单元边长(Maximum Remeshing Edge Length)取 20 mm,最小单元边长(Minimum Remeshing Edge Length)取 1 mm,重要点判别准则(Important Points Criteria)取 0.05,框形尺寸相对余量

(Boxoversize，%)取1，如图 7.234 所示。

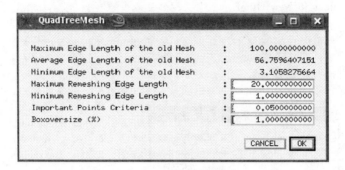

图 7.234　QuadTreeMesh 特征参数取值

方坯横截面网格划分完毕将显示新网格信息框以及横截面网格，其中角部单元较细密，如图 7.235 所示。

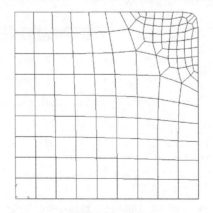

图 7.235　横截面网格信息及单元分布

7.6 孔型轧制过程组织模拟

下面对横截面单元进行检查和带宽优化，其带宽由 149 变为 19，如图 7.236 所示。

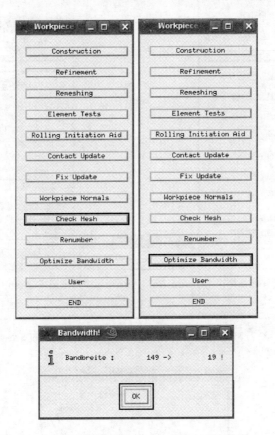

图 7.236　对横截面单元进行检查和带宽优化

下面将上述生成的 2D 横截面网格沿 z 方向伸长为 3D 网格，其具体步骤为：在菜单 Construction 中选择按钮 Element、Selectmenu，之后选择按钮 Extrude；在弹出的菜单 Extrude Element 中选择按钮 Linear；在弹出的菜单 Select 中依次选择按钮 All、Pick-Select 和 Select All，之后选择按钮 END，如图 7.237 所示。

在弹出的菜单 Extrude Linear 中，z 方向伸长量(Extrude-Vector)取 550 mm，单元片层数目(Element Layer)取 50，选择按钮 OK 确认，如图 7.238 和图 7.239 所示。之后分别在菜单 Select 和菜单 Extrude Element 中选择按钮 END 从而回到菜单 Construction。

在菜单 Construction 中选择按钮 Info 显示当前轧件的单元类型，其中有

第7章 金属热变形组织模拟应用举例

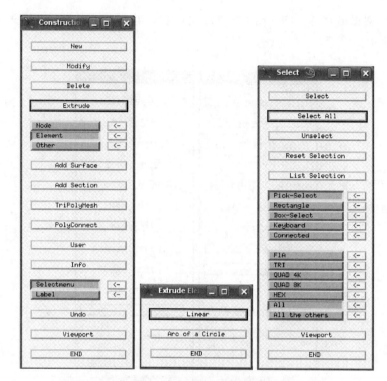

图 7.237 菜单 Construction、Extrude Element 和 Select

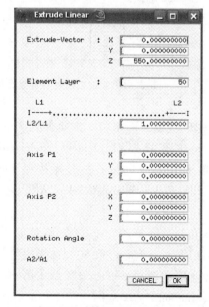

图 7.238 菜单 Extrude Linear

7.6 孔型轧制过程组织模拟

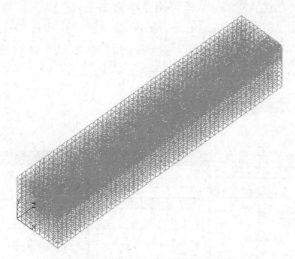

图 7.239 初步生成的轧件 3D 网格

6 400 个六面体单元(HEX)以及 128 个四边形单元(QUAD 4K),如图 7.240 所示。

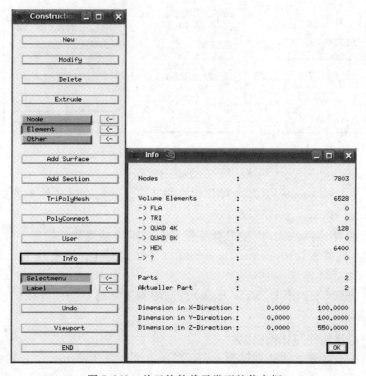

图 7.240 关于轧件单元类型的信息框

第7章　金属热变形组织模拟应用举例

下面要将 QUAD 4K 单元从轧件网格中全部剔除，其具体步骤为：在菜单 Construction 中选择按钮 Element、Selectmenu，之后选择按钮 Delete，在菜单 Select 中选择按钮 QUAD 4K、Pick-Select 和 Select All，之后选择按钮 END，如图 7.241 所示。

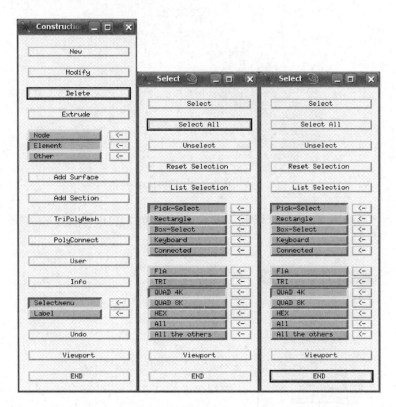

图 7.241　从轧件单元中剔除单元 QUAD 4K 的步骤

在菜单 Construction 中再次打开信息框 Info，可见这时轧件单元类型仅为六面体单元(HEX)，如图 7.242 所示。

在菜单 Workpiece Mesh 中选择按钮 Check Mesh 检查轧件网格，如图 7.243 所示；之后选择按钮 Optimize Bandwidth 进行带宽优化，带宽从 7 613 减小为 185，如图 7.244 所示。

在主菜单中选择按钮 Write Model 以便保存上述建立的轧件模型(文件名：billet.pep)。

(3) 组装轧件和轧辊模型

下面往上述建立的轧件模型上引入轧辊孔型，其步骤为：在主菜单中选择按钮 Import，在菜单 Import 中选择按钮 PATRAN Neutral 2.5、Tool、Add，之后

7.6 孔型轧制过程组织模拟

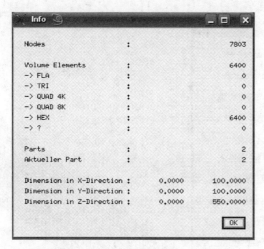

图 7.242 轧件单元类型仅为 HEX 单元

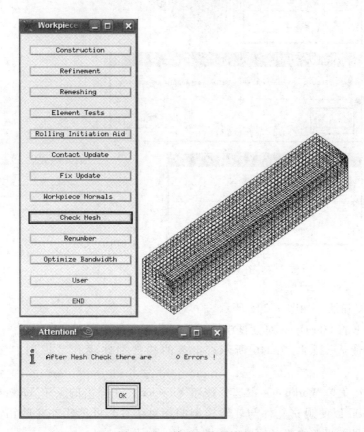

图 7.243 检查网格的步骤

第 7 章　金属热变形组织模拟应用举例

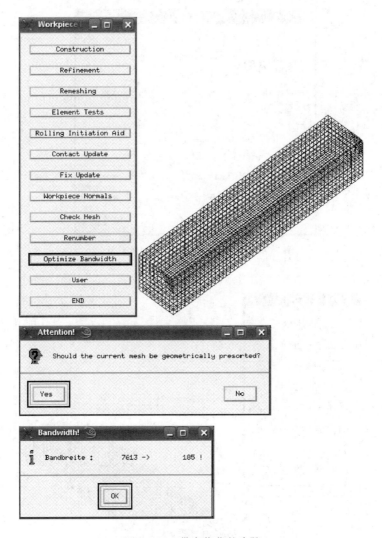

图 7.244　带宽优化的步骤

用按钮 OK 确认，如图 7.245 所示。

在弹出的 File Open 对话框中选择轧辊孔型文件 roll_1.out，之后选择按钮 Read File 读入，如图 7.246 所示。组装的轧件和轧辊孔型模型如图 7.247 所示。

下面在菜单 Workpiece 中选择按钮 Viewport，在弹出的菜单 Viewport 中选择按钮 Solid 以便观察轧件与轧辊模型的相对位置，可见轧件穿透轧辊曲面，因此需要调整两者的相对位置，如图 7.248 所示。

7.6 孔型轧制过程组织模拟

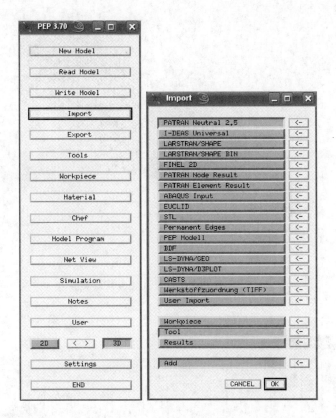

图 7.245　选择菜单 Import

图 7.246　选择轧辊孔型文件 roll_1.out

第7章 金属热变形组织模拟应用举例

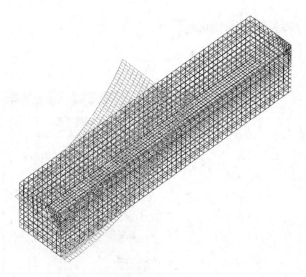

图 7.247 组装的轧件和轧辊孔型模型

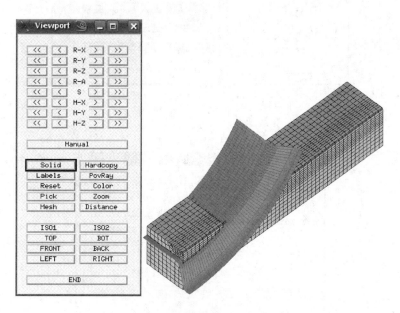

图 7.248 轧件穿透轧辊曲面

根据轧件头部的穿透量(可用菜单 Viewport 中的按钮 Distance 测量确定)，沿 z 方向移动轧件以便使两者处于轧前合适位置，即轧件头部快要碰到但未碰到轧辊曲面。其步骤为：在菜单 Workpiece 中选择按钮 Move & Rotate，在菜单

7.6 孔型轧制过程组织模拟

Move & Rotate(1)中，位移量 D_z 取 120 mm，之后选择按钮 Permanent 完成轧件平移，用按钮 CANCEL 退出该菜单，如图 7.249 所示。

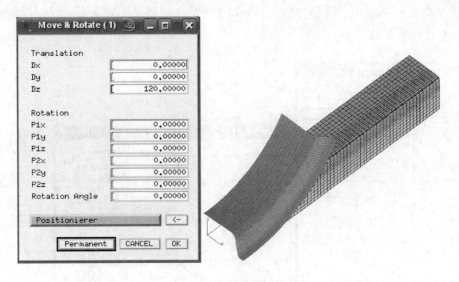

图 7.249 轧件位移量 D_z 取值

在菜单 Viewport 中点击按钮 Solid 和 ISO2 显示的轧件和轧辊孔型模型如图 7.250 所示。

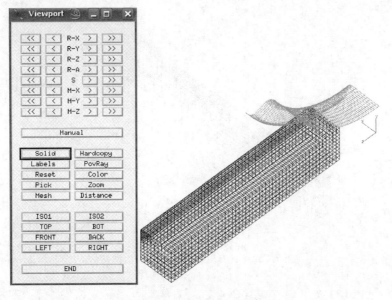

图 7.250 轧件和轧辊孔型模型

(4) 定义对称性

下面将轧件定义为 1/4 对称体：在菜单 Workpiece 中选择按钮 Symmetry，在菜单 Symmetry 中选择按钮 Direction of X – Axis 和 Direction of Y – Axis，如图 7.251 和图 7.252 所示。

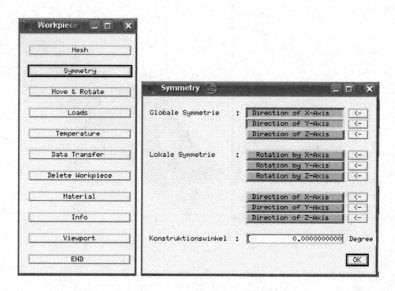

图 7.251　定义轧件的对称性

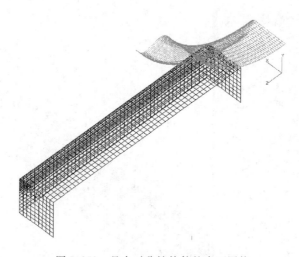

图 7.252　具有对称性轧件的表面网格

7.6 孔型轧制过程组织模拟

(5) 建立推板模型

下面建立推板模型，首先在主菜单中打开菜单 Tools，在菜单 Tools 中选择按钮 Mesh，打开菜单 Tool Mesh，选择按钮 Construction，在菜单 Construction 中点击按钮 New 将出现新按钮 Tool 2，点击按钮 Tool 2 则出现菜单 Construction，依次选择按钮 Label、Node 和 New，如图 7.253 所示。在菜单 New Node 中选择按钮 XYZ，通过窗口 Node 输入坐标，生成正方形推板的 4 个顶点，如图 7.254 所示。

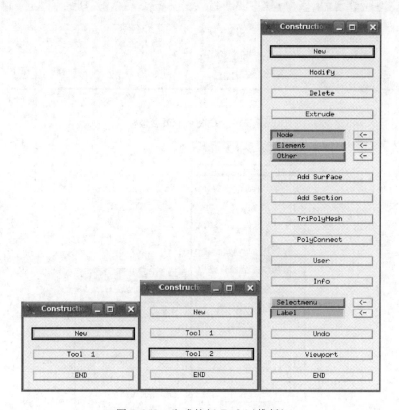

图 7.253　生成按钮 Tool 2（推板）

在菜单 Construction 中选择按钮 Element、Selectmenu、Label，之后选择按钮 New，在菜单 Select 中依次选择按钮 Pick-Select 和 Select，用鼠标左键依次选择上面生成的 4 个节点（节点编号顺序：7804、7805、7806、7807），用鼠标右键结束，之后选择按钮 END，则生成代表推板的一个四边形单元（QUAD 4K），如图 7.255 所示。

在菜单 Construction 中打开信息框 Info，可见推板仅为一个 QUAD 4K 单

第7章　金属热变形组织模拟应用举例

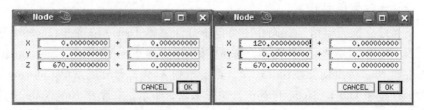

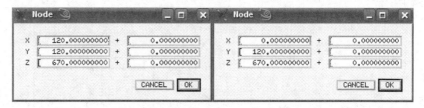

图 7.254　推板 4 个顶点坐标

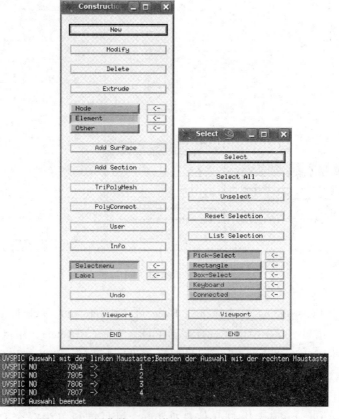

图 7.255　用菜单 Select 依次选择推板的 4 个节点

7.6 孔型轧制过程组织模拟

元。之后选择按钮 END 退出菜单 Construction，返回菜单 Tool Mesh 中。生成的推板模型(QUAD 4K)及其与轧件尾部的接触图如图 7.256 所示。

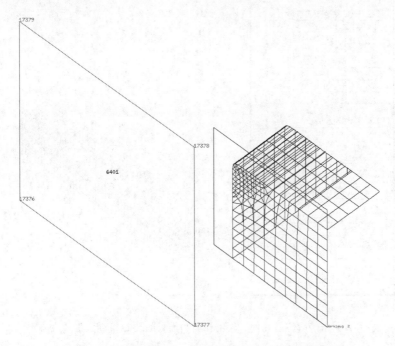

图 7.256　推板模型(QUAD 4K)及其与轧件尾部的接触图

在菜单 Viewport 中选择按钮 Reset 可显示轧件、轧辊孔型和推板 3 者之间轧前的相对位置(轧件未碰到轧辊孔型，推板贴着轧件尾部)，如图 7.257 所示。

(6)检查工具接触体的方向

下面检查和修正工具(轧辊孔型、推板)曲面的法线方向，其步骤为：在菜单 Tool Mesh 中选择按钮 Tool Normals，这时会弹出菜单 Tool Normals 并且在工具(轧辊孔型、推板)曲面上显示法线方向，如图 7.258 所示。

为便于细致检查轧辊法线方向，在菜单 Tool Normals 中选择按钮 Viewport，打开 Viewport 菜单，用按钮 Zoom 放大轧辊的法线，如图 7.259 所示。可见轧辊有的区域(孔型槽底、侧壁处)法线朝外(背离轧件)，有的区域(辊缝处)法线朝里(指向轧件)。因此需要通过修正将轧辊所有区域的法线都指向外侧。

在菜单 Tool Normals 中选择按钮 Turn Reference Normal 和 Automatic Check。之后选择按钮 <-Pick，用鼠标左键在轧辊上任选(点击)一个单元(例如选单元号：1621)，于是在 Reference Element 的空栏中出现所选择的单元号，如

第7章 金属热变形组织模拟应用举例

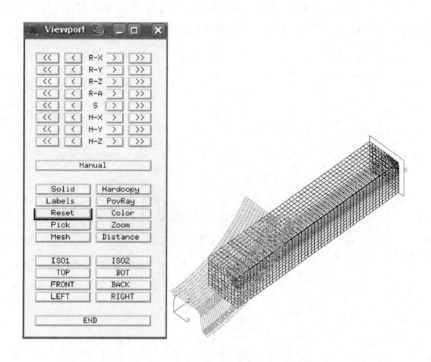

图 7.257 轧件、轧辊孔型和推板的初始相对位置

图 7.260 所示。

在菜单 Tool Normals 中用鼠标左键点击按钮 Apply 两次(第一次点击 Apply 法线全部朝里,第二次点击 Apply 法线全部朝外),如图 7.261 所示。具有正确法线方向的轧辊模型如图 7.262 所示。

在菜单 Viewport 中选择按钮 Reset 显示轧件、轧辊(正确法线方向)和推板,如图 7.263 所示。之后选择按钮 END 退出菜单 Viewport 并返回菜单 Tool Normals,选择按钮 CANCEL 退出。

在菜单 Tool Mesh 中选择按钮 END 返回菜单 Tools 中,如图 7.264 所示。

(7) 定义工具的速度、温度和摩擦

下面定义工具(轧辊和推板)的速度,其中定义轧辊速度的步骤为:在菜单 Tools 中选择按钮 Velocities,在菜单 Velocities 中选择按钮 Tool 1(轧辊),如图 7.265 所示。

在菜单 Velocities(1)中定义轧辊旋转轴上两个点坐标:$P_1(0, 367.5, 0)$、$P_2(1, 367.5, 0)$,轧辊转速(U/s)为 0.135 67 r/s,选择按钮 OK 确认后将在轧辊上出现代表速度方向的箭头,如图 7.266 所示。若轧辊转速大小和方向均正确,则选择按钮 CANCEL 退出菜单 Velocities(1)。

7.6 孔型轧制过程组织模拟

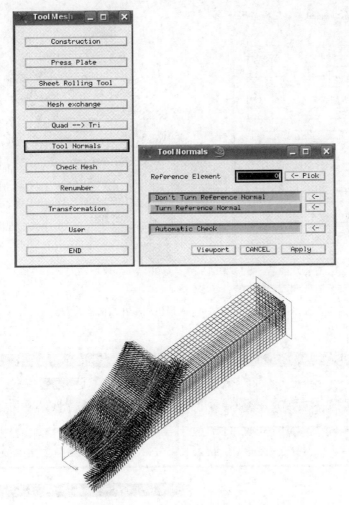

图 7.258　菜单 Tool Normals 及工具曲面的法线

注意：输入轧辊转速时一般采用"左手螺旋法则"：即大拇指指向 x 轴正方向，其他手指的指向为轧辊的正确转动方向时轧辊转速（U/s）取正值；反之取负值。

若速度箭头的指向不对（也可用菜单 Viewport 中的 Pick 拾取孔型出口辊缝处的节点从而显示其轧制方向，即 z 方向速度的大小和方向），则需在定义速度（转速）时改变其正负号。本例中输入正值 U/s = 0.135 67，轧辊转动方向是正确的。

在菜单 Velocities 中选择按钮 Tool 2（推板），在菜单 Velocities(2)中取 $v_z =$

第7章 金属热变形组织模拟应用举例

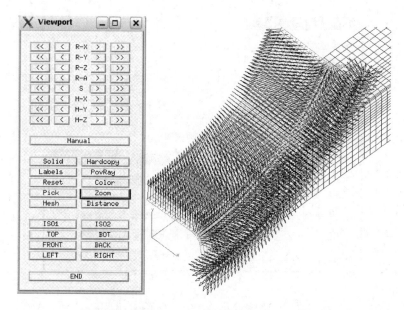

图 7.259 用按钮 Zoom 聚焦轧辊孔型的法线方向

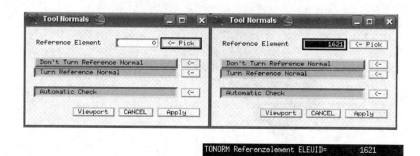

图 7.260 菜单 Tool Normals 及选择的单元号

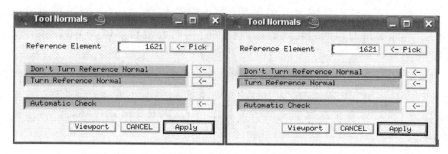

图 7.261 在菜单 Tool Normals 中两次点击按钮 Apply

7.6 孔型轧制过程组织模拟

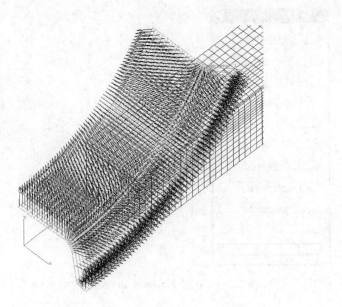

图 7.262 具有正确法线方向的轧辊模型

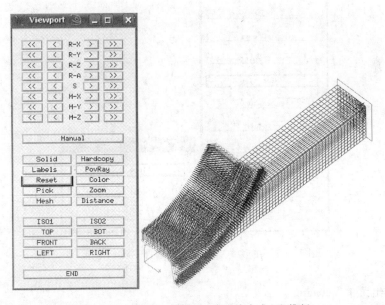

图 7.263 轧件、轧辊(正确法线方向)和推板

−100 mm,选择按钮 OK 确认之后则在推板上显示代表推板速度方向的箭头,如图 7.267 所示。之后选择按钮 CANCEL 退出菜单 Velocities(2)并选择按钮

第7章 金属热变形组织模拟应用举例

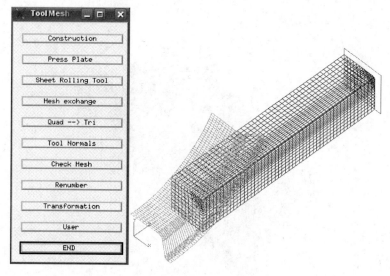

图 7.264 在菜单 Tool Mesh 中选择按钮 END

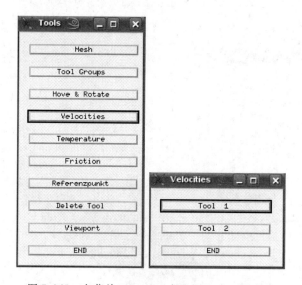

图 7.265 在菜单 Velocities 中选择 Tool 1(轧辊)

END 退出菜单 Velocities。

下面定义工具的速度和摩擦系数,其步骤为:在菜单 Tools 中选择按钮 Temperature,在 Temperature 对话框中取轧辊和推板的温度均为 300 ℃,如图 7.268 所示;在菜单 Tools 中选择按钮 Friction,在 Friction 对话框中取轧辊和推板的摩擦系数均为 0.3,如图 7.269 所示。

7.6 孔型轧制过程组织模拟

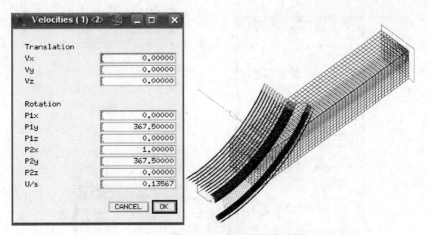

图 7.266 定义轧辊旋转轴及转速

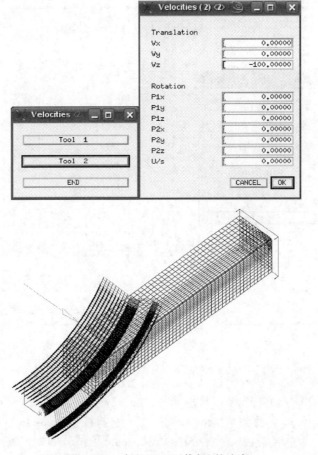

图 7.267 定义 Tool 2(推板)的速度

第 7 章　金属热变形组织模拟应用举例

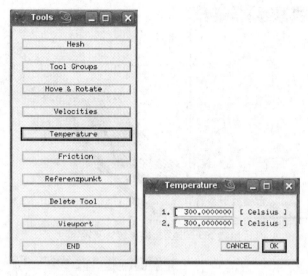

图 7.268　定义轧辊(1)和推板(2)的温度

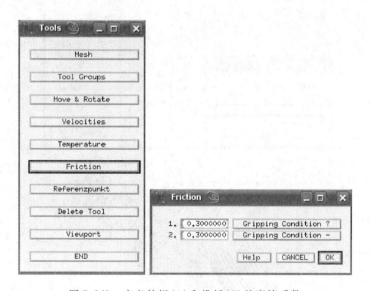

图 7.269　定义轧辊(1)和推板(2)的摩擦系数

(8) 定义传热边界条件

下面定义传热边界条件，其步骤为：在主菜单中打开菜单 Workpiece，选择按钮 Temperature。在菜单 Temperature 中，选择按钮 Homogeneous Workpiece Temperature，传热系数(Heat Transfer Coefficient)取值 0.004 4 W/(K·mm^2)，热辐射系数(Heat Radiation Coefficient)取值 0.86，均匀的工件温度

(Homogeneous Workpiece Temperature)即轧件初始(均匀)温度取值 1 100 ℃，环境温度(Ambient Temperature)取值 30 ℃，如图 7.270 所示。

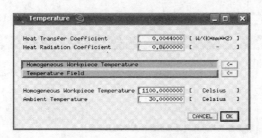

图 7.270　定义传热边界条件

(9) 定义材料属性

下面定义材料属性，其步骤为：在主菜单中选择按钮 Material，在菜单 Material 中选择按钮 Characteristics，在菜单 Material(1)中选择按钮 Data Base，在菜单 PEP/MatDB 中选择按钮 Open Data Base，如图 7.271 所示。

图 7.271　进入菜单 PEP/MatDB 选择按钮 Open Data Base

第 7 章　金属热变形组织模拟应用举例

在弹出的 File Open 对话框中用按钮 Filter 进入目录/mdb 找到并鼠标左键点击相关材料文件 *．mdb（本例为 42crmo4.mdb），之后用按钮 Read File 读入，如图 7.272 所示。

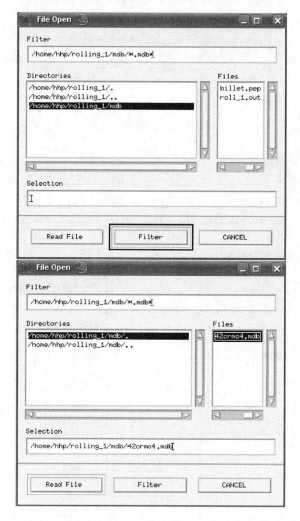

图 7.272　读入材料数据文件 *．mdb

在菜单 PEP/MatDB 中选择按钮 Selection，在菜单 PEP/MatDB Browser 中选择按钮 42CrMo4 1.7225，在菜单 PEP/MatDB Browser(42CrMo4) 中选择按钮 Get Data，用按钮 OK 确认后在弹出的菜单 PEP/MatDB Browser 中显示按钮 42CrMo4 1.7225 已被激活，如图 7.273 所示。

在菜单 PEP/MatDB 中选择按钮 END 退回菜单 Material(1)中，首先选择按

7.6 孔型轧制过程组织模拟

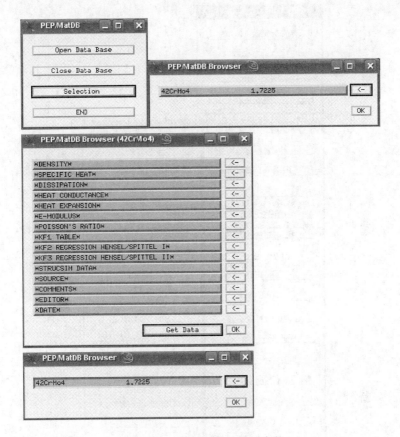

图 7.273 激活材料热物性参数

钮 Hensel/Spittel Ⅰ，之后选择按钮 Flow Curve，如图 7.274 所示。选择按钮 Flow Curve 后显示流变应力模型及参数，如图 7.275 所示。选择按钮 Graphic 后可图示流变应力变化的区间，如图 7.276 所示。

分别选择按钮 END 退出菜单 Material(1)和菜单 Material(2)回到主菜单，如图 7.277 所示。

(10) 定义控制参数

在主菜单中选择按钮 Chef，在菜单 CHEF 中定义模型控制参数。为了进行热变形组织模拟，需要同时激活功能按钮 Thermal/Mechanical 以及按钮 +Simulation of Microstructure(STRUCSIM)。其他重要参数包括：过程时间(PTIM)取 3.5 s，可用按钮 <-Suggestion 确定其时间步数(INCD)为 3 378。另外采用模型诊断(IREM)、自动网格重划分(MREM)以及自动网格优化(METO)等技术，如图 7.278 所示。

第 7 章　金属热变形组织模拟应用举例

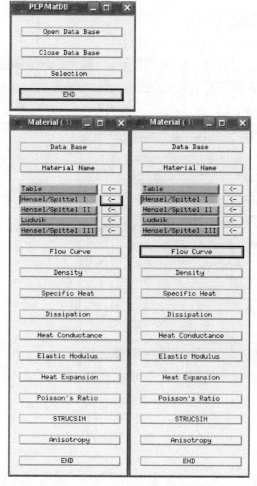

图 7.274　在菜单 Material(1)中选择 Hensel/Spittel Ⅰ 和 Flow Curve

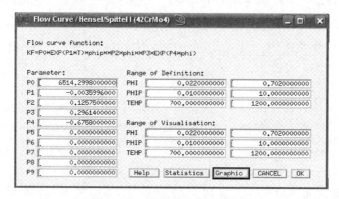

图 7.275　流变应力模型及参数

7.6 孔型轧制过程组织模拟

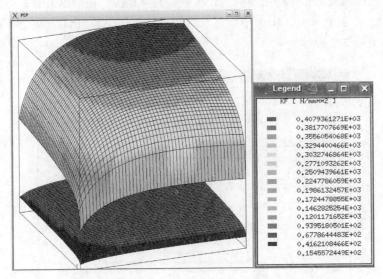

图 7.276 流变应力变化的区间

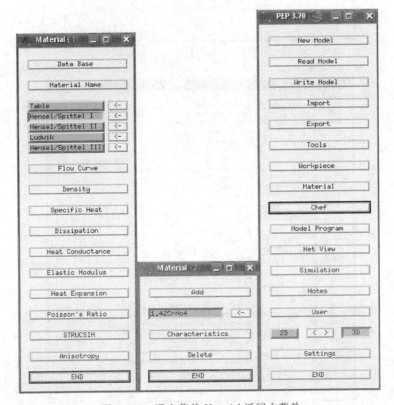

图 7.277 退出菜单 Material 返回主菜单

第 7 章 金属热变形组织模拟应用举例

可以合理设定每个时间步的迭代次数,其步骤为:在菜单 CHEF 中选择按钮 More,在菜单 More CHEF 中将每个时间步的迭代次数(NITE)从 250 修改为 50,如图 7.279 所示。

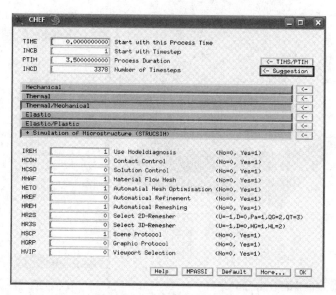

图 7.278　定义模型控制参数

图 7.279　设定每个时间步的迭代次数

7.6 孔型轧制过程组织模拟

下面另外保存上述建立的模型文件，其步骤是：在主菜单中选择按钮 Write Model，在弹出的 File Open 对话框中的当前目录下输入文件名 rolling（图 7.280），之后选择按钮 Save File，即生成模型文件 rolling.pep。

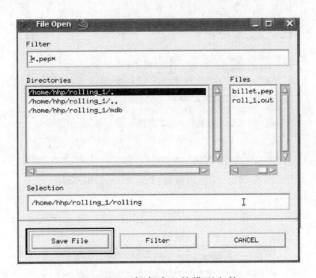

图 7.280 保存建立的模型文件

2. 求解

在主菜单中选择按钮 Simulation，对于对话框（Is it correct for tool 1?）用按钮 Yes 确认，如图 7.281 所示。

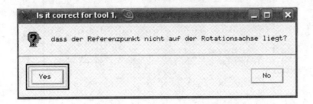

图 7.281 选择按钮 Yes 确认

在菜单 Simulation（LARSTRAN/SHAPE）中选择求解器，本例选择按钮 Problem specific solver，另外需要激活的一些按钮有 Generate new solver before starting simulation、Model Backup before starting Simulation、Delete solver after simulation，之后用按钮 OK 确认，如图 7.282 所示。

在菜单 LARSTRAN/SHAPE Driver 中取所有默认选项，用按钮 OK 确认后即开始求解过程，如图 7.283 和图 7.284 所示。

第 7 章 金属热变形组织模拟应用举例

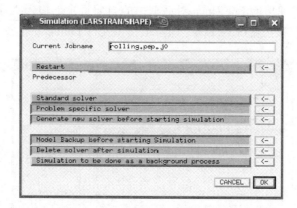

图 7.282 选择求解器（Problem specific solver）

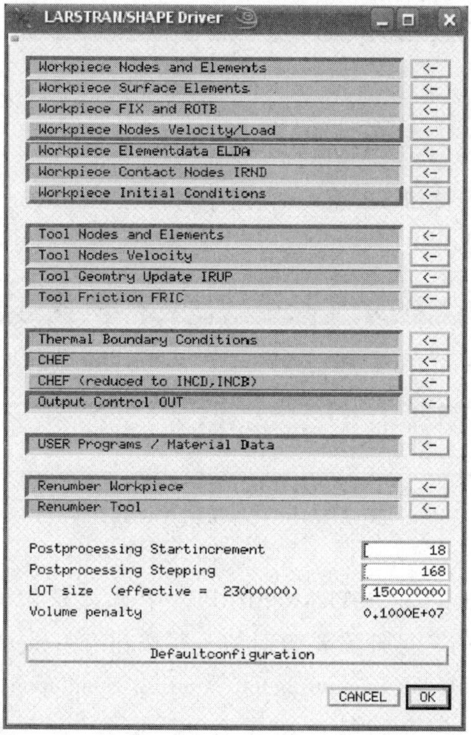

图 7.283 在 LARSTRAN/SHAPE Driver 中取默认选项

7.6 孔型轧制过程组织模拟

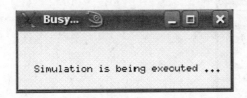

图 7.284　正在求解

3. 后处理

在主菜单中打开菜单 Import，选择其中的按钮 LARSTRAN/SHAPE BIN 和 Workpiece，用按钮 OK 确认。在打开的 File Open 对话框中用按钮 Filter 选择结果文件（*.bin 文件），本例为 rolling.pep.j0.bin，之后用按钮 Read File 读入该结果文件，如图 7.285 所示。

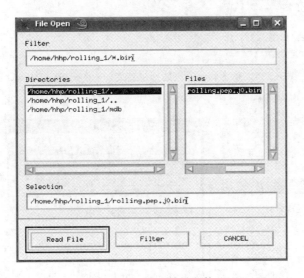

图 7.285　读入结果文件

在菜单 LARSTRAN 中显示各增量步 ISTP：18～3378，本例仅观察稳定轧制阶段，故可取 ISTP 为 1866，选择按钮 OK 确认将显示稳定轧制时的变形情况，如图 7.286 所示。

在主菜单中选择按钮 Net View，在菜单 Net View 中选择按钮 Options，在菜单 Net View Options 中的选项如图 7.287 所示。

在菜单 Net View 中选择按钮 Results，在菜单 Results 中选择按钮 Fringe Plot，在菜单 Fringe Plot 中选择按钮 TEMP 以便显示稳定轧制阶段的温度场，

第 7 章 金属热变形组织模拟应用举例

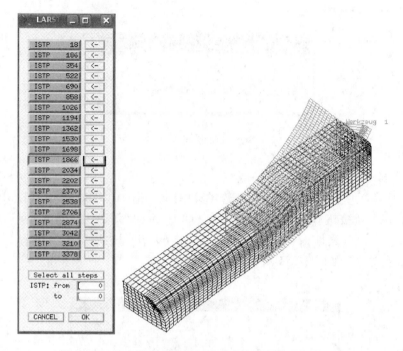

图 7.286 稳定轧制阶段的网格畸变（增量步 ISTP：1866）

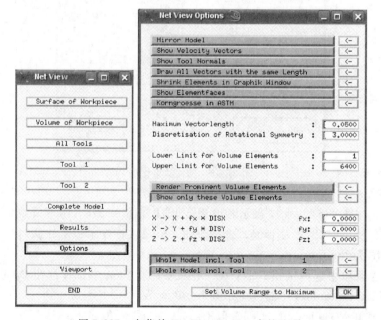

图 7.287 在菜单 Net View Options 中的选项

7.6 孔型轧制过程组织模拟

其步骤如图 7.288 所示。稳定轧制阶段的温度场(增量步 ISTP：1866)如图 7.289 所示。

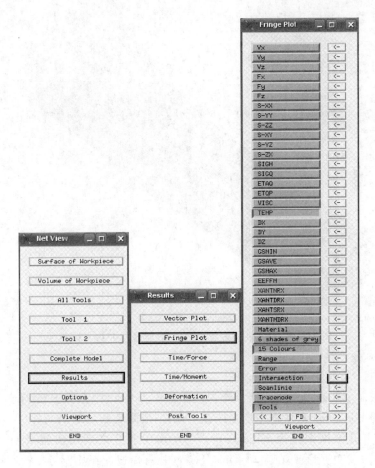

图 7.288　从菜单 Net View 打开模拟结果的步骤

下面显示轧辊孔型出口处横截面的力学参数分布，其步骤为：在菜单 Fringe Plot 中选择按钮 Intersection，在弹出的菜单 Cutting Plane 中取 $z = 0.001$(靠近孔型出口处)并选择按钮 XY - Plane，之后用按钮 OK 确认，如图 7.290 所示。使用菜单 Viewport 中的按钮 Reset 和 Front 显示当增量步 ISTP 为 1866 时孔型出口处横截面的温度(TEMP)、等效应力(SIGQ)、等效应变(ETAQ)、等效应变速率(ETQP)、黏度(VISC)、有效应变(EEFFM)、动态再结晶百分数(XANTDRX)和平均晶粒大小(GSAVE)，如图 7.291～7.298 所示。

结果分析：模拟结果显示仅在轧件角部局部区域发生少量动态再结晶，其

第 7 章　金属热变形组织模拟应用举例

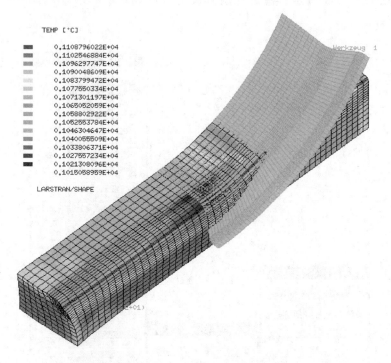

图 7.289　稳定轧制阶段的温度场（增量步 ISTP：1866）

主要原因在于变形量不大。

下面显示轧制力变化，其步骤为：在菜单 Results 中选择按钮 Time/Force，在打开的 File Open 对话框中选择按钮 Filter，找到轧制力结果文件（*.frc 文件），本例其结果文件为 rolling.pep.j0.frc 文件，之后用按钮 Read File 读取，如图 7.299 所示。在菜单 Time/Force 中选择按钮 Fy1 显示"轧制力 – 时间"曲线，如图 7.300 所示。

下面显示轧制力矩变化，其步骤为：在菜单 Results 中选择按钮 Time/Moment，在打开的 File Open 对话框中选择按钮 Filter，找到轧制力矩结果文件（*.frc 文件），本例为 rolling.pep.j0.frc 文件，其与轧制力为同一文件，之后用按钮 Read File 读取，如图 7.301 所示。在菜单 Time/Moment 中选择按钮 Mx1 显示"轧制力矩 – 时间"曲线，如图 7.302 所示。

7.6 孔型轧制过程组织模拟

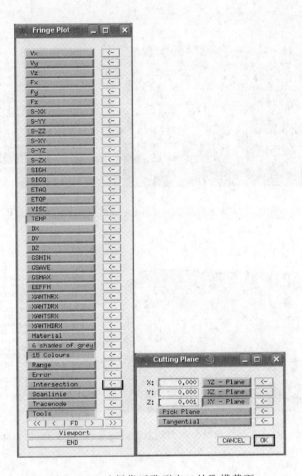

图 7.290 选择靠近孔型出口处取横截面

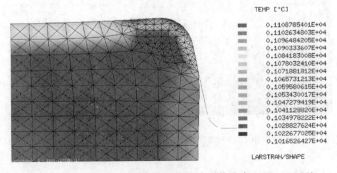

图 7.291 孔型出口处横截面的温度（增量步 ISTP：1866）

第 7 章　金属热变形组织模拟应用举例

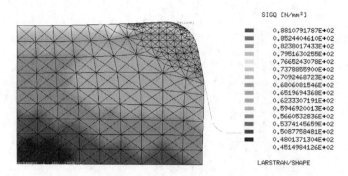

图 7.292　孔型出口处横截面的 von Mises 等效应力（增量步 ISTP：1866）

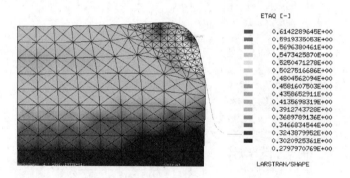

图 7.293　孔型出口处横截面的总等效应变（增量步 ISTP：1866）

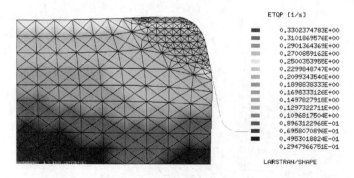

图 7.294　孔型出口处横截面的等效应变速率（增量步 ISTP：1866）

7.6 孔型轧制过程组织模拟

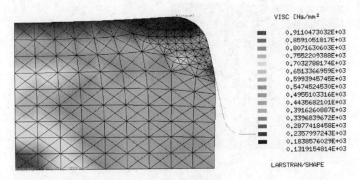

图 7.295　孔型出口处横截面的黏度（增量步 ISTP：1866）

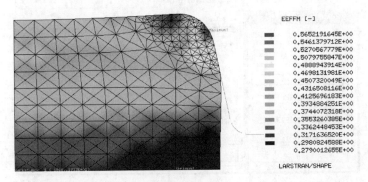

图 7.296　孔型出口处横截面的有效应变（增量步 ISTP：1866）

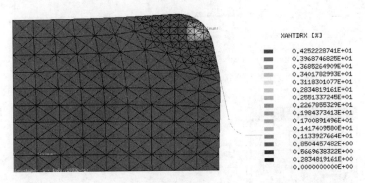

图 7.297　孔型出口处横截面的动态再结晶百分数（增量步 ISTP：1866）

第7章　金属热变形组织模拟应用举例

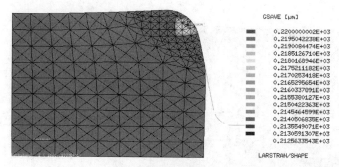

图 7.298　孔型出口处横截面的平均晶粒大小（增量步 ISTP：1866）

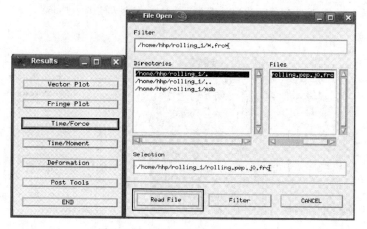

图 7.299　读取轧制力结果的步骤

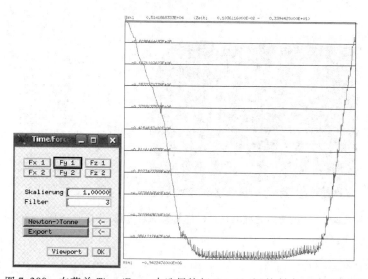

图 7.300　在菜单 Time/Force 中选择按钮 Fy1 显示"轧制力－时间"曲线

思考题

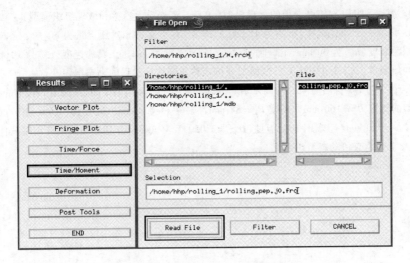

图 7.301　读取轧制力矩结果的步骤

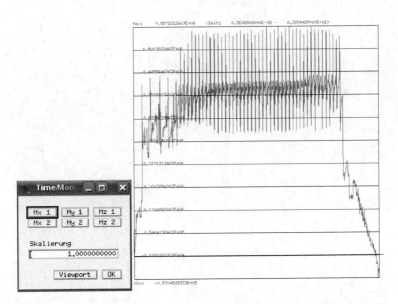

图 7.302　在菜单 Time/Moment 中选择按钮 Mx1 显示"轧制力矩 – 时间"曲线

思考题

1. 简述金属热变形微观组织模拟（STRUCSIM）的基本原理。
2. 简述有效应变 ε_{eff} 的概念及其与 von Mises 等效应变 ε_V 的不同。

3. 简述 STRUCSIM 中常用的材料模型(包括：流变应力模型和微观组织模型)。

4. 现有一个圆柱试样(材质为 45 钢)，其热压缩变形的相对压下量为 60 %。已知该试样的原始高度(h_0)为 30 mm，试样的原始直径(d_0)为 20 mm，工具的速度(v_w)为 10 mm/s，试样初始温度(ϑ_0)为 1 100 ℃。试模拟分析该热压缩变形过程的动态组织变化。

5. 已知方坯(材质为 45 钢)高度 $H_0 = 122$ mm，宽度 $B_0 = 122$ mm，圆角 $r = 24$ mm；椭圆孔型的宽度 $B_k = 160$ mm，高度 $H_k = 88$ mm，辊缝 $s = 6.8$ mm；轧辊直径 $D = 610$ mm，轧制速度 $v = 780$ mm/s，轧件初始温度(ϑ_0) = 1 050 ℃。试模拟方坯进椭圆孔轧制时轧件宽度 B_1 以及有效应变和动态组织变化。

附录

附录1　有限元分析中常用的单位及换算表

有限元分析软件一般不固定单位制，只要选择自身保持一致性的单位系统即可。除了标准的国际单位制（SI），还可能用到其他单位制，如附表1.1所示。

附表1.1　几种常见的单位制

物理量	SI 单位	mm/(t·s·K) 或 SI(mm)单位	英制单位	美制单位
长度	m	mm	in	in
时间	s	s	s	s
质量	kg	t, Mg	$lbf \cdot s^2/in$	lb
力	$kg \cdot m/s^2$, N	$t \cdot mm/s^2$, N	lbf	lbf
密度	kg/m^3	t/mm^3, Mg/mm^3	$lbf \cdot s^2/in^4$	lb/in^3
应力	$kg/(m \cdot s^2)$ N/m^2	$t/(mm \cdot s^2)$, MPa 或 N/mm^2	lbf/in^2	psi

附录

续表

物理量	SI 单位	mm/(t·s·K) 或 SI(mm) 单位	英制单位	美制单位
能量	$kg \cdot m^2/s^2$, J	$t \cdot mm^2/s^2$, MJ 或 $N \cdot mm$	$lbf \cdot in$	$lbf \cdot in$
温度	K	℃	°R	°F
比热容	$m^2/(s^2 \cdot K)$, $J/(kg \cdot ℃)$	$mm^2/(s^2 \cdot ℃)$	$in^2/(s^2 \cdot °R)$	$Btu/(lb \cdot °F)$
热对流	$kg/(s^3 \cdot K)$, $W/(m^2 \cdot ℃)$	$t/(s^3 \cdot ℃)$, $N/(s \cdot K \cdot mm)$	$lbf/(in \cdot s \cdot °R)$	$Btu/(in^2 \cdot s \cdot °F)$
热传导系数	$kg \cdot m/(s^3 \cdot K)$, $W/(m \cdot ℃)$	$t \cdot mm/(s^3 \cdot ℃)$, $N/(s \cdot K)$	$lbf/(s \cdot °R)$	$Btu/(in \cdot s \cdot °F)$
热膨胀系数	$m/(m \cdot K)$	$mm/(mm \cdot ℃)$	$in/(in \cdot °R)$	$in/(in \cdot °F)$

标准的 SI 单位制对有些模拟问题可能不太方便,例如杨氏模量常用 MPa(N/mm^2)为单位。这时可以在 SI 单位制的基础上,对温度和应力的单位进行换算,其换算表如附表 1.2 所示。

附表 1.2 基于 SI 单位制的温度和应力换算表

物理量	常用单位	到	SI 单位	乘法因数
长度	m		m	1.0
时间	s		s	1.0
质量	kg		kg	1.0
密度	kg/m^3		kg/m^3	1.0
力	N		$kg \cdot m/s^2$	1.0
应力	MPa		$kg/(m \cdot s^2)$	1.0×10^6
温度	℃		K	K = ℃ + 273.15
比热容	$J/(kg \cdot K)$		$m^2/(s^2 \cdot K)$	1.0
热对流	$W/(m^2 \cdot ℃)$		$kg/(s^3 \cdot K)$	1.0
热传导系数	$W/(m \cdot ℃)$		$kg \cdot m/(s^3 \cdot K)$	1.0
热膨胀系数	$m/(m \cdot ℃)$		$m/(m \cdot K)$	1.0

附录1 有限元分析中常用的单位及换算表

附表 1.3 为常用单位与英制单位的换算表，附表 1.4 为 SI(mm) 单位向英制或美制单位的换算表，附表 1.5 为美制单位与 SI(mm) 单位换算表，附表 1.6 为若干重要常数的美制单位与 SI(mm) 单位对应表。

附表 1.3 常用单位与英制单位的换算表

物理量	常用单位	到 英制单位	乘法因数
长度	in	in	1.0
时间	s	s	1.0
质量	lb	$lbf \cdot s^2/in$	$2.590\ 076 \times 10^{-3}$
密度	lb/in^3	$lbf \cdot s^2/in^4$	$2.590\ 076 \times 10^{-3}$
力	lbf	lbf	1.0
应力	lbf/in^2	lbf/in^2	1.0
温度	°F	°R	°R = 459.67 + °F
比热容	$Btu/(lb \cdot °F)$	$in^2/(s^2 \cdot °R)$	$3.605\ 299 \times 10^6$
热对流	$Btu/(in^2 \cdot s \cdot °F)$	$lbf/(in \cdot s \cdot °R)$	9 336.0
热传导系数	$Btu/(in \cdot s \cdot °F)$	$lbf/(s \cdot °R)$	9 336.0
热膨胀系数	$in/(in \cdot °F)$	$in/(in \cdot °R)$	1.0

附表 1.4 SI(mm) 单位向英制或美制单位的换算表

物理量	SI(mm)	英制单位	乘法因数	美制单位	乘法因数
长度	mm	in	$3.937\ 0 \times 10^{-2}$	in	$3.937\ 0 \times 10^{-2}$
时间	s	s	1.0	s	1.0
质量	Mg	$lbf \cdot s^2/in$	5.710 1	lb	2 204.6
密度	Mg/mm^3	$lbf \cdot s^2/in^4$	93.573	lb/in^3	$3.612\ 7 \times 10^7$
应力	N/mm^2	lbf/in^2	145.04	lbf/in^2	145.04
力	N	lbf	0.224 81	lbf	0.224 81
能量	$MJ(N \cdot m)$	$lbf \cdot in$	$8.850\ 8 \times 10^{-3}$	$lbf \cdot in$	$8.850\ 8 \times 10^{-3}$
温度	℃	°F	$\frac{9}{5}℃ + 32$	°F	$\frac{9}{5}℃ + 32$
比热容	$mm^2/(s^2 \cdot ℃)$	$in^2/(s^2 \cdot °F)$	$8.611\ 1 \times 10^{-4}$	$Btu/(lb \cdot °F)$	$2.388\ 3 \times 10^{-10}$

续表

物理量	SI(mm)	英制单位	乘法因数	美制单位	乘法因数
热对流	N/(s·℃·mm)	lbf/(in·s·F)	3.172 3	Btu/(in²·s·℉)	$3.397\ 9 \times 10^{-4}$
热传导系数	N/(s·℃)	lbf/(s·℉)	0.124 89	Btu/(in·s·℉)	$1.337\ 7 \times 10^{-5}$
热膨胀系数	1/℃	1/℉	0.555 56	1/℉	0.555 56

附表 1.5　用于应力分析及传热分析的美制单位与 SI(mm) 单位换算表

物理量	美制单位	SI 单位
长度	1 in	0.025 400 m
	1 ft	0.304 80 m
	1 mi	1 609.3 m
面积	1 in²	$0.645\ 16 \times 10^{-3}\ m^2$
	1 ft²	0.092 903 m²
	1 acre	4 046.9 m²
体积	1 in³	$0.016\ 387 \times 10^{-3}\ m^3$
	1 ft³	0.028 317 m³
	1 gal(US)	$3.785\ 4 \times 10^{-3}\ m^3$
用于应力分析的转换因数		
密度	1 slug/ft³ = 1 lbf·s²/ft⁴	515.38 kg/m³
	1 lbf·s²/in⁴	$10.687 \times 10^6\ kg/m^3$
能量	1 ft·lbf	1.355 8 J(N·m)
力	1 lbf	4.448 2 N(kg·m/s²)
质量	1 slug = 1 lbf·s²/ft	14.594 kg(N·s²/m)
	1 lbf·s²/in	175.13 kg
	1 lb	0.453 5 9 kg
功率	1 ft·lbf/s	1.355 8 W(N·m/s)
压力，应力	1 psi(lbf/in²)	6 894.8 Pa(N/m²)
用于传热分析的转换因数		
热传导系数	1 Btu/(ft·h·℉)	1.730 7 W/(m·℃)
	1 Btu/(in·h·℉)	20.769 W/(m·℃)

续表

物理量	美制单位	SI 单位
用于传热分析的转换因数		
密度	1 lb/in³	27 680.0 kg/m³
能量	1 Btu	1 055.1 J
热流密度	1 Btu/(in² · h)	454.26 W/m²
功率	1 Btu/h	0.293 07 W
比热	1 Btu/(lb · °F)	4 186.8 J/(kg · ℃)
温度	Temp °F	$\frac{9}{5} \times$ Temp ℃ + 32 $\frac{9}{5} \times$ Temp K - 459.67

附表 1.6　若干重要常数的美制单位与 SI(mm) 单位对应表

物理量	美制单位	SI 单位
绝对零度	-459.67 °F	-273.15 ℃
重力加速度	32.174 ft/s²	9.806 6 m/s²
斯特藩-玻尔兹曼常数	$0.171\,4 \times 10^{-8}$ Btu/(h · ft² · °R⁴) 其中 °R = °F + 459.67	5.669×10^{-8} W/(m² · K⁴) 其中 K = ℃ + 273.15

附录 2　Marc 中建立材料数据库的方法

首先要采用 Marc 中规定的文件名格式定义材料数据以确保程序能正确读入新建立的材料文件。定义材料数据用前缀 usr_，流变应力数据文件的扩展名为 mat，usr 之后最多允许有 8 个字符。

例如，若将材料命名为 usr_material，则要建立一个 Marc 的 GUI 数据库文件 usr_material.mud 或 usr_material.mfd 以及一个流变应力数据文件 usr_material.mat。

将 GUI 数据库文件置于目录 mentat2013/materials，将流变应力数据文件置于目录 marc2013/AF_flowmat。

Marc 添加新材料的具体步骤如下。

第 1 步：收集材料物性参数和流变应力。采集新材料的试验数据，这可能包括：杨氏模量、泊松比、密度、热膨胀系数、流变应力、热传导率、比热容、潜热等。这些物性参数可能与温度有关。屈服应力依赖于等效塑性应变并可能与应变速率有关。

为了描述材料屈服行为，需要得到柯西应力（真应力）与对数应变（真应变）的关系数据。因此如材料数据为其他形式，需进行转换，而且要注意单位的一致性。

第2步：建立一个新数据库。用 FILES > NEW 清除旧数据。用 SAVE AS 建立一个有合适文件名的数据库。材料名称除前缀和扩展名外不能超过 8 个字符。

第3步：用 MATERIAL 和 TABLE 菜单定义流变应力以外的材料性能参数。初始流变应力取 1。

第4步：保存该材料的数据库并将该文件命名为 usr_material. mfd 或 usr_material. mud。

第5步：将该数据库文件移至目录：mentat2013/materials/。注意不要覆盖之前定义了的材料。

第6步：用编辑器定义一个流变应力文件，文件名应该为：usr_material. mat。

Marc 中流变应力文件的结构如下。

文件 x_xxxxcc. dat 中的结构：

```
1. data card:     Specify unit system used in this data file. If
                  default, the flow stress data will be assumed
                  using SI (mm) unit
       Format: $SI (mm) or $SI (m) or $US (inch)
2. data card:     Material name beginning in column one with the
                  material identification number
       Format: character * 40
       Example: 3.2318 AlMgSi 1
3. data card:     ncurves, npoints, ntemps, nerates, number of:
       where      ncurves: number of curves in input (Max. 400)
                  npoints: number of data points in each curve (Max.
                  100)
                  ntemps: number of reference temperatures (Max. 20)
                  nerates: number of reference strain rates (Max. 20)
       Format: four integer in free format
       Example: 30, 13, 5, 6
4. data card:     eqpemin, eqpemax, equivalent plastic strain range of
                  the material described in this
                  input eqpemin must be = 0.0,
```

附录 2 Marc 中建立材料数据库的方法

        logarithmic strain measure
  Format : two real in free format
  Example : 0.0, 7.0,
5. data card: eratmin, eratmax, equivalent plastic strain rate
        range of the material described
        in this input
  Format : two real in free format
  Example : 0.2, 10.0,
6. data card: eratmin, eratmax, Temperature range of the material
        described in this input
  Format : two real in free format
  Example : 350.0, 550.0,
The following data are repeated "ncurves" time (See card 2)
7. 0 data card : documentation text, character * 80
7. 1 data card : icurve, temp., erate, sequential curve identification
        number, Temperature and equivalent
        plastic strain rate
7. 2 data card : eqpmin, eq_stress, logarithmic equivalent plastic
        strain and equivalent von mises
        (true) stress (first point)
7. n data card : eqpmax, eq_stress, logarithmic equivalent plastic
        strain and equivalent von mises
        (true) stress (npoint' th point,
        see card 2)
7.0 : Format : character * 80
Example : === CURVE_01 Sig_Yiel, T = 350. C, Eps_dot = 0.2 1/s
7.1 : Format : one integer, two real in free format
Example : 1, 350.0, 0.20,
7.2 : Format : two real in free format
Example : 0.00, 78.0,
7.i : Format : two real in free format
Example : 11.75, 59.0, 0,
7.n : Format : two real in free format
Example : 7.00, 52.0,
 ...

举例，100Cr6 流变应力文件（1_3505__.dat）格式如下：

1.3505 100 Cr 6
21, 10, 7, 3,
0.00, 1.00,
1.60, 40.00,
20.0, 1200.0,

附录

```
=== CURVE_01 Sig_Yiel, T=20.0 C, Eps_dot=1.60 1/s
1, 20.0, 1.60,
0.00, 513.1,
0.05, 752.7,
0.10, 874.5,
0.16, 950.4,
0.18, 970.4,
0.24, 988.4,
0.41, 1024.3,
0.58, 1050.2,
0.80, 1068.2,
1.00, 1080.2,
=== CURVE_02 Sig_Yiel, T=200.0 C, Eps_dot=1.60 1/s
2, 200.0, 1.60,
0.00, 509.2,
0.06, 628.0,
0.11, 724.8,
0.18, 774.7,
0.25, 808.7,
0.32, 844.6,
0.46, 886.5,
0.62, 924.5,
0.79, 954.4,
1.00, 984.4,
=== CURVE_03 Sig_Yiel, T=400.0 C, Eps_dot=1.60 1/s
3, 400.0, 1.60,
0.00, 519.1,
0.05, 632.9,
0.10, 710.8,
0.16, 760.7,
0.25, 808.7,
0.39, 856.6,
0.51, 880.5,
0.65, 892.5,
0.79, 870.5,
1.00, 844.6,
=== CURVE_04 Sig_Yiel, T=600.0 C, Eps_dot=1.60 1/s
4, 600.0, 1.60,
0.00, 447.3,
0.09, 497.2,
0.14, 509.2,
0.21, 517.1,
0.31, 509.2,
```

0.49, 485.2,
0.60, 463.2,
0.70, 451.2,
0.80, 437.3,
1.00, 433.3,
=== CURVE_05 Sig_Yiel, T = 800.0 C, Eps_dot = 1.60 1/s
5, 800.0, 1.60,
0.00, 185.7,
0.06, 213.6,
0.14, 235.6,
0.23, 247.6,
0.37, 251.6,
0.48, 241.6,
0.60, 231.6,
0.68, 227.6,
0.80, 219.6,
1.00, 205.7,
=== CURVE_06 Sig_Yiel, T = 1000.0 C, Eps_dot = 1.60 1/s
6, 1000.0, 1.60,
0.00, 65.9,
0.08, 89.9,
0.15, 99.8,
0.20, 103.8,
0.31, 103.8,
0.38, 95.8,
0.56, 85.9,
0.70, 83.9,
0.80, 81.9,
1.00, 77.9,
=== CURVE_07 Sig_Yiel, T = 1200.0 C, Eps_dot = 1.60 1/s
7, 1200.0, 1.60,
0.00, 28.0,
0.08, 43.9,
0.15, 55.9,
0.26, 57.9,
0.35, 51.9,
0.44, 45.9,
0.59, 45.9,
0.71, 41.9,
0.79, 41.9,
1.00, 41.9,
=== CURVE_08 Sig_Yiel, T = 20.0 C, Eps_dot = 8.00 1/s
8, 20.0, 8.00,

附录

```
0.00, 670.9,
0.06, 800.7,
0.12, 962.4,
0.15, 1004.3,
0.20, 1030.3,
0.29, 1060.2,
0.42, 1080.2,
0.57, 1096.2,
0.81, 1104.2,
1.00, 1110.1,
 === CURVE_09 Sig_Yiel, T = 200.0 C, Eps_dot = 8.00 1/s
9, 200.0, 8.00,
0.00, 485.2,
0.06, 629.0,
0.12, 732.8,
0.18, 782.7,
0.22, 806.7,
0.29, 834.6,
0.43, 870.5,
0.61, 906.5,
0.81, 934.4,
1.00, 958.4,
 === CURVE_10 Sig_Yiel, T = 400.0 C, Eps_dot = 8.00 1/s
10, 400.0, 8.00,
0.00, 329.5,
0.06, 547.1,
0.10, 642.9,
0.15, 692.8,
0.21, 730.8,
0.34, 776.7,
0.48, 814.6,
0.65, 838.6,
0.80, 846.6,
1.00, 846.6,
 === CURVE_11 Sig_Yiel, T = 600.0 C, Eps_dot = 8.00 1/s
11, 600.0, 8.00,
0.00, 311.5,
0.05, 497.2,
0.09, 533.1,
0.16, 569.1,
0.23, 587.0,
0.26, 597.0,
0.31, 591.0,
```

```
0.54, 547.1,
0.80, 499.2,
1.00, 475.2,
 === CURVE_12 Sig_Yiel, T = 800.0 C, Eps_dot = 8.00 1/s
12, 800.0, 8.00,
0.00, 233.6,
0.11, 275.5,
0.17, 291.5,
0.27, 303.5,
0.38, 303.5,
0.47, 297.5,
0.57, 287.5,
0.69, 275.5,
0.80, 267.6,
1.00, 257.6,
 === CURVE_13 Sig_Yiel, T = 1000.0 C, Eps_dot = 8.00 1/s
13, 1000.0, 8.00,
0.00, 89.9,
0.09, 115.8,
0.18, 129.8,
0.26, 137.8,
0.41, 137.8,
0.48, 133.8,
0.59, 125.8,
0.70, 117.8,
0.80, 111.8,
1.00, 103.8,
 === CURVE_14 Sig_Yiel, T = 1200.0 C, Eps_dot = 8.00 1/s
14, 1200.0, 8.00,
0.00, 43.9,
0.10, 65.9,
0.18, 77.9,
0.35, 77.9,
0.49, 71.9,
0.56, 69.9,
0.65, 63.9,
0.72, 61.9,
0.80, 57.9,
1.00, 53.9,
 === CURVE_15 Sig_Yiel, T = 20.0 C, Eps_dot = 40.00 1/s
15, 20.0, 40.00,
0.00, 489.2,
0.05, 746.8,
```

附录

```
    0.13, 946.4,
    0.18, 1004.3,
    0.22, 1028.3,
    0.28, 1048.3,
    0.42, 1082.2,
    0.63, 1114.1,
    0.80, 1130.1,
    1.00, 1152.1,
 === CURVE_16 Sig_Yiel, T = 200.0 C, Eps_dot = 40.00 1/s
16, 200.0, 40.00,
    0.00, 461.2,
    0.06, 609.0,
    0.12, 760.7,
    0.16, 812.6,
    0.25, 862.6,
    0.37, 906.5,
    0.47, 928.5,
    0.61, 950.4,
    0.80, 966.4,
    1.00, 978.4,
 === CURVE_17 Sig_Yiel, T = 400.0 C, Eps_dot = 40.00 1/s
17, 400.0, 40.00,
    0.00, 447.3,
    0.06, 613.0,
    0.12, 692.8,
    0.19, 740.8,
    0.31, 788.7,
    0.45, 832.6,
    0.57, 858.6,
    0.71, 878.5,
    0.80, 890.5,
    1.00, 898.5,
 === CURVE_18 Sig_Yiel, T = 600.0 C, Eps_dot = 40.00 1/s
18, 600.0, 40.00,
    0.00, 299.5,
    0.06, 523.1,
    0.10, 601.0,
    0.13, 623.0,
    0.20, 640.9,
    0.32, 648.9,
    0.38, 646.9,
    0.52, 634.9,
    0.80, 589.0,
```

```
1.00, 551.1,
 === CURVE_19 Sig_Yiel, T = 800.0 C, Eps_dot = 40.00 1/s
19, 800.0, 40.00,
0.00, 239.6,
0.05, 275.5,
0.11, 319.5,
0.19, 345.4,
0.30, 361.4,
0.40, 361.4,
0.49, 353.4,
0.59, 341.4,
0.80, 325.5,
1.00, 307.5,
 === CURVE_20 Sig_Yiel, T = 1000.0 C, Eps_dot = 40.00 1/s
20, 1000.0, 40.00,
0.00, 117.8,
0.05, 141.8,
0.13, 169.7,
0.24, 187.7,
0.32, 195.7,
0.46, 193.7,
0.58, 187.7,
0.66, 181.7,
0.80, 161.7,
1.00, 141.8,
 === CURVE_21 Sig_Yiel, T = 1200.0 C, Eps_dot = 40.00 1/s
21, 1200.0, 40.00,
0.00, 75.9,
0.09, 103.8,
0.20, 125.8,
0.30, 135.8,
0.40, 135.8,
0.53, 131.8,
0.64, 125.8,
0.73, 119.8,
0.80, 113.8,
1.00, 89.9,
```

第7步：可将流变应力文件放在当前目录或移至目录 marc2013/AF_flowmat 共享或用做其他项目。

第8步：通过菜单 material properties > read > read other materials 并输入材料名即可读入新建立的材料。

附录

附录3　LARSTRAN中建立材料数据库的方法

LARSTRAN中建立材料数据库的步骤如下。

第1步：建立物性参数文件*.mat。

每个材料至少含有一个材料数据文件，其以 * MAT * 开头，以 * ENDMAT * 结尾。在 *.mat 文件中分为若干项。每一个物性参数项有一个标题（标题被两个星号 * 包围），标题下对应不同温度下的物性参数表。两项之间不允许有空行。

下面以42CrMo4为例介绍材料物性参数数据文件42crmo4.mat的格式：

```
* MAT *
42CrMo4
1.7225
* DICHTE *    （密度）
20.0  7.844E-6           # [ Grad Celsius, kg/mm**3 ]
100.0 7.822E-6
200.0 7.787E-6
300.0 7.751E-6
400.0 7.715E-6
500.0 7.680E-6
600.0 7.644E-6
700.0 7.604E-6
720.0 7.597E-6
732.0 7.645E-6
750.0 7.635E-6
800.0 7.613E-6
900.0 7.570E-6
1000.0 7.525E-6
1100.0 7.480E-6
1200.0 7.430E-6
1300.0 7.384E-6
* WAERMEKAPAZITAET *     （比热容）
20.0 460.0               # [ Grad Celsius, J/(kg*K) ]
100.0 490.0
200.0 527.0
300.0 568.0
400.0 609.0
500.0 665.0
550.0 705.0
600.0 768.0
```

附录3 LARSTRAN中建立材料数据库的方法

```
700.0 900.0
720.0 1150.0
732.0 1150.0
750.0 900.0
800.0 770.0
850.0 585.0
900.0 600.0
1000.0 620.0
1100.0 645.0
1200.0 680.0
1300.0 715.0
*DISSIPATION*         （耗散系数，功热转换系数）
0.0 90.0              #[ Grad Celsius, % ]
*WAERMELEITFAEHIGKEIT*    （热导率）
20.0  0.039          #[ Grad Celsius, W/(mm*K) ]
100.0 0.0379
200.0 0.0365
300.0 0.0355
400.0 0.034
500.0 0.0323
600.0 0.0307
800.0 0.0264
900.0 0.0272
1000.0 0.0283
1100.0 0.0301
1200.0 0.0314
1300.0 0.0321
*WAERMEAUSDEHNUNG*    （热膨胀系数）
0.0 11.4E-6          #[ Grad Celsius, 1/K ]
20.0 11.5E-6
100.0 12.1E-6
200.0 12.7E-6
300.0 13.2E-6
400.0 13.6E-6
500.0 14.0E-6
600.0 14.4E-6
*E-MODUL*             （弹性模量）
0.0 213.0E+3         #[ Grad Celsius, N/mm**2 ]
20.0 212.0E+3
100.0 207.0E+3
200.0 199.0E+3
300.0 192.0E+3
400.0 184.0E+3
```

附录

```
500.0 175.0E+3
600.0 164.0E+3
* QUERKONTRAKTION *        （泊松比）
0.0 0.3
* KF1 TABELLE *
42crmo4.wfl
* KF2 REGRESSION HENSEL/SPITTEL I *
6514.2998              #P0
-0.0035996             #P1
0.12575                #P2
0.29614                #P3
-.6758                 #P4
0.0                    #P5
0.0                    #P6
0.0                    #P7
0.0                    #P8
0.0                    #P9
0.022 0.702            #PHI  Min. PHI Max.
0.01 10.0              #PHIP Min. PHIP Max.
700.0 1200.0           #TEMP Min. TEMP Max.
* KF3 REGRESSION HENSEL/SPITTEL II *
5286.5468              #P0
-0.0033768             #P1
-0.056437              #P2
0.00019763             #P3
0.29515                #P4
-0.6707                #P5
0.0                    #P6
0.0                    #P7
0.0                    #P8
0.0                    #P9
0.022 0.702            #PHI  Min. PHI Max.
0.01 10.0              #PHIP Min. PHIP Max.
700.0 1200.0           #TEMP Min. TEMP Max.

* STRUCSIM DATENBLATT *
42crmo4.mat
* QUELLE *
Institut fuer Bildsame Formgebung der RWTH - Aachen
* KOMMENTAR *
Die Daten wurden um Literaturdaten ergaenzt.
* EDITOR *
Lars Kuhl
```

附录3　LARSTRAN中建立材料数据库的方法

```
* AENDERUNGSDATUM *
27.05.1999
* ENDMAT *
```

第2步：建立流变应力数据文件（*.wfl）。

流变应力文件（*.wfl）有4列，分别对应温度、应变速率、应变量和流变应力。

例如，42CrMo4的流变应力文件42crmo4.wfl格式如下：

```
874       （该数据是指下面的行数）
1000.    1.0000    0.071     85.5
1000.    1.0000    0.096     90.5
1000.    1.0000    0.121     93.9
1000.    1.0000    0.147     97.1
1000.    1.0000    0.248    105.9
1000.    1.0000    0.272    107.1
1000.    1.0000    0.297    108.4
1000.    1.0000    0.323    109.3
1000.    1.0000    0.348    109.7
1000.    1.0000    0.371    110.1
1000.    1.0000    0.396    110.9
1000.    1.0000    0.423    111.0
1000.    1.0000    0.447    111.1
1000.    1.0000    0.469    111.7
1000.    1.0000    0.495    111.8
1000.    1.0000    0.520    111.8
1000.    1.0000    0.614    112.6
1000.    1.0000    0.641    112.3
1000.    1.0000    0.664    112.3
1000.    1.0000    0.689    111.7
1000.    1.0000    0.712    111.7
1000.    1.0000    0.737    111.5
1000.    1.0000    0.763    111.0
1000.    1.0000    0.786    110.8
1000.   10.0000    0.020     90.5
1000.   10.0000    0.037    105.2
1000.   10.0000    0.098    130.0
1000.   10.0000    0.122    135.7
1000.   10.0000    0.146    140.1
1000.   10.0000    0.170    144.1
1000.   10.0000    0.197    147.6
1000.   10.0000    0.221    149.8
```

附录

1000.	10.0000	0.248	152.7
1000.	10.0000	0.274	154.3
1000.	10.0000	0.300	155.7
1000.	10.0000	0.328	156.6
1000.	10.0000	0.407	157.8
1000.	10.0000	0.434	158.3
1000.	10.0000	0.593	160.5
1000.	10.0000	0.672	160.3
1000.	10.0000	0.701	160.1
1000.	10.0000	0.727	160.5
1000.	10.0000	0.751	160.5
1000.	10.0000	0.779	159.9

...

第 3 步：建立组织模型数据文件（*.mat）。
42crmo4.mat 文件的格式如下：

MATERIALDATEN ZUR GEFUEGESIMULATION:
STAHLSORTE: 42 CrMo 4　　　　　　　　　DIN - NR.:

LITERATUR AUTOR: C.M. SELLARS, ESSER
TITEL: The physical metallurgy of hot working
QUELLE: PROC.CONF.SHEFFIELD　　　JAHRG.: 79
BAND:　　　　　　　　　　　　　　　SEITE:

C	N	P	S	Cr	Ni	Mo	Si	Cu
0.54	0.01	0.02	0.007	1.05	0.15	0.04	0.36	

Mn	Nb	V	Ti	Al	Co	W	O	H
0.98		0.13					0.01	

DATEN ZUR DYNAMISCHEN REKRISTALLISATION

WIRD DER C - WERT = 0 GESETZT, DANN WERDEN NUR STATISCHE GEFUEGE -
VORGAENGE GERECHNET. (DYN.: HENSEL - SPITTEL)

```
*
* AKTIVIERUNGSENERGIE IN J/MOL (QW)
301413.799
   * KONSTANTEN FUER MAX. - UND KRIT. VERGLEICHSFORMAENDERUNG (A1 - A10)
6.635656617D - 4, 0.5, 0.1485084D0, 0.8, 0.E0, 0.E0, 0.E0, 0.E0, 0.E0, 0.E0
   * KONSTANTEN FUER DYN. REKRIST. KORNGROESSE (B1 - B10)
```

附录3　LARSTRAN 中建立材料数据库的方法

```
0.1104607D+04, -0.1280542E+00, 0.E0, 0.E0, 0.E0, 0.E0, 0.E0, 0.E0, 0.E0, 0.E0
* KONSTANTEN FUER DYN. REKRIST. ANTEIL (D1 - D10)
-1.0, 2.5, 0.E0, 0.E0, 0.E0, 0.E0, 0.E0, 0.E0, 0.E0, 0.E0
* KONSTANTEN FUER STATIONAERE VERGLEICHSFORMAENDERUNG (E1 - E10)
0., 5.802576121D-4, 0.5, 0.1752617, 0.E0, 0.E0, 0.E0, 0.E0, 0.E0, 0.E0
* KONSTANTEN FUER MAXIMALE FLIESSSPANNUNG (O1 - O10)
0.5559505D-02, 0.1657129D+00,
0.5103668D-02, 0.E0, 0.E0, 0.E0, 0.E0, 0.E0, 0.E0, 0.E0
* KONSTANTEN FUER DEN FLIESSKURVENANSATZ (C1 - C10)
0.323735D0, 0.E0, 0.E0, 0.E0, 0.E0, 0.E0, 0.E0, 0.E0, 0.E0, 0.E0
*
```

DATEN ZUR STATISCHEN REKRISTALLISATION

ES KOENNEN VERSCHIEDENE TEMPERATURBEREICHE DER FUNKTIONEN
GEGEBEN WERDEN (MAX. 5). GRTEM GIBT JEWEILS DIE MAXIMALE
TEMPERATUR EINES INTERVALLS AN.
　　　　　　　　!!! WICHTIG !!!
DIE INTERVALLE MUESSEN MIT STEIGENDER TEMPERATUR GEGEBEN WERDEN

```
*
* KONSTANTEN FUER T-KOMPENSIERTE ZEIT BEI XRX% REKR. (GRTEMS, QS, F1 - F10)
99999., 300000., 1.3236955D-15, 2., -4.,
-0.228, 0.E0, 0.E0, 0.E0, 0.E0, 0.E0, 0.E0
* KONSTANTEN FUER STATISCH REKRIST. ANTEIL (XRX, G1 - G10)
.95, 2., 0.E0, 0.E0, 0.E0, 0.E0, 0.E0, 0.E0, 0.E0, 0.E0, 0.E0
* KONSTANTEN FUER STATISCH REKRIST. KORNGR (CS1 - CS10)
1.465D+02, 0.48, -1., 0., -0.158, 0.E0, 0.E0, 0.E0, 0.E0, 0.E0
* KONSTANTEN FUER KORNWACHSTUM NACH DYN. REK. (GRTEMKD, QKD, HD1 - HD10)
99999., 420000., 10., 10., 2.6D+32, 0.E0, 0.E0, 0.E0, 0.E0, 0.E0, 0.E0, 0.E0
* KONSTANTEN FUER KORNWACHSTUM NACH STAT. REK. (GRTEMKS, QKS, HS1 - HS10)
99999., 420000., 10., 10., 55.2D+32, 0.E0, 0.E0, 0.E0, 0.E0, 0.E0, 0.E0, 0.E0
*
```

DATEN ZUR SIMULATIONSGENAUIGKEIT: (DYNAMISCH + STATISCH)

GRENZ : KLEINSTER GEFUEGEANTEIL, DER SEPARAT GERECHNET WIRD
KGEQ : KORNGROESSE FUER GEFUEGEGLEICHHEIT BEI REDUKTION
STEP : SCHRITTWEITE ZUR INTERPOLATION ZWISCHEN STUETZSTELLEN

```
*
* MINIMAL ZULAESSIGER GEFUEGEANTEIL % (GRENZ1, GRENZ2, KGEQ)
0.1, 5.0, 1.
```

附录

* SCHRITTWEITE FUER PHI UND TP ZUR INTERPOLATION (STEP1, STEP2)
0.01, 1
*

AUSGANGSZUSTAND DES GEFUEGES:

GEFUEGEVERTEILUNG: 0 = ALLE ELEMENTE MIT GLEICHEM STARTGEFG.
                   1 = VERSCHIEDENE GEFUEGE PRO ELEMENT
IPKGEF : ANZAHL DER ELEMENTE IM QUERSCHNITT, DIE MIT DEM GEFUEGE -
       MODELL BELEGT WERDEN.
       SOLLEN ALLE ELEMENTE MIT GEFUEGE GERECHNET WERDEN, SO IST
       -1 ANZUGEBEN. (ANZAHL DER ELEMENTE MIT PROTOKOLLAUSGABE
       IN IGEFDEF DEFINIEREN)
IGEFDEF: (IPK) ELEMENTNUMMER MIT GEFUEGESIMULATION
       BEI NEGATIVEM VORZEICHEN ERFOLGT EINE AUSGABE DER
       GEFUEGEPROTOKOLLE FUER DAS BETREFFENDE ELEMENT.
       IST IPKGEF = -1, SO IST IN DIE ERSTE ZEILE DIE ANZAHL DER
       ELEMENTE MIT AUSGABE ZU SCHREIBEN!
ZM: MITTLERES Z DER VORUMFORMUNG FUER STATISCHE MODELLE
IGEF: ANZAHL DER GEFUEGE, DIE AN JEDEM ELEMENT VORLIEGEN
DATEN: ZU JEDEM GEFUEGE JEDEN ELEMENTS (XANT, REKZ, EEFF, TG, ZUST)
       XANT = PROZENTUALER ANTEIL AM GESAMTGEFUEGE
       REKZ = ANTEIL DER VON DEM TEILGEFUEGE REKRISTALLISIERT IST
       EEFF = EFFEKTIVE FORMAENDERUNG DES TEILGEFUEGES
       TG = KORNGROESSE DES TEILGEFUEGES
       ZUST = 0 = VOLLST. ERHOLT; 1 = DYN. REKR.; 2 = STAT. REKR.
       EINGABE: 1.PUNKT - > ALLE DATEN; 2.PUNKT ....

---

*
* GEFUEGEVERTEILUNG (0 = HOMOGEN /1 = INHOMOGEN)
0
* ANZAHL DER ELEMENTE MIT GEFUEGESIMULATION (IPKGEF)
-1
* ELEMENTNUMMERN UND AUSGABE (IGEFDEF (IPKGEF))
0
0
* MITTLERES Z FUER STATISCHE MODELLE PRO ELEMENT (Z (IPKGEF))
0.307D+14
* GEFUEGEANZAHL PRO ELEMENT (IGEF (IPKGEF))
1
* GEFUEGEKENNGROESSEN FUER JEDES TEILGEFUEGE (XANT, REKZ, EEFF, TG, ZUST)
* ELEMENTNUMMER: 1
1.00000000   0.00000000   0.00000000   85.000000   0

参考文献

陈火红. Marc 有限元实例分析教程. 北京：机械工业出版社，2002

董德元，鹿守理，赵以相. 轧制计算机辅助工程. 北京：冶金工业出版社，1992

洪慧平，康永林. 棒、线、型材轧制过程的计算机模拟仿真. 轧钢，2004，21(3)：38-40

鹿守理，赵辉，张鹏. 金属塑性加工的计算机模拟. 轧钢，1997(4)：54-57

鹿守理，赵俊平，沈维祥. 计算机在轧钢中的应用. 宝钢技术，1999(2)：61

罗伯特·D·库克，等. 有限元分析的概念与应用. 第 4 版. 关正西，强洪夫，译. 西安：西安交通大学出版社，2007

乔端，钱仁根. 非线性有限元法及其在塑性加工中的应用. 北京：冶金工业出版社，1990

Franzke M. PEP Programmer's Environment for Pre-/Postprocessing-Handbuch zur Version 3.30. Institut für Bildsame Formgebung, RWTH Aachen, 2001

Franzke M. Zielgrößenadaptierte Netzdiagnose und-generierung zur Anwendung der Finite Element Methode in der Umformtechnik. Doktorarbeit, Institut für Bildsame Formgebung, RWTH Aachen, 1999

Franzke M, Gruber J, Barton G. PEP (Programmer's Environment for Pre-/Post Processing) Benutzerhandbuch zur Version 3.62. Aachener Umformtechnik GmbH, 2008

Karhausen K. Intergriete Prozeβ-und Gefügesimulation bei der Warmumformung. Dr.-Ing, Dissertation am Institut für Bildsame Formgebung, RWTH Aachen, 1994

参考文献

Kobayashi S I, Altan T. Metal Forming and the Finite-Element Method. Oxford: Oxford University Press, 1989

Kopp R, Wiegels H. Einführung in die Umformtechnik. 2. Auflage. Verlag Mainz, Aachen, 1999

LASSO-Ingenieurgesellschaft-mbH, LARSTRAN80 User's Manual (LAUM). Leinfelde-Echterdingen, Germany, 1990

Luce R, Wolske M, Kopp R, et al. Application of a dislocation model for FE-Process simulation. Computational Materials Science, 21(2001): 1-8

Marc Introductory Course. MSC. Software Corporation, 2005

Marc2013 Volume A: Theory and User Information. MSC. Software Corporation, 2013

Marc2013 Volume B: Element Library. MSC. Software Corporation, 2013

Marc2013: User's Guide. MSC. Software Corporation, 2013

MSC. SuperForm2005: User's Guide. MSC. Software Corporation, 2005

Recker D, Franzke M, Hirt G, et al. Schnelle Modelle zur Online-Optimierung beim Freiformschmieden, Tagungsband zum 25. Aachner Stahlkolloquium, Aachen 2010: 35-44

Seuren S, Bambach M, Hirt G, et al. Geometriefaktoren für die schnelle Berechnung von Walzkräften, Tagungsband zum 25. Aachner Stahlkolloquium, Aachen 2010: 71-80

索引

Avrami 指数　286
Hensel – Spittel Ⅰ模型　284
Hensel – Spittel Ⅱ模型　284
Hensel – Spittel Ⅲ模型　284
LARSTRAN 有限元软件　18，20，287
Marc 有限元软件　20，141
N – R 方法　38
Rastegaev 方法　125
STRUCSIM 程序　18，282
Taylor 模型　19
Tresca 屈服准则　52
von Mises 屈服准则　52
Zener – Hollomon 参数　284
Zienkiewicz – Zhu 蠕变应变准则　104
Zienkiewicz – Zhu 塑性应变准则　104
Zienkiewicz – Zhu 应变能准则　103
Zienkiewicz – Zhu 应力准则　103

B

板料成形　2
本构方程　56，62
边界条件　6，115，119
边界元法　9
变形热　110，138
变形体　72

C

材料参数　119
材料非线性　5，46，48
材料数据库　6
场量　25
超塑性成形　254
冲压过程数值模拟　184
初等解析法　11
传热系数　137

D

大位移　63
大应变　63
代数方程　34
单元　25

索引

单元畸变　108
单元畸变准则　108
单元矩阵　33
单元类型　36，38，113
单元密度　36
弹塑性　46
弹塑性有限元法　48
等效应变　282
迭代　38，39
迭代算法　38
动态回复　279，280
动态再结晶　279，280
动态再结晶模型　284
锻造过程数值模拟　167
对流定律　136

F

发射率　137
罚函数法　90
反正切函数模型　81
非过程量　119
非均匀有理B样条曲面　93
非线性　45
非线性有限元分析　287
分布量　14
分布量模型　14
辐射定律　136
辐射系数　137

G

刚塑性　46
刚塑性有限元法　60
刚性接触体　73
高斯点　37
高斯积分法　37
更新拉格朗日法　66
过程量　119

H

宏观量　14
宏观量模型　14
后处理　31，288
滑移线法　11

J

积分点　37
极值原理　63
几何非线性　5，46，48，63
挤压过程数值模拟　203
计算机辅助优化　23，288
加工温度　2
剪切摩擦模型　87
减缩积分单元　38
阶梯函数　81
接触穿透准则　109
接触非线性　5，47，48
接触容限　76
接触体　72
节点　26
解析法　8
金属塑性成形　1
经验法　8
晶粒长大　279
晶粒长大模型　287
静态回复　279
静态再结晶　279
静态再结晶模型　286
局部量模拟　15，17

K

空间离散　113
孔斯曲面　97
库仑摩擦模型　80
块体成形　2

L

拉拔过程数值模拟　243
拉格朗日乘子法　90
拉格朗日法　64
冷变形流变曲线　122
冷塑性成形　2
离散化　25
连续体单元　38
裂纹萌生与扩展　243
流变曲线　121
流变应力　121
流变应力模型　284
流动法则　53

M

模拟　6
模拟精度　112
模型库　6
模型诊断　21，288
摩擦边界条件　127
摩擦模型　80
摩擦热　110
摩擦系数　80，128，131
摩擦因子　87，129，131
目标量　13，15

N

黏塑性　46
黏塑性本构方程　288
黏塑性有限元法　61
黏着-滑动模型　82

O

欧拉法　64
欧拉列式　70

P

平均应变能准则　102

Q

前处理　31，288
壳单元　38
求解　288
屈服条件　52
屈服准则　52

R

热变形流变曲线　123
热传导定律　135
热传递定律　135
热力耦合分析　110
热塑性成形　2
热通量　88
任意欧拉-拉格朗日列式　71

S

上、下界法　12
时间步长　92
时间离散　114
视塑性法　12
收敛判据　41
数学模型　14，15
数值法　8，25
数值模拟　6，7，15
双线性模型　84
瞬态分析　61
塑性力学基本方程　51
损伤准则　243

T

特殊单元　38
统一的热传递公式　136

索引

W

完全 N-R 方法　39
完全积分单元　38
完全拉格朗日法　66
网格　26
网格优化　288
网格重划分　108，288
微分方程　34
微观量模拟　15，18
微观组织变化　279
唯象模型　287
位错密度　18，19
温塑性成形　2
稳态分析　60
物理模拟　6，7
误差源　112
误差准则　102

X

显式求解法　109
显微量　14
显微量模型　14
形函数　33

修正 N-R 方法　40

Y

隐式求解法　109
应力-应变曲线　51
应力状态　2
硬化定律　54
有限差分法　10
有限元　9
有限元法　8，25
有限元分析　8，25
有效应变　282
圆柱体压缩试验　124，126

Z

杂交和混合法　90
在线优化　23
轧制过程数值模拟　156
直接约束法　91
自适应网格划分　21，102
自由度　26
总体量模拟　15，16

郑重声明

高等教育出版社依法对本书享有专有出版权。任何未经许可的复制、销售行为均违反《中华人民共和国著作权法》，其行为人将承担相应的民事责任和行政责任；构成犯罪的，将被依法追究刑事责任。为了维护市场秩序，保护读者的合法权益，避免读者误用盗版书造成不良后果，我社将配合行政执法部门和司法机关对违法犯罪的单位和个人进行严厉打击。社会各界人士如发现上述侵权行为，希望及时举报，本社将奖励举报有功人员。

反盗版举报电话　　（010）58581897　58582371　58581879
反盗版举报传真　　（010）82086060
反盗版举报邮箱　　dd@hep.com.cn
通信地址　北京市西城区德外大街 4 号　高等教育出版社法务部
邮政编码　100120

HEP MSE 材料科学与工程著作系列
HEP Series in Materials Science and Engineering

已出书目 - 1

- ☐ 省力与近均匀成形——原理及应用
  王仲仁、张琦 著
  ISBN 978-7-04-030091-8

- ☐ 材料热力学（英文版，与Springer合作出版）
  Qing Jiang, Zi Wen 著
  ISBN 978-7-04-029610-5

- ☐ 微观组织的分析电子显微学表征（英文版，与Springer合作出版）
  Yonghua Rong 著
  ISBN 978-7-04-030092-5

- ☐ 半导体材料研究进展（第一卷）
  王占国、郑有炓 等 编著
  ISBN 978-7-04-030699-6

- ☐ 水泥材料研究进展
  沈晓冬、姚燕 主编
  ISBN 978-7-04-033624-5

- ☐ 固体无机化学基础及新材料的设计合成
  赵新华 等 编著
  ISBN 978-7-04-034128-7

- ☐ 磁化学与材料合成
  陈乾旺 等 编著
  ISBN 978-7-04-034314-4

- ☐ 电容器铝箔加工的材料学原理
  毛卫民、何业东 著
  ISBN 978-7-04-034805-7

- ☐ 陶瓷科技考古
  吴隽 主编
  ISBN 978-7-04-034777-7

- ☐ 材料科学名人典故与经典文献
  杨平 编著
  ISBN 978-7-04-035788-2

- ☐ 热处理工艺学
  潘健生、胡明娟 主编
  ISBN 978-7-04-022420-7

- ☐ 铸造技术
  介万奇、坚增运、刘林 等 编著
  ISBN 978-7-04-037053-9

- ☐ 电工钢的材料学原理
  毛卫民、杨平 编著
  ISBN 978-7-04-037692-0

- ☐ 材料相变
  徐祖耀 主编
  ISBN 978-7-04-037977-8